信毅教材大系·通识系列

U0276824

# 测度论与实分析基础

Introduction to Measure Theory and Real Analysis

杨寿渊 编著

复旦大學 出版社

# 总　序

　　世界高等教育的起源可以追溯到 1088 年意大利建立的博洛尼亚大学,它运用社会化组织成批量培养社会所需要的人才,改变了知识、技能主要在师徒间、个体间传授的教育方式,满足了大家获取知识的需要,史称"博洛尼亚传统"。

　　19 世纪初期,德国的教育家洪堡提出"教学与研究相统一"和"学术自由"的原则,并指出大学的主要职能是追求真理,学术研究在大学应当具有第一位的重要性,即"洪堡理念",强调大学对学术研究人才的培养。

　　在洪堡理念广为传播和接受之际,爱尔兰天主教大学(爱尔兰国立都柏林大学的前身)校长纽曼发表了"大学的理想"的著名演说,旗帜鲜明地指出"从本质上讲,大学是教育的场所","我们不能借口履行大学的使命职责,而把它引向不属于它本身的目标"。强调培养人才是大学的唯一职能。纽曼关于"大学的理想"的演说让人们重新审视和思考大学为何而设、为谁而设的问题。

　　19 世纪后期到 20 世纪初,美国威斯康星大学查尔斯·范海斯校长提出"大学必须为社会发展服务"的办学理念,更加关注大学与社会需求的结合,从而使大学走出了象牙塔。

　　2011 年 4 月 24 日,胡锦涛总书记在清华大学百年校庆庆典上指出,高等教育是优秀文化传承的重要载体和思想文化创新的重要源泉,强调要充分发挥大学文化育人和文化传承创新的职能。

　　总而言之,随着社会的进步与变革,高等教育不断发展,大学的功能不断扩展,但始终都在围绕着人才培养这一大学的根本使命,致力于不断提高人才培养的质量和水平。

　　对大学而言,优秀人才的培养,离不开一些必要的物质条件保障,但更重要的是高效的执行体系。高效的执行体系应该体现在三个方面:一是科学合理的学科专业结构;二是能洞悉学科前沿的优秀的师资队伍;三是作为知识载体和传播媒介的优秀教材。教材是体现教学内容与教学方法的知识载体,是进行教学的基本工具,也是深化教育教学改革,提高人才培养质量的重要保证。

一本好的教材,要能反映该学科领域的学术水平和科研成就,能引导学生沿着正确的学术方向步入所向往的科学殿堂。因此,加强高校教材建设,对于提高教育质量、稳定教学秩序、实现高等教育人才培养目标起着重要的作用。正是基于这样的考虑,江西财经大学与复旦大学出版社达成共识,准备通过编写出版一套高质量的教材系列,以期进一步锻炼学校教师队伍,提高教师素质和教学水平,最终将学校的学科、师资等优势转化为人才培养优势,提升人才培养质量。为凸显江财特色,我们取校训"信敏廉毅"中一前一尾两个字,将这个系列的教材命名为"信毅教材大系"。

"信毅教材大系"将分期分批出版问世,江西财经大学教师将积极参与这一具有重大意义的学术事业,精益求精地不断提高写作质量,力争将"信毅教材大系"打造成业内有影响力的高端品牌。"信毅教材大系"的出版,得到了复旦大学出版社的大力支持,没有他们的卓越视野和精心组织,就不可能有这套系列教材的问世。作为"信毅教材大系"的合作方和复旦大学出版社的一位多年的合作者,对他们的敬业精神和远见卓识,我感到由衷的钦佩。

王 乔

2012 年 9 月 19 日

# 编者自序

　　严格化和定量化是当前的学科发展趋势,不限于数学、物理、计算机等理工科,还包括统计、金融、经济、管理乃至社会科学,数学已经成为研究这些学科的基本语言和工具。随着大数据的兴起,作为概率统计的基础语言的测度论与 Lebesgue 积分已成为学习和研究上述学科不可或缺的基础知识。传统的初等概率论教材由于没有测度论和 Lebesgue 积分理论作为基础,许多重要的概念和定理是没法讲清楚的,这就给学生阅读现代文献和做研究带来了障碍,而且如果没有本科的相关课程作基础,这个障碍是难以逾越的。

　　近年来江西财经大学领导越来越重视数学等基础课的教学,但由于课时的限制,无法同时开设实变函数与测度论这两门重要课程,而这两门课程又是学习高等概率论、随机过程、金融数学、金融工程等后续课程不可或缺的。为了解决这个矛盾,笔者尝试将这两门课程的教学融合在一起,撰写了这本讲义。

　　本书分为 6 章,内容涵盖了测度论与基础实分析的核心内容,在选材上力求兼顾学生的接受能力以及知识的覆盖面和必要的深度。

　　第 1 章为预备知识,重点讲述集合的基数、$\mathbb{R}^n$ 上的点集拓扑以及连续映射等内容,为学生学习后续章节作铺垫。

　　第 2 章讲述测度的基础知识,包括 $\sigma$-代数和一般测度的定义,外测度和 Lebesgue 测度,Dynkin $\pi$-$\lambda$ 定理和测度的唯一性,以及测度的扩张定理。前三项一般的实变函数教材都有,但本书在写法上与大多数教材不同,在保证逻辑严密的同时尽量保留直观,让学生明白抽象概念的来龙去脉。后两项则是一般的实变函数教材没有的内容,但它们是抽象测度论的核心内容,也是现代概率与随机分析的基本证明工具。

　　第 3 章讲述可测函数的概念与性质。笔者把重点放在用简单函数和连续函数逼近可测函数的问题上,同时也彻底辨析了依测度收敛与几乎处处收敛的关系,对 Riesz 定理的证明也作了提炼,使其更简洁。

　　第 4 章讲述 Lebesgue 积分理论,重点是五大定理,即单调收敛定理、Fatou 引理、Lebesgue 控制收敛定理、Tonelli 定理和 Fubini 定理。关于后两个定理的证明,笔者觉得现有的大多数实变函数教材都没有讲清楚,本书花了比较大的篇幅,从乘积测度讲起,算是理清了这两个重要定理的证明,同时也为学生更深入地学习测度论打下了基础。

第 5 章讲述 Lebesgue 微分定理和 Radon-Nikodym 定理。与传统实变函数教材不同,本书通过 Hardy-Littlewood 极大函数法直接证明了 $\mathbb{R}^n$ 上的 Lebesgue 微分定理,这么做的目的一方面是使证明更简洁,结论更一般化,另一方面是在可能的情况下让学生尽可能早地接触现代实分析方法。Radon-Nikodym 定理在一般的实变函数教材上是没有的,但它又是学习高等概率论、随机分析、金融数学等课程不可或缺的工具,因此我们花了一定的篇幅来证明这个定理,证明过程也是让学生熟悉测度论推理证明方法的重要途径。

第 6 章讲述 $L^p$ -空间、Fourier 级数和 Fourier 变换。笔者对 Hölder 不等式、Minkowski 不等式、$L^p$ -空间的完备性以及 $L^p$ -空间的对偶都作了比较详细的论证,这么做的目的一方面是为确保逻辑严密自恰,另一方面是在证明推理过程中训练学生使用 Hölder 不等式、Minkowski 不等式和 Radon-Nikodym 定理,使学生熟悉这些不等式和定理。在讲 $L^2$ -空间时,笔者是结合一般的 Hilbert 空间来讲的,目的是让学生尽早接触现代泛函分析语言,能够在更高的观点下思考问题。最后是 Fourier 级数与 Fourier 变换,这部分内容实变函数教材一般是不会列入的,数学分析课程会讲 Fourier 级数,但只限于点态收敛,很不完善。这部分内容应用非常广泛,几乎在所有理工类、经济、金融、管理类学科中都有应用,因此笔者花了一定的篇幅用现代的观点讲述这部分内容。

本书在写作上力求深入浅出,让学生易于接受,对一些抽象的概念尽可能从直观的例子入手,分析其原始动机,让学生能够自然接受。对一些较难或较长的证明,笔者仔细梳理分解,用循序渐进的方式论述。为了让学生抓住重点,每章开篇给出了本章学习要点。为了方便有余力、有兴趣的学生进一步拓展,笔者在每一章末给出了拓展阅读建议。为了提高学生的学习兴趣,让学生了解数学和数学家的历史是有益的,因此笔者在每一章末给了一则相关数学家的简介。

本书每章都配有一定量的习题,这些习题中有些是为了加深学生对定理或概念的理解而设计的,有些则是正文中没有证明的性质、命题、定理非关键部分或定理的推广。这些习题一般不会太难,学生完成这些习题可以加深对正文的理解,同时还能够提高自己的推理论证能力。还有一部分则是课内知识的延伸,主要是训练学生综合应用所学知识的能力。书末对部分习题给出了解答或提示,全部习题的详细解答可到课程网站下载。

在教学安排上,依笔者的经验,每周 5 课时、一个学期 16 周可以讲完全部内容,还可留一定时间复习。如果课时比较紧,可以不讲 6.3、6.6 和 6.7 节,这样每周 4 课时也基本够用。

在写作本书的过程中,笔者参考了国内外一些经典的测度论、实变函数、实分析、调和分析和泛函分析教材,如程士宏教授的测度论经典教材[10],周民强教授的实变函数经典教材[2]和调和分析经典教材[17],Stein 和 Shakarchi 的实分析教材[15]和 Fourier 分析教材[14],潘文杰教授的 Fourier 分析经典教材[13],还有张恭庆院士与林源渠教授的泛函分析经典教材[23],以及其他经典著作,这里就不一一列举了,笔者在此对这些教材和著作的作者表示衷心感谢!

最后,由于笔者学识水平有限,尽管作了最大努力,可能还会有很多不妥甚至是错误,望广大读者给予批评指正,谢谢.

杨寿渊

江西财经大学

2018 年 8 月

# 目　录

# 本书使用的记号

| | | |
|---|---|---|
| $A \cup B$ | 集合$A$与$B$的并集 | （第2页） |
| $\bigcup\limits_{n=1}^{\infty} A_n$, $\bigcup_{\lambda \in \Lambda} A_\lambda$ | 集合列或集族的并集 | （第3页） |
| $A \cap B$ | 集合$A$与$B$的交集 | （第3页） |
| $\bigcap\limits_{n=1}^{\infty} A_n$, $\bigcap_{\lambda \in \Lambda} A_\lambda$ | 集合列或集族的交集 | （第3页） |
| $A \setminus B$ | 集合$A$与$B$的差 | （第4页） |
| $\overline{A}$ | 集合$A$的补 | （第4页） |
| $\varlimsup\limits_{n \to \infty} A_n$ | 集合列$\{A_n\}$的上限集 | （第4页） |
| $\varliminf\limits_{n \to \infty} A_n$ | 集合列$\{A_n\}$的下限集 | （第4页） |
| $A \times B$ | 集合$A$与$B$的笛卡尔直积 | （第6页） |
| $\prod\limits_{i=1}^{n} A_i$ | 集合$A_1, A_2, \cdots, A_n$的笛卡尔直积 | （第6页） |
| $f: X \to Y$ | 从$X$到$Y$的映射 | （第7页） |
| $f(A)$ | 集合$A$在映射$f$下的像 | （第8页） |
| $f^{-1}(A)$ | 集合$A$在映射$f$下的原像 | （第8页） |
| $g \circ f$ | 映射$g$与$f$的复合映射 | （第9页） |
| $\mathrm{id}_X$ | $X$上的恒等映射 | （第9页） |
| $A \sim B$ | 集合$A$与$B$对等 | （第10页） |
| $\mathrm{Card}(A)$ | 集合$A$的基数 | （第10页） |
| $\mathcal{P}(X)$ | 集合$X$的幂集 | （第14页） |
| $\langle x, y \rangle$ | 向量$x$与$y$的内积 | （第16页） |
| $|x|$ | 向量$x$的模长 | （第16页） |
| $\mathrm{dist}(x, y)$ | 点$x$与$y$之间的距离 | （第16页） |
| $B(x_0, r)$ | 以$x_0$为球心、$r$为半径的开球 | （第17页） |

1

| | | |
|---|---|---|
| $E^\circ$ | 集合$E$的内部 | （第17页） |
| $\partial E$ | 集合$E$的边界 | （第17页） |
| $E^{\mathrm{cl}}$ | 集合$E$的闭包 | （第19页） |
| $f\vert_A$ | 映射$f$在集合$A$上的限制 | （第22页） |
| $(\Omega, \mathcal{F})$ | 可测空间 | （第32页） |
| $\sigma(\mathcal{A})$ | 由$\mathcal{A}$生成的$\sigma$-代数 | （第33页） |
| $\mathcal{B}, \mathcal{B}^n$ | Borel代数 | （第33页） |
| $(\Omega, \mathcal{F}, \mu)$ | 测度空间 | （第34页） |
| $\mu^*$ | Lebesgue外测度 | （第36页） |
| $(\mathbb{R}^n, \mathcal{L}, \mu)$ | Lebesgue测度空间 | （第43页） |
| $\Lambda(\mathcal{A})$ | 由$\mathcal{A}$生成的$\lambda$-系 | （第45页） |
| $X_n \xrightarrow{\mathrm{a.e.}} X$ | $X_n$几乎处处收敛于$X$ | （第61页） |
| $X_n \xrightarrow{\mu} X$ | $X_n$依测度收敛于$X$ | （第61页） |
| $X^+, X^-$ | 可测函数$X$的正部和负部 | （第65页） |
| $\mathcal{F} \otimes \mathcal{G}$ | $\mathcal{F}$与$\mathcal{G}$的乘积代数 | （第92页） |
| $E_x, E^y$ | 集合$E$的$x$-截面和$y$-截面 | （第92页） |
| $\mu \otimes \nu$ | 测度$\mu$与$\nu$的乘积测度 | （第95页） |
| $f_x, f^y$ | 函数$f(x,y)$的$x$-截面和$y$-截面 | （第96页） |
| $\iint\limits_E f(x,y)\mathrm{d}\mu(x)\mathrm{d}\nu(y)$ | $f(x,y)$关于乘积测度$\mu \otimes \nu$的积分 | （第96页） |
| $(Mf)(x)$ | $f(x)$的Hardy-Littlewood极大函数 | （第112页） |
| $\dfrac{\mathrm{d}\nu}{\mathrm{d}\mu}$ | $\nu$对$\mu$的Radon-Nikodym导数 | （第121页） |
| $\Vert f\Vert_{L^p}$ | $f$的$L^p$-范数 | （第131页） |
| $L^p(\Omega)$ | $\Omega$上的$L^p$-空间 | （第131页） |
| $V^*$ | $V$的对偶空间 | （第144页） |
| $\Vert \cdot \Vert_*$ | $\Vert \cdot \Vert$的对偶范数 | （第144页） |
| $\langle f, g\rangle$ | $f$与$g$的内积 | （第155页） |
| $S_\perp$ | $S$的垂空间 | （第155页） |
| $\omega(f;\delta)$ | $f$的$\delta$-连续模 | （第166页） |
| $f * g$ | 函数$f$与$g$的卷积 | （第173页） |
| $\widehat{f}$ | 函数$f$的Fourier变换 | （第178页） |

# 第1章 预备知识

**学习要点**

1. 集合的概念与运算律.

2. 映射与逆映射.

3. 集合的基数.

4. $\mathbb{R}^n$ 上的点集拓扑知识.

5. 连续映射与连续延拓定理.

## §1.1 集合

### 1.1.1 集合的概念

集合是现代数学中最基本的概念之一, 基本到无法用更基本的概念来对其加以定义, 因此在几乎所有的数学书中, 对集合这个概念只是作直观描述, 而不是定义.

一般地, 我们把由一些对象所构成的全体叫作**集合**, 而称这些对象为该集合的**元素**.

例如"方程 $x^2 - 4 = 0$ 的根"就是一个集合, 它包含 $-2, 2$ 两个元素, 用符号表示为

$$A = \{-2, 2\}.$$

又如"能被 3 整除的整数"也构成一个集合, 它由 $0, \pm 3, \pm 6, \pm 9, \cdots$ 等整数所构成, 用符号表示为

$$B = \{\cdots, -9, -6, -3, 0, 3, 6, 9, \cdots\}.$$

当然, 集合的元素不限于数, 可以是其他东西, 例如"中国的直辖市"这一集合包含四个元素, 即北京、上海、天津、重庆, 即

$$C = \{北京, 上海, 天津, 重庆\}.$$

对于一个集合 $A$, 如果某个对象 $a$ 是集合 $A$ 的元素, 则称 $a$ 属于 $A$, 记作 $a \in A$; 否则称 $a$ 不属于 $A$, 记作 $a \notin A$. 如果一个集合不包含任何元素, 我们就称它为**空集**, 记作 $\varnothing$. 例如方程 $x^2 + 1 = 0$ 的实根所构成的集合就是空集, 因为它不包含任何元素.

有些集合我们用固定的符号来表示, 例如用 $\mathbb{N}$ 表示自然数集, $\mathbb{Z}$ 表示整数集, $\mathbb{Q}$ 表示有理数集, $\mathbb{R}$ 表示实数集, $\mathbb{C}$ 表示复数集, 等等.

许多时候集合所包含的元素多到无法列举的程度, 这时候我们就要借助"性质描述法"来表示集合了, 例如非负实数集可表示为

$$A = \{x \in \mathbb{R} : x \geqslant 0\},$$

所有大于 0 但小于 1 的实数所构成的集合可表示为

$$B = \{x \in \mathbb{R} : 0 < x < 1\},$$

所有奇数所构成的集合可表示为

$$E = \{n \in \mathbb{Z} : n = 2k + 1, \ k \in \mathbb{Z}\}.$$

设 $A, B$ 是两个集合, 如果集合 $A$ 中每一个元素都属于集合 $B$, 则称 $A$ 是 $B$ 的**子集**, 记作

$$A \subseteq B \ (或 B \supseteq A),$$

读作 "$A$ 含于 $B$" (或 "$B$ 包含 $A$"). 例如自然数集 $\mathbb{N}$ 就是整数集 $\mathbb{Z}$ 的子集, 即 $\mathbb{N} \subseteq \mathbb{Z}$.

对于两个集合 $A, B$, 如果 $A \subseteq B$ 且 $B \subseteq A$, 则称这两个集合**相等**, 记作 $A = B$. 不难看出, 两个集合相等当且仅当这两个集合所包含的元素完全相同.

## 1.1.2 集合的运算

对于两个集合 $A$ 与 $B$, 定义其**并集**(union)为

$$A \cup B = \{x : x \in A \ 或 \ x \in B\}.$$

不难发现集合的并运算满足交换律和结合律, 即

$$A \cup B = B \cup A, \qquad (A \cup B) \cup C = A \cup (B \cup C),$$

因此我们可以递归定义 $n$ 个集合 $A_1, A_2, A_3, \cdots, A_n$ 的并集:

$$A_1 \cup A_2 \cup A_3 = (A_1 \cup A_2) \cup A_3, \qquad A_1 \cup A_2 \cup A_3 \cup A_4 = (A_1 \cup A_2 \cup A_3) \cup A_4, \qquad \cdots,$$

$$A_1 \cup A_2 \cup A_3 \cup \cdots \cup A_{n-1} \cup A_n = (A_1 \cup A_2 \cup A_3 \cup \cdots \cup A_{n-1}) \cup A_n.$$

我们通常将 $n$ 个集合 $A_1, A_2, \cdots, A_n$ 的并集记作

$$\bigcup_{k=1}^{n} A_k.$$

不难发现

$$\bigcup_{k=1}^{n} A_k = \{x : \exists k \in \mathbb{N}, k \leqslant n, \ \text{s.t.} \ x \in A_k\},$$

其中符号"$\exists$"表示"存在","s.t."是英文词组"such that"的缩写, 表示"使得".

对于一列集合 $A_1, A_2, A_3, \cdots$, 我们定义其并集为

$$\bigcup_{k=1}^{\infty} A_k = \{x : \exists k \in \mathbb{N} \ \text{s.t.} \ x \in A_k\}.$$

更一般地, 设有一族集合 $\{A_\lambda : \lambda \in \Lambda\}$, 其中 $\Lambda$ 是指标集, 可以是无限集, 我们定义这一族集合的并集为

$$\bigcup_{\lambda \in \Lambda} A_\lambda = \{x : \exists \lambda \in \Lambda \ \text{s.t.} \ x \in A_\lambda\}.$$

两个集合 $A, B$ 的 **交集**(intersection)定义为

$$A \cap B = \{x : x \in A \ \text{且} \ x \in B\},$$

不难验证集合的交运算也满足交换律和结合律, 即

$$A \cap B = B \cap A, \qquad (A \cap B) \cap C = A \cap (B \cap C),$$

因此我们也可以递归定义 $n$ 个集合的交集

$$\bigcap_{k=1}^{n} A_k,$$

并且有

$$\bigcap_{k=1}^{n} A_k = \{x : x \in A_k, \ \forall k \in \mathbb{N}, k \leqslant n\},$$

其中符号"$\forall$"表示"任意".

对于一族集合 $\{A_\lambda : \lambda \in \Lambda\}$, 其交集定义为

$$\bigcap_{\lambda \in \Lambda} A_\lambda = \{x : x \in A_\lambda, \ \forall \lambda \in \Lambda\}.$$

两个集合 $A$ 与 $B$ 的 **差**(difference)定义为

$$A \setminus B = \{x : x \in A \text{ 且 } x \notin B\},$$

例如 $A = \{1, 2, 3, 4\}$, $B = \{2, 4, 5\}$, 则

$$A \setminus B = \{1, 3\}.$$

如果我们所讨论的集合都是某个大的集合 $X$ 的子集, 则把 $X$ 称为 **全集**(universal set)；对于 $A \subseteq X$, 称 $X \setminus A$ 为 $A$ 的 **补集**(complementary set), 记作 $\overline{A}$.

除了交换律与结合律之外, 集合还有下列运算律:

**吸收律:** $\qquad A \cup A = A, \qquad A \cap A = A.$

**分配律:** $\qquad (A \cup B) \cap C = (A \cap C) \cup (B \cap C), \qquad \left( \bigcup_{\lambda \in \Lambda} A_\lambda \right) \cap C = \bigcup_{\lambda \in \Lambda} (A_\lambda \cap C),$

$$(A \cap B) \cup C = (A \cup C) \cap (B \cup C), \qquad \left( \bigcap_{\lambda \in \Lambda} A_\lambda \right) \cup C = \bigcap_{\lambda \in \Lambda} (A_\lambda \cup C).$$

**De Morgan律:** $\quad A \setminus (B \cup C) = (A \setminus B) \cap (A \setminus C), \qquad A \setminus \left( \bigcup_{\lambda \in \Lambda} B_\lambda \right) = \bigcap_{\lambda \in \Lambda} (A \setminus B_\lambda),$

$$A \setminus (B \cap C) = (A \setminus B) \cup (A \setminus C), \qquad A \setminus \left( \bigcap_{\lambda \in \Lambda} B_\lambda \right) = \bigcup_{\lambda \in \Lambda} (A \setminus B_\lambda).$$

## 1.1.3 上限集与下限集

设 $\{A_n : n = 1, 2, 3, \cdots\}$ 是一列集合, 令 $B_n = \cup_{k=n}^{\infty} A_k$, 则 $B_1 \supseteq B_2 \supseteq B_3 \supseteq \cdots$, 即 $\{B_n : n = 1, 2, \cdots\}$ 是一列单调减小的集合. 我们称 $\cap_{n=1}^{\infty} B_n$ 为集列 $\{A_n\}$ 的 **上限集**, 记作 $\overline{\lim}_{n \to \infty} A_n$, 即

$$\overline{\lim_{n \to \infty}} A_n = \bigcap_{n=1}^{\infty} \bigcup_{k=n}^{\infty} A_n. \tag{1.1}$$

可以类似地定义 $\{A_n\}$ 的 **下限集**:

$$\underline{\lim_{n \to \infty}} A_n = \bigcup_{n=1}^{\infty} \bigcap_{k=n}^{\infty} A_n. \tag{1.2}$$

**命题 1.1** 设 $\{A_n : n = 1, 2, \cdots\}$ 是一列集合, 则

$$\underline{\lim_{n \to \infty}} A_n \subseteq \overline{\lim_{n \to \infty}} A_n. \tag{1.3}$$

证明　对任意$x \in \underline{\lim}_{n \to \infty} A_n$, 存在自然数$N$, 使得当$k \geqslant N$时有$x \in A_k$, 因此

$$x \in \bigcup_{k=n}^{\infty} A_k, \qquad \forall n = 1, 2, \cdots, \tag{1.4}$$

由此推出

$$x \in \bigcap_{n=1}^{\infty} \bigcup_{k=n}^{\infty} A_k = \overline{\lim}_{n \to \infty} A_n, \tag{1.5}$$

由$x$的任意性, 命题得证.

# §1.2 笛卡尔直积

**定义 1.1** 设 $A, B$ 是两个集合, 则 $A$ 与 $B$ 的**笛卡尔直积**(Cartesian product)定义为

$$A \times B = \{(a, b) : a \in A, b \in B\}. \tag{1.6}$$

**例 1.1** 设 $A = \{1, 2, 3\}$, $B = \{a, b\}$, 求 $A \times B$ 和 $A \times A$.

**解**

$$A \times B = \{(1, a), (1, b), (2, a), (2, b), (3, a), (3, b)\},$$

$$A \times A = \{(1, 1), (1, 2), (1, 3), (2, 1), (2, 2), (2, 3), (3, 1), (3, 2), (3, 3)\}. \tag{1.7}$$

须指出的是在 $A \times A$ 中 $(1, 2)$ 和 $(2, 1)$ 是不同的元素. 此外, 集合的直积运算不满足交换律, 下面的例子能说明这一点.

**例 1.2** 设 $A = \{1, 2, 3\}$, $B = \{7, 8\}$, 则

$$A \times B = \{(1, 7), (1, 8), (2, 7), (2, 8), (3, 7), (3, 8)\},$$

$$B \times A = \{(7, 1), (8, 1), (7, 2), (8, 2), (7, 3), (8, 3)\},$$

因此 $A \times B \neq B \times A$.

**例 1.3** 对于实数集 $\mathbb{R}$, $\mathbb{R}^2 = \mathbb{R} \times \mathbb{R} = \{(x, y) : x, y \in \mathbb{R}\}$ 就是二维坐标平面, 其中的元素就是平面上的点（的坐标）.

我们可以类似地定义 $n$ 个集合的笛卡尔积:

$$\prod_{i=1}^{n} A_i = A_1 \times A_2 \times \cdots \times A_n = \{(a_1, a_2, \cdots, a_n) : a_1 \in A_1, a_2 \in A_2, \cdots, a_n \in A_n\}. \tag{1.8}$$

**例 1.4** 对于实数集 $\mathbb{R}$, $\mathbb{R}^3 = \mathbb{R} \times \mathbb{R} \times \mathbb{R} = \{(x, y, z) : x, y, z \in \mathbb{R}\}$ 就是三维坐标空间, 其中的元素就是三维空间中的点（的坐标）.

笛卡尔直积有下列简单性质:

i). $(A \cap B) \times (C \cap D) = (A \times C) \cap (B \times D)$;

ii). $(X \times Y) \setminus (A \times C) = ((X \setminus A) \times Y) \cup (X \times (Y \setminus C))$;

iii). $(A \setminus B) \times C = (A \times C) \setminus (B \times C)$;

iv). $(A \cup B) \times (C \cup D) = (A \times C) \cup (A \times D) \cup (B \times C) \cup (B \times D)$.

以上性质的证明留给读者作练习.

# §1.3 映射

所谓映射, 就是指两个集合的元素之间的一种对应关系, 大家所熟悉的函数就是映射的典型例子. 我们先介绍关系的概念.

**定义 1.2** 设 $X$ 和 $Y$ 是两个非空的集合, $X \times Y$ 是它们的笛卡尔直积, 我们把 $X \times Y$ 的任何一个子集 $R$ 都称为从 $X$ 到 $Y$ 的**二元关系**(binary relation), 简称**关系**(relation).

**例 1.5** 设 $X = \{1, 2, 3, 4\}$, $Y = \{a, b, c, d\}$, 令

$$R_1 = \{(1, a), (1, b), (2, b), (3, c), (4, d)\}, \qquad R_2 = \{(1, a), (2, c), (4, d)\},$$

$$R_3 = \{(1, b), (2, b), (3, c), (4, d)\}, \qquad R_4 = \{(1, d), (2, c), (3, b), (4, a)\},$$

则 $R_1, R_2, R_3, R_4$ 都是从 $X$ 到 $Y$ 的关系.

如果 $R$ 是 $X$ 到 $X$ 的关系, 则也称 $R$ 是 $X$ **上的关系**.

设 $R$ 是从 $X$ 到 $Y$ 的关系, 称

$$\mathrm{Dom}(R) := \{x \in X : \text{存在} y \in Y \text{使得} (x, y) \in R\} \tag{1.9}$$

为 $R$ 的**定义域**(domain); 称

$$\mathrm{Ran}(R) := \{y \in Y : \text{存在} x \in X \text{使得} (x, y) \in R\} \tag{1.10}$$

为 $R$ 的**值域**(range).

在例 1.5 中, $R_3 = \{(1, b), (2, b), (3, c), (4, d)\}$, 其定义域为 $\mathrm{Dom}(R_3) = \{1, 2, 3, 4\}$, 值域为 $\mathrm{Ran}(R_3) = \{b, c, d\}$.

**定义 1.3** 设 $X$ 和 $Y$ 是两个非空的集合, $f$ 是从 $X$ 到 $Y$ 的关系, 如果对任意 $x \in X$, 存在唯一的 $y = y_x \in Y$ 使得

$$(x, y_x) \in f, \tag{1.11}$$

则称 $f$ 是从 $X$ 到 $Y$ 的一个**映射**(map), 记作 $f : X \to Y$; 我们把与 $x$ 对应的元素 $y_x$ 记作 $f(x)$, 称为 $x$ 在映射 $f$ 下的**像**, 而把 $x$ 称为 $y$ (在映射 $f$ 下) 的**原像**.

在例 1.5 给出的四个关系中, $R_1$ 和 $R_2$ 不满足映射定义的条件, 从而不是映射; $R_3$ 和 $R_4$ 满足映射定义的条件, 因此是映射.

我们再举一个例子, $F = \{(x, y) : x^2 + y^2 = 1\}$ 是实数区间 $[-1, 1]$ 上的一个关系, 但不是映射, 因为有些元素有两个像. 但

$$f = \{(x, y) : x^2 + y^2 = 1, y \geqslant 0\} \tag{1.12}$$

则是$X$上的映射, 实际上这个映射就是函数$f(x) = \sqrt{1-x^2}, x \in [-1, 1]$.

设$f$是从$X$到$Y$的映射, $A \subseteq X$, 定义

$$f(A) := \{f(x) : x \in A\},\tag{1.13}$$

称为**集合$A$在映射$f$下的像**. 设$B \subseteq Y$, 定义

$$f^{-1}(B) = \{x \in X : f(x) \in B\},\tag{1.14}$$

称为**集合$B$在映射$f$下的原像**.

**例 1.6**　考察映射

$$f : \mathbb{R} \times \mathbb{R} \to \mathbb{R}, \quad (x, y) \mapsto f(x, y) = x^2 + y^2,\tag{1.15}$$

设$A = \{(x, y) : |x| \leqslant 1, |y| \leqslant 1\}, B = [-1, 1] \subseteq \mathbb{R}$, 求$f(A)$和$f^{-1}(B)$.

**解**　由于$f$在有界闭区域$A$上的最大值为2, 最小值为0, $f$又是$A$上的连续函数, 因此可取到闭区间$[0, 2]$上的任何一个值, 由此得到

$$f(A) = [0, 2].$$

注意到$f(x, y) \in B$当且仅当$x^2 + y^2 \leqslant 1$, 因此

$$f^{-1}(B) = \{(x, y) : x^2 + y^2 \leqslant 1\},\tag{1.16}$$

即为坐标平面上的闭单位圆盘.

关于映射$f$的像与原像有下列简单性质:

i). $f(\cup_{n=1}^{\infty} A_n) = \cup_{n=1}^{\infty} f(A_n)$;

ii). $f(\cap_{n=1}^{\infty} A_n) \subseteq \cap_{n=1}^{\infty} f(A_n)$;

iii). 如果$A \subseteq B \subseteq Y$, 则$f^{-1}(A) \subseteq f^{-1}(B), f^{-1}(B \setminus A) = f^{-1}(B) \setminus f^{-1}(A)$;

iv). 如果$A_n \subseteq Y, n = 1, 2, \cdots$, 则

$$f^{-1}(\cup_{n=1}^{\infty} A_n) = \cup_{n=1}^{\infty} f^{-1}(A_n);$$
$$f^{-1}(\cap_{n=1}^{\infty} A_n) = \cap_{n=1}^{\infty} f^{-1}(A_n).$$

以上性质的证明留给读者作练习.

**定义 1.4**　设$f$是从$X$到$Y$的映射, 如果

$$f(x) = f(x') \quad \Leftrightarrow \quad x = x', \quad \forall x, x' \in X,\tag{1.17}$$

**8**

则称$f$是**单射**(injection)；如果$\text{Ran}(f) = Y$, 则称$f$是**满射**(surjection), 此时也称$f$是$X$到$Y$上的映射, 或者说$f$是映上的; 如果$f$既是单射又是满射, 则称$f$是**双射**(bijection), 或者**单满映射**, 或者**一一对应**.

例如$f : \mathbb{R} \to \mathbb{R}$, $x \mapsto f(x) = \mathrm{e}^x$是单射但不是满射; $g : \mathbb{R} \to [0, \infty)$, $x \mapsto g(x) = x^2$是满射但不是单射; $h : \mathbb{R} \to \mathbb{R}$, $x \mapsto h(x) = x^3$既是单射又是满射.

**定义 1.5** 设$f : X \to Y$是单满映射, 则对任意$y \in Y$, 在$X$中有唯一的原像$x_y$使得$f(x_y) = y$, 这样我们就得到一个映射

$$g : Y \longrightarrow X, \quad y \mapsto x_y, \tag{1.18}$$

我们称这个映射为$f$的**逆映射**(inverse mapping), 以$f^{-1}$记之, 即$f^{-1}(y) = g(y) = x_y$.

例如映射$f : \mathbb{R} \to (0, \infty)$, $x \mapsto f(x) = \mathrm{e}^x$的逆映射就是

$$f^{-1} : (0, \infty) \longrightarrow \mathbb{R}, \quad y \mapsto f^{-1}(y) = \ln y. \tag{1.19}$$

**定义 1.6** 设$f : X \to Y$和$g : Y \to Z$是映射, 定义

$$h : X \longrightarrow Z, \quad x \mapsto h(x) = g(f(x)), \tag{1.20}$$

称之为$g$与$f$的**复合映射**(composite mapping), 记为$h = g \circ f$.

例如设$f : \mathbb{R} \to [-1, 1]$, $x \mapsto f(x) = \sin x$, $g : \mathbb{R} \to \mathbb{R}$, $y \mapsto g(y) = y^3 - 2y + 1$, 则$g$与$f$的复合映射为

$$g \circ f : \mathbb{R} \longrightarrow \mathbb{R}, \quad x \mapsto g(f(x)) = \sin^3 x - 2\sin x + 1. \tag{1.21}$$

设$f : X \to Y$是单满映射, $f^{-1}$是其逆映射, 则有

$$f^{-1} \circ f = \mathrm{id}_X, \qquad f \circ f^{-1} = \mathrm{id}_Y, \tag{1.22}$$

其中$\mathrm{id}_X$和$\mathrm{id}_Y$分别表示$X$和$Y$上的恒等映射, 即 $\mathrm{id}_X : X \to X$, $x \mapsto x$.

# §1.4 集合的基数

对于有限集合我们可以按下列方式确定其中的元素的个数: 首先集合 $E_n = \{1, 2, \cdots, n\}$ 含有 $n$ 个元素, 这是很明确的. 对于任意一个集合 $S$, 如果存在一个双射 $f: S \to E_n$, 则称 $S$ 与 $E_n$ 含有相同个数的元素, 即含有 $n$ 个元素; 由此推而广之, 对于任意两个集合 $A, B$, 如果存在一个双射 $f: A \to B$, 则称这两个集合含有的元素的个数相同. 为了叙述方便, 我们把一个集合中包含的元素的个数称为这个集合的**基数**(cardinality); 如果两个集合 $A$ 与 $B$ 之间存在双射 $f: A \to B$, 则称 $A$ 与 $B$ 是**对等的**, 记作 $A \sim B$.

按照如上定义, 两个对等的集合具有相同的基数, 这与我们的直观相符, 很好理解. 但是有一个疑问: 一个集合是否会与它的某一个真子集对等呢? 如果有这种现象, 就意味着一个集合与它的一个真子集具有相同元素个数, 这一点似乎与我们的直观冲突. 对于有限集合, 下面的鸽笼原理排除了这种可能:

**鸽笼原理**(pigeonhole principle)　设 $A$ 是一个有限集, $B$ 是它的真子集, 则任何一个映射 $f: A \to B$ 必不是单射, 换言之, 定义在有限集 $A$ 上的一个映射, 如果是单射, 则一定也是满射, 反之亦然.

之所以称这个原理为鸽笼原理, 是因为它有一个形象的解释: 今有 $m$ 只鸽子钻进 $n$ 个鸽笼中, $m > n$, 则至少有一个鸽笼中有两只或更多鸽子.

这与上面的原理有何联系呢? 我们可以将鸽子编号, 编号为 1 至 $m$, 将鸽笼也编号, 编号为 1 至 $n$, 鸽子钻进鸽笼就相当于建立了一个从 $E_m$ 到其真子集 $E_n$ 的映射, 按照上面的原理, 这个映射必不是单射, 从而至少有一个鸽笼中有两只或更多鸽子.

鸽笼原理在中国更多的时候称为**抽屉原则**, 其直观解释如下: 将 $m$ 个小球放入 $n$ 个抽屉中, $m > n$, 则至少有一个抽屉中有两个或更多小球.

但对于无限集合, 类似鸽笼原理的结论是不成立的. 例如

$$f(n) = 2n, \qquad \forall\, n \in \mathbb{N}$$

便是从自然数集 $\mathbb{N}$ 到正偶数集 $B$ 的一个双射, 而 $B$ 是 $\mathbb{N}$ 的一个真子集. 正因为如此, 无限集的基数问题比较复杂, 一个无限集可能与它的真子集具有相同的基数, 这一点与有限集截然不同, 因为有限集所包含的元素个数一定比它的真子集所包含的元素个数大. 因此我们需要转换一下思维方式, 像下面这样理解基数的概念:

**集合的基数是集合固有的特征, 每一个集合都具有唯一的基数, 对等的集合具有相同的基数**.

我们通常把一个集合 $A$ 的基数记作 **Card**$(A)$. 例如 $E_n = \{1, 2, \cdots, n\}$ 的基数为 **Card**$(E_n) = n$. 但自然数集 $\mathbb{N}$ 的基数不宜简单地用 $\infty$ 表示, 稍后我们将说明还有一些集合的基数比自然数集的基数更大! 通常我们把自然数集的基数记作 $\aleph_0$ ($\aleph$ 是希伯来文字母, 读作 aleph).

如果一个集合与自然数集具有相同的基数, 则称这个集合是**可数的**, 或者说是**可列的**. 如果集合$A$是可数集, 则我们可以不重不漏地把$A$中的元素排成一列:

$$A = \{a_1, a_2, a_3, \cdots, a_n, \cdots\}. \tag{1.23}$$

事实上, 按照可数的定义, 存在单满映射$f: A \to \mathbb{N}$, 对每一个自然数$n$皆有唯一的原像$a \in A$, 记此原像为$a_n$, 则$a_1, a_2, a_3, \cdots$不重不漏地列出了$A$的全部元素.

**例 1.7** 试证明整数集$\mathbb{Z}$是可数集.

**证明** 根据前面的讨论, 我们只须将整数集$\mathbb{Z}$中的元素不重不漏地排成一列即可. 这可以按照如下方式实现:

$$0, \ 1, \ -1, \ 2, \ -2, \ 3, \ -3, \ \cdots, \tag{1.24}$$

因此$\mathbb{Z}$是可数集. 当然, 如果非要写出一个具体的公式, 也是可以的. 作映射$f: \mathbb{N} \to \mathbb{Z}$如下:

$$f(n) = (-1)^n \left\lfloor \frac{n}{2} \right\rfloor, \qquad \forall n \in \mathbb{N}, \tag{1.25}$$

其中$\lfloor x \rfloor$为**Gauss取整函数**, 即对一个实数取整, 例如$\lfloor 0.6 \rfloor = 0$, $\lfloor 1.2 \rfloor = 1$, 等等. 不难验证公式(1.25)的计算结果正是(1.24).

我们把有限集和可数集称为**至多可数集**. 下面的事实或许让大家吃惊:

**定理 1.1** 可数多个至多可数集的并是可数集.

**证明** 不妨设这可数多个至多可数集为$\{A_n : n = 1, 2, 3, \cdots\}$, 我们还可以进一步假设它们两两不相交, 否则的话令

$$B_1 = A_1, \quad B_2 = A_2 \setminus A_1, \quad B_3 = A_3 \setminus (A_1 \cup A_2), \quad B_4 = A_4 \setminus (A_1 \cup A_2 \cup A_3), \cdots, \tag{1.26}$$

则$\{B_n : n = 1, 2, 3, \cdots\}$两两不相交, 且$\cup_{n=1}^{\infty} A_n = \cup_{n=1}^{\infty} B_n$.

现在设

$$A_n = \{a_{n,1}, a_{n,2}, a_{n,3}, \cdots\}, \qquad n = 1, 2, 3, \cdots, \tag{1.27}$$

则$\cup_{n=1}^{\infty} A_n$中元素可不重不漏地按照如下方式列出（沿箭头方向走, 如果某行只有有限个元素, 则会出现空位, 遇到空位跳过）:

**11**

$$
\begin{array}{ccccc}
a_{1,1} \rightarrow & a_{1,2} & a_{1,3} \rightarrow & a_{1,4} & \cdots \\
 & & & & \\
a_{2,1} & a_{2,2} & a_{2,3} & a_{4,2} & \cdots \\
 & & & & \\
a_{3,1} & a_{3,2} & a_{3,3} & a_{3,4} & \cdots \\
 & & & & \\
a_{4,1} & a_{4,2} & a_{4,3} & a_{4,4} & \cdots \\
\vdots & \vdots & \vdots & \vdots &
\end{array}
$$

因此 $\cup_{n=1}^{\infty} A_n$ 是可数集.

从定理1.1还可以得到什么结论呢? 首先 $\mathbb{Z} \times \mathbb{Z}$ 是可数集, 这是因为

$$
\mathbb{Z} \times \mathbb{Z} = \bigcup_{n \in \mathbb{Z}} E_n, \qquad E_n = \{(n,k): \ k \in \mathbb{Z}\}, \tag{1.28}
$$

每一个 $E_n$ 与 $\mathbb{Z}$ 对等, 因此是可数集, 从而 $\mathbb{Z} \times \mathbb{Z}$ 是可数多个可数集的并, 因此也是可数集.

此外, 还有下列乍看起来不可思议的结论:

**定理 1.2** 有理数集 $\mathbb{Q}$ 是可数集.

**证明** 我们先把问题适当地简化, 令 $Q_n = \mathbb{Q} \cap (n, n+1)$, 则 $\mathbb{Q} = \mathbb{Z} \cup (\cup_{n \in \mathbb{Z}} Q_n)$, 且每一个 $Q_n$ 都与 $Q_0$ 对等, 因此只须证明 $Q_0$ 是可数集即可.

由于 $Q_0$ 中的元素是真分数, 因此可以表示成下列形式:

$$
r = \frac{m}{n}, \qquad m, n \in \mathbb{Z}, \ n \geqslant 1, \ 0 < m < n,
$$

如果用 $E_n$ 表示分母为 $n$ 的真分数的集合, 则每一个 $E_n$ 都是有限集, 因此 $Q_0 = \cup_{n=1}^{\infty} E_n$ 是可数集, 这就完成了定理的证明.

那么实数集的基数又有多大呢? 我们把不是有限集或可数集的集合称为**不可数集**. 有如下定理:

**定理 1.3** 实数集 $\mathbb{R}$ 是不可数集.

**证明** 我们只须证明实数区间 $I = [0,1]$ 是不可数集即可. 任意 $x \in I$ 都可以表示成无限小数 $0.d_1 d_2 d_3 \cdots$ 的形式, 其中 $d_i$ 是 $0 \sim 9$ 之间的数字.

现在用反证法证明 $I$ 是不可数集. 如果 $I$ 是可数集, 则可把它的元素没有遗漏地列出如下:

$$
x^{(1)} = 0.d_1^{(1)} d_2^{(1)} d_3^{(1)} \cdots,
$$

$$x^{(2)} = 0.d_1^{(2)} d_2^{(2)} d_3^{(2)} \cdots,$$

$$x^{(3)} = 0.d_1^{(3)} d_2^{(3)} d_3^{(3)} \cdots,$$

$$\cdots\cdots \tag{1.29}$$

现在取$0 \sim 9$之间的数字$c_1, c_2, c_3, \cdots$使得$c_1 \neq d_1^{(1)}, c_2 \neq d_2^{(2)}, c_3 \neq d_3^{(3)}, \cdots$, 令

$$x = 0.c_1 c_2 c_3 \cdots, \tag{1.30}$$

则$x \neq x^{(1)}$, $x \neq x^{(2)}$, $x \neq x^{(3)}$, $\cdots$, 即$x$与$I$中所有元素都不相等, 但显然有$x \in I$, 这与(1.29)列完了$I$中所有元素矛盾, 故反设不成立, 这就证明了$I$是不可数集.

**定义 1.7** 设$A, B$是两个集合, 如果$A$与$B$的某个子集对等, 则称$A$的基数不超过$B$的基数, 记作$\mathrm{Card}(A) \leqslant \mathrm{Card}(B)$. 如果$\mathrm{Card}(A) \leqslant \mathrm{Card}(B)$且$\mathrm{Card}(A) \neq \mathrm{Card}(B)$, 则称$A$的基数小于$B$的基数, 记作$\mathrm{Card}(A) < \mathrm{Card}(B)$.

实数集$\mathbb{R}$的基数通常记为$\aleph_1$, 由定理1.3不难得到$\aleph_0 < \aleph_1$.

对于实数$a, b$我们都知道如果$a \leqslant b$且$b \leqslant a$, 则一定有$a = b$, 那么集合的基数是否有类似的性质呢? 换而言之, 如果$\mathrm{Card}(A) \leqslant \mathrm{Card}(B)$且$\mathrm{Card}(B) \leqslant \mathrm{Card}(A)$, 是否一定有$\mathrm{Card}(A) = \mathrm{Card}(B)$呢? 答案是肯定的, 但并不显然, 这就是著名的Cantor-Bernstein**定理**, 在证明这个定理之前, 我们须先证明一个引理.

**引理 1.1** (Banach**引理**) 设$f : X \to Y$和$g : Y \to X$都是映射, 则存在分解

$$X = A \cup \widetilde{A}, \qquad Y = B \cup \widetilde{B} \tag{1.31}$$

使得$A \cap \widetilde{A} = \varnothing$, $B \cap \widetilde{B} = \varnothing$, 且$f(A) = B$, $g(\widetilde{B}) = \widetilde{A}$.

**证明** 对于$X$的子集$E$, 如果

$$E \cap g(Y \setminus f(E)) = \varnothing, \tag{1.32}$$

则称$E$是$X$中的分离集. 记$X$中的分离集之全体为$\Gamma$, 则$\Gamma$非空, 因为$\varnothing$是$X$中的分离集, 因此$\Gamma$至少含有$\varnothing$这个元素.

现在令

$$A = \bigcup_{E \in \Gamma} E, \tag{1.33}$$

即$A$是集族$\Gamma$中所有元素的并集, 则$A \in \Gamma$. 事实上, 对任意$E \in \Gamma$, 根据分离集的定义, (1.32)成立, 又因为$A \supseteq E$, 因此

$$E \cap g(Y \setminus f(A)) = \varnothing, \tag{1.34}$$

**13**

从而有

$$A \cap g(Y \setminus f(A)) = \bigcup_{E \in \Gamma} [E \cap g(Y \setminus f(A))] = \varnothing, \tag{1.35}$$

这就证明了$A \in \Gamma$. 此外, 不难发现$A$是$\Gamma$中的最大元素, 即$X$中的最大分离集.

现在令$B = f(A)$, $\widetilde{B} = Y \setminus B$, $\widetilde{A} = g(\widetilde{B})$, 则显然有

$$Y = B \cup \widetilde{B}, \quad B \cap \widetilde{B} = \varnothing, \quad A \cap \widetilde{A} = \varnothing, \tag{1.36}$$

接下来只须证明$X = A \cup \widetilde{A}$即可. 用反证法, 如果$A \cup \widetilde{A} \neq X$, 则存在$x_0 \in X \setminus (A \cup \widetilde{A})$, 令$A_0 = A \cup \{x_0\}$, 则不难证明$A_0 \in \Gamma$, 但这与$A$是$\Gamma$中的最大元素矛盾, 故反设不成立, 引理得证.

**定理 1.4** (**Cantor-Bernstein 定理**)[1] 若$X$与$Y$的某个子集对等, $Y$也与$X$的某个子集对等, 则$X \sim Y$.

**证明** 由题设, 存在单射$f : X \to Y$及$g : Y \to X$, 根据引理1.1, 存在分解

$$X = A \cup \widetilde{A}, \quad Y = B \cup \widetilde{B}, \quad A \cap \widetilde{A} = B \cap \widetilde{B} = \varnothing, \tag{1.37}$$

使得$f(A) = B$, $g(\widetilde{B}) = \widetilde{A}$, 注意到$g : \widetilde{B} \to \widetilde{A}$是单满映射, 因此存在逆映射$g^{-1} : \widetilde{A} \to \widetilde{B}$. 现在定义映射$h : X \to Y$如下

$$h(x) = \begin{cases} f(x), & x \in A, \\ g^{-1}(x), & x \in \widetilde{A}, \end{cases} \tag{1.38}$$

则$h$是单满映射, 因此$X \sim Y$.

我们已经知道$\aleph_0 < \aleph_1$, 那么还有没有更大的基数呢? 或者更进一步, 有没有最大的基数呢? 为了回答这个问题, 我们需要用到一个概念. 设$X$是任意一个集合, 我们把$X$的所有子集所构成的集合称为$X$的**幂集**(power set), 以$\mathcal{P}(X)$记之.

例如$X = \{1, 2, 3\}$的幂集是

$$\mathcal{P}(X) = \{\varnothing, \{1\}, \{2\}, \{3\}, \{1, 2\}, \{1, 3\}, \{2, 3\}, X\}. \tag{1.39}$$

**定理 1.5** (**无最大基数**) 设$X$是任意一个非空集合, 则$\mathrm{Card}(X) < \mathrm{Card}(\mathcal{P}(X))$.

---

[1]这个定理最初由Cantor于1887年提出, Dedekind于同年证明了这个定理, 但未公开; Schröder于1896年发表了该定理的首个不依赖于选择公理的证明, 但后来被人发现有漏洞; Bernstein于1897年给出该定理第一个不依赖于选择公理的正确证明. 这里给出的证明方法是由Banach提出的.

证明 显然有$\mathrm{Card}(X) \leqslant \mathrm{Card}(\mathcal{P}(X))$, 故只须证$\mathrm{Card}(X) \neq \mathrm{Card}(\mathcal{P}(X))$, 下面用反证法证明这一点. 设若$\mathrm{Card}(X) = \mathrm{Card}(\mathcal{P}(X))$, 则存在单满映射$f : X \to \mathcal{P}(X)$, 令

$$B = \{x \in X : x \notin f(x)\}, \tag{1.40}$$

则$B \in \mathcal{P}(x)$, 于是存在$y \in X$使得$f(y) = B$. 现在我们来分析$y$与集合$B$的关系:

i). 如果$y \in B$, 则$y \in f(y)$, 按照集合$B$的定义得$y \notin B$;

ii). 如果$y \notin B$, 则$y \notin f(y)$, 按照集合$B$的定义又有$y \in B$;

无论哪一种情况都导致矛盾, 因此原假设不成立, 即$\mathrm{Card}(X) \neq \mathrm{Card}(\mathcal{P}(X))$, 定理得证.

# §1.5 $\mathbb{R}^n$中的点集

## 1.5.1 欧氏空间$\mathbb{R}^n$

$n$维欧氏空间$\mathbb{R}^n$作为集合是实数集$\mathbb{R}$的$n$重笛卡尔直积：

$$\mathbb{R}^n = \underbrace{\mathbb{R} \times \mathbb{R} \times \cdots \times \mathbb{R}}_{n\text{重}} = \{(x_1, x_2, \cdots, x_n) : x_i \in \mathbb{R}, i = 1, 2, \cdots, n\}, \tag{1.41}$$

同时在其上定义有加法与数乘运算：

$$(x_1, x_2, \cdots, x_n) + (y_1, y_2, \cdots, y_n) = (x_1 + y_1, x_2 + y_2, \cdots, x_n + y_n), \tag{1.42}$$

$$\lambda(x_1, x_2, \cdots, x_n) = (\lambda x_1, \lambda x_2, \cdots, \lambda x_n), \qquad \forall \lambda \in \mathbb{R}, \tag{1.43}$$

不难验证$\mathbb{R}^n$关于上面定义的加法与数乘运算构成一个向量空间. 在这个向量空间上还定义有内积运算：

$$\langle x, y \rangle = x_1 y_1 + x_2 y_2 + \cdots + x_n y_n, \qquad \forall x = (x_1, x_2, \cdots, x_n), y = (y_1, y_2, \cdots, y_n) \in \mathbb{R}^n, \tag{1.44}$$

上面的内积还诱导出向量的模长（范数）和两点之间的距离：对任意$x = (x_1, x_2, \cdots, x_n), y = (y_1, y_2, \cdots, y_n) \in \mathbb{R}^n$, 定义

$$|x| = \sqrt{\langle x, x \rangle} = \sqrt{x_1^2 + x_2^2 + \cdots + x_n^2}, \tag{1.45}$$

$$\text{dist}(x, y) = |x - y| = \sqrt{\sum_{i=1}^{n}(x_i - y_i)^2}. \tag{1.46}$$

欧氏空间$\mathbb{R}^n$中的内积、模长和距离满足下列性质：设$x, y, z \in \mathbb{R}^n$, $\alpha, \beta, \lambda \in \mathbb{R}$, 则

i). $\langle \alpha x + \beta y, z \rangle = \alpha \langle x, z \rangle + \beta \langle y, z \rangle$;

ii). $\langle x, y \rangle = \langle y, x \rangle$;

iii). **Cauchy不等式**：$|\langle x, y \rangle| \leqslant |x| \cdot |y|$;

iv). $|x| \geqslant 0$, $|x| = 0 \Leftrightarrow x = 0$;

v). $|\lambda x| = |\lambda| \cdot |x|$;

vi). $\text{dist}(x, y) \geqslant 0$, $\text{dist}(x, y) = 0 \Leftrightarrow x = y$;

vii). $\text{dist}(x, y) = \text{dist}(y, x)$;

viii). **三角不等式**：$|x + y| \leqslant |x| + |y|$, $\text{dist}(x, z) \leqslant \text{dist}(x, y) + \text{dist}(y, z)$.

以上性质除了iii)和viii)都很显然，下面我们只证明iii)和viii)，其余的留给读者作练习.

**iii)的证明：** 对任意$x, y \in \mathbb{R}^n$, 考察关于$t$的函数$\varphi(t) = |x - ty|^2$, 注意到这个函数是非负的, 而且是一个二次三项式：

$$\varphi(t) = |y|^2 t^2 - 2\langle x, y \rangle t + |x|^2, \tag{1.47}$$

根据韦达定理, 其判别式小于或等于零, 即

$$4|\langle x, y \rangle|^2 - 4|x|^2|y|^2 \leqslant 0, \tag{1.48}$$

由此立刻得到iii).

**viii)的证明：** 只须注意到

$$
\begin{aligned}
|x + y|^2 = \langle x + y, x + y \rangle &= |x|^2 + 2\langle x, y \rangle + |y|^2 \\
&\leqslant |x|^2 + 2|x| \cdot |y| + |y|^2 \quad \text{(Cauchy不等式)} \\
&= (|x| + |y|)^2, 
\end{aligned} \tag{1.49}
$$

两边开方即可得到$|x + y| \leqslant |x| + |y|$, 至于后一个不等式, 可以由它直接推出.

## 1.5.2 开集和闭集

在$\mathbb{R}^n$中, 以$x_0$为中心, 以$r > 0$为半径的**开球**定义为

$$B(x_0, r) = \{x \in \mathbb{R}^n : |x - x_0| < r\}. \tag{1.50}$$

**定义 1.8** 设$E \subseteq \mathbb{R}^n$, $x \in E$, 如果存在开球$B(x, \delta) \subseteq E$, 则称$x$是$E$的**内点**(interior point)；$E$的所有内点所构成的集合称为$E$的**内部**(interior), 记为$E^\circ$. 对于$y \in \mathbb{R}^n$, 如果存在开球$B(y, \delta)$与$E$不相交, 则称$y$为$E$的**外点**(exterior point). 对于$z \in \mathbb{R}^n$, 如果对任意$\delta > 0$皆有$B(z, \delta) \cap E \neq \varnothing$且$B(z, \delta) \cap (\mathbb{R}^n \setminus E) \neq \varnothing$, 则称$z$为$E$的**边界点**(boundary point), $E$的所有边界点所构成的集合称为$E$的**边界**(boundary), 记为$\partial E$.

例如$E = \{(x, y) \in \mathbb{R}^2 : |x| < 1, |y| \leqslant 1\}$的内部为

$$E^\circ = \{(x, y) \in \mathbb{R}^2 : |x| < 1, |y| < 1\}, \tag{1.51}$$

边界为

$$\partial E = \{(x, y) \in \mathbb{R}^2 : |x| = 1, |y| \leqslant 1 \text{ 或 } |x| \leqslant 1, |y| = 1\}, \tag{1.52}$$

外点的集合则是

$$\{(x, y) \in \mathbb{R}^2 : |x| > 1 \text{ 或 } |y| > 1\}. \tag{1.53}$$

**定义 1.9**　设 $G \subseteq \mathbb{R}^n$, 如果 $G$ 中的每一个点都是内点, 则称 $G$ 为 $\mathbb{R}^n$ 中的**开集**(open set); 设 $F \subseteq \mathbb{R}^n$, 如果 $\mathbb{R}^n \setminus F$ 是开集, 则称 $F$ 为**闭集**(closed set).

按照定义, 开集 $G$ 与其内部 $G^\circ$ 是相等的, 即 $G = G^\circ$.

**开集的性质:**

i). 设 $\mathcal{U} = \{U_\lambda : \lambda \in \Lambda\}$ 是一族开集, 则 $\cup_{\lambda \in \Lambda} U_\lambda$ 也是开集;

ii). 设 $U_1, U_2, \cdots, U_n$ 是开集, 则 $\cap_{k=1}^n U_k$ 也是开集.

须指出的是, 无限多个开集的交未必是开集, 例如

$$I_n = \left\{ x \in \mathbb{R} : -\frac{1}{n} < x < 1 + \frac{1}{n} \right\}$$

是开集, 但 $\cap_{n=1}^\infty I_n = [0, 1]$ 是闭集.

**定理 1.6**　(**实数集 $\mathbb{R}$ 上的开集的构造**) 实数集 $\mathbb{R}$ 上的非空开集一定是至多可数个互不相交的开区间的并集.

**证明**　设 $G$ 是 $\mathbb{R}$ 中任意一个开集. 对任意 $x \in G$, 令

$$a_x = \inf\{a \in \mathbb{R} : (a, x) \subseteq G\}, \qquad b_x = \sup\{b \in \mathbb{R} : (x, b) \in G\}, \tag{1.54}$$

其中 $a_x$ 可以是 $-\infty$, $b_x$ 可以是 $+\infty$. 不难验证 $I_x = (a_x, b_x)$ 是 $G$ 中包含点 $x$ 的最大开区间, 称为 $x$ 所属的**构成区间**. 可以证明, 两个不同的构成区间是不相交的. 事实上, 设 $I = (a, b)$ 和 $I' = (a', b')$ 是两个不同的构成区间, 则它们的端点必不完全相同, 不妨设 $a < a'$, 如果 $I \cap I' \neq \varnothing$, 则 $I'' = I \cup I'$ 也是一个开区间, 且 $I'' \subseteq G$, $I'' \supsetneq I'$. 对于 $x \in I \cap I'$, 一方面 $I'$ 是它所属的构成区间, 另一方面它又属于一个比 $I'$ 更大的、包含于 $G$ 的开区间 $I''$, 这与构成区间的定义矛盾, 因此反设不成立, 即 $I \cap I' = \varnothing$.

令 $\mathcal{J}$ 为 $G$ 中所有不同的构成区间所成之集族, 则显然有

$$G = \bigcup_{I \in \mathcal{J}} I. \tag{1.55}$$

接下来我们只须说明 $\mathcal{J}$ 是至多可数集就够了. 在每一个构成区间 $I$ 中选取一个有理数 $r_I$, 则集合 $A = \{r_I : I \in \mathcal{J}\}$ 与 $\mathcal{J}$ 对等; 另一方面, $A$ 是有理数集 $\mathbb{Q}$ 的子集, 既然 $\mathbb{Q}$ 是可数的, $A$ 必然是至多可数的, 从而 $\mathcal{J}$ 也是至多可数的.

**定义 1.10**　设 $x \in \mathbb{R}^n$, $U \subseteq \mathbb{R}^n$, 如果存在开集 $G \subseteq \mathbb{R}^n$ 使得 $x \in G \subseteq U$, 则称 $U$ 是 $x$ 的**邻域**(neighborhood); 如果 $U$ 本身是开集, 则称 $U$ 为 $x$ 的**开邻域**(open neighborhood).

例如开球 $B(x_0, r)$ 就是 $x_0$ 的一个开邻域.

**定义 1.11** 设$E \subseteq \mathbb{R}^n$, $x \in \mathbb{R}^n$, 如果对于$x$的任何一个邻域$U$皆有$U \cap (E \setminus \{x\}) \neq \varnothing$, 则称$x$是$E$的**聚点**(accumulation point); 对于$y \in E$, 如果存在$y$的邻域$U$使得$U \cap E = \{y\}$, 则称$y$是$E$的**孤立点**(isolated point).

**定义 1.12** 设$E \subseteq \mathbb{R}^n$, 称$E$的所有聚点和孤立点所构成的集合为$E$的**闭包**(closure), 记作$E^{\mathrm{cl}}$.

**命题 1.2** 设$E \subseteq \mathbb{R}^n$, 则$E^{\mathrm{cl}} = E \cup \partial E$.

这个命题的证明留作练习.

**命题 1.3** 对任意$E \subseteq \mathbb{R}^n$, $E$的闭包$E^{\mathrm{cl}}$一定是闭集.

**证明** 如果$x \notin E^{\mathrm{cl}}$, 则$x$既不属于$E$, 也不是$E$的聚点, 因此存在$x$的球形邻域$B(x, \delta)$与$E$不交, 因此$\mathbb{R}^n \setminus E^{\mathrm{cl}}$是开集, 从而$E^{\mathrm{cl}}$是闭集.

**定义 1.13** 设$E \subseteq \mathbb{R}^n$, 如果存在开球$B(0, R) \supseteq E$, 则称$E$是$\mathbb{R}^n$中的**有界集**(bounded set).

**定义 1.14** 设$E \subseteq \mathbb{R}^n$, $\mathcal{U} = \{U_\lambda : \lambda \in \Lambda\}$是$\mathbb{R}^n$中的一族开集, 如果$E \subseteq \cup_{\lambda \in \Lambda} U_\lambda$, 则称$\mathcal{U}$是$E$的一个**开覆盖**(open cover); 如果$\mathcal{U}$还是有限集, 则称$\mathcal{U}$是$E$的**有限开覆盖**(finite open cover).

**定义 1.15** 设$E \subseteq \mathbb{R}^n$, $\mathcal{U}$是$E$的一个覆盖, 如果存在子族$\mathcal{U}_1 \subseteq \mathcal{U}$使得$\mathcal{U}_1$也是$E$的覆盖, 则称$\mathcal{U}_1$是$\mathcal{U}$的**子覆盖**(subcover).

**定理 1.7** (Heine-Borel **有限子覆盖定理**) 设$E$是$\mathbb{R}^n$中的有界闭集, 则$E$的任何一个开覆盖皆有有限子覆盖.

这个定理在一般的数学分析教材中都找得到, 其证明可参考[1]（下册, 第十一章, 定理11.1.9, pp. 112）, 也可参考[2]（第一章, 定理1.22, pp.43）.

### 1.5.3 点列的极限

**定义 1.16** 设$\{x_n : n = 1, 2, \cdots\}$是$\mathbb{R}^n$中的一个点列, 如果存在$x \in \mathbb{R}^n$使得

$$\lim_{n \to \infty} |x_n - x| = 0, \tag{1.56}$$

则称$x$是$\{x_n\}$的**极限**, 或者说$\{x_n\}$**收敛**于$x$, 记作$\lim_{n \to \infty} x_n = x$.

　　**定义 1.17**　设$\{x_n : n = 1, 2, \cdots\}$是$\mathbb{R}^n$中的点列, 如果对任意$\varepsilon > 0$, 存在自然数$N$, 使得当$m, n > N$时恒有

$$|x_m - x_n| < \varepsilon, \tag{1.57}$$

则称$\{x_n\}$是$\mathbb{R}^n$中的**Cauchy点列**或**基本点列**.

　　**定理 1.8**　(Cauchy **收敛原理**) 设$\{x_n : n = 1, 2, \cdots\}$是$\mathbb{R}^n$中的点列, 则$\{x_n\}$收敛当且仅当它是Cauchy点列.

　　**定理 1.9**　(Bolzano-Weierstrass **定理**) 设$\{x_n : n = 1, 2, \cdots\}$是$\mathbb{R}^n$中的有界点列, 则$\{x_n\}$必有收敛子列.

　　Cauchy收敛原理、Bolzano-Weierstrass定理及Heine-Borel定理是相互等价的命题, 对其证明感兴趣的同学可参考[1]（上册第二章, 下册第十一章）.

# §1.6 连续性

## 1.6.1 连续映射的定义与性质

**定义 1.18** 设$E$是$\mathbb{R}^n$的子集, $f : E \to \mathbb{R}^m$是一个映射, $x_0 \in E$, 如果对任意$\varepsilon > 0$, 存在$\delta > 0$, 使得当$x \in B(x_0, \delta) \cap E$时恒有

$$|f(x) - f(x_0)| < \varepsilon, \tag{1.58}$$

则称$f$在$x_0$点**连续**, 此时也称$x_0$是$f$的连续点.

按照上面的定义, 如果$x_0$是$E$的孤立点, 则$f$在$x_0$点是连续的. 此外$f$在某一点处连续与否跟$f$的定义域有关, 取不同的定义域, 结论可能截然不同.

**例 1.8** 考察函数$f : \mathbb{R} \to \mathbb{R}$,

$$f(x) = \begin{cases} 1, & x = 0, \\ 0, & x \neq 0. \end{cases} \tag{1.59}$$

它显然在$x = 0$处不连续; 但如果把这个函数的定义域改一改, 令$g : \mathbb{Z} \to \mathbb{R}$,

$$g(x) = \begin{cases} 1, & x = 0, \\ 0, & x \neq 0, \end{cases} \tag{1.60}$$

则$g$在$x = 0$处是连续的. 这是因为当$\delta < 1$时, $B(0, \delta) \cap \mathbb{Z}$只含有一个元素, 即$x = 0$, 自然满足

$$|f(x) - f(0)| < \varepsilon, \qquad \forall x \in B(0, \delta) \cap \mathbb{Z}. \tag{1.61}$$

**定义 1.19** 设$E$是$\mathbb{R}^n$的子集, $f : E \to \mathbb{R}^m$是一个映射, 如果对任意$x_0 \in E$, $f$在$x_0$连续, 则称**$f$在$E$上连续**, 或者说$f$**是$E$上的连续函数（映射）**.

**定义 1.20** 设$E$是$\mathbb{R}^n$的子集, 对于$E$的子集$A$, 如果存在$\mathbb{R}^n$中的开集$U$使得$A = E \cap U$, 则称$A$为$E$中的**相对开集**.

例如, 设$E = \{(x, y) \in \mathbb{R}^2 : |x| \leqslant 1, |y| \leqslant 1\}$, $G = \{x, y) \in \mathbb{R}^2 : (x-1)^2 + (y-1)^2 < 2\}$, 则$G \cap E$显然不是$\mathbb{R}^2$中的开集, 但它是$E$中的相对开集.

**定理 1.10** 设$E$是$\mathbb{R}^n$的子集, $f : E \to \mathbb{R}^m$是映射, 则$f$在$E$上连续当且仅当对于$\mathbb{R}^m$中的任何一个开集$U$, $V = f^{-1}(U)$是$E$中的相对开集.

**21**

证明 先证充分性, 即假设开集的原像是$E$中的相对开集, 证明$f$的连续性. 对任意$x_0 \in E$及任意$\varepsilon > 0$, 设$y_0 = f(x_0)$, 由于$U = B(y_0, \varepsilon)$是$\mathbb{R}^m$中的开集, 因此$V = f^{-1}(U)$是$E$中的相对开集, 换而言之, 存在$\mathbb{R}^n$中的开集$G$使得$V = G \cap E$, 既然$x_0 \in V \subseteq G$, 因此存在$\delta > 0$使得$B(x_0, \delta) \subseteq G$, 于是$B(x_0, \delta) \cap E \subseteq V$, 从而对任意$x \in B(x_0, \delta) \cap E$皆有$f(x) \in U = B(y_0, \varepsilon)$, 即

$$|f(x) - f(x_0)| = |f(x) - y_0| < \varepsilon, \tag{1.62}$$

这就证明了$f$在$x_0$点的连续性, 由$x_0 \in E$的任意性得$f(x)$在$E$上连续.

接下来证必要性, 即假设$f$在$E$上连续, 证明$\mathbb{R}^m$中的开集在$f$下的原像是$E$中的相对开集. 设$U$是$\mathbb{R}^m$中的开集, $V = f^{-1}(U)$, 对任意$x_0 \in V$皆有$y_0 = f(x_0) \in U$, 因此存在$\varepsilon > 0$使得$B(y_0, \varepsilon) \in U$, 由$f$的连续性, 存在$\delta > 0$, 使得当$x \in B(x_0, \delta) \cap E$时恒有$|f(x) - f(x_0)| < \varepsilon$, 也即$B(x_0, \delta) \cap E \subseteq f^{-1}(U) = V$, 这样, 对每一个$x_0 \in V$都可以找到一个开球$B(x_0, \delta_{x_0})$使得$B(x_0, \delta_{x_0}) \cap E \subseteq V$, 将这些开球取并集, 得到一个$\mathbb{R}^n$中的开集:

$$G = \bigcup_{x_0 \in V} B(x_0, \delta_{x_0}), \tag{1.63}$$

则$V = G \cap E$, 即$V$是$E$中的相对开集.

定义 1.21 设$A \subseteq B \subseteq \mathbb{R}^n$, $f : B \to \mathbb{R}^m$是一个映射, 定义$g : A \to \mathbb{R}^m$如下:

$$g(x) = f(x), \qquad \forall x \in A, \tag{1.64}$$

称映射$g$为$f$在集合$A$上的**限制**(restriction), 记作$f|_A$.

推论 1.1 $A \subseteq B \subseteq \mathbb{R}^n$, $f : B \to \mathbb{R}^m$是一个映射, $f|_A$是$f$在集合$A$上的限制. 如果$f$在$B$上连续, 则$f|_A$在$A$上也连续.

证明 如果$f$在$B$上连续, 则对于$\mathbb{R}^m$中的任何一个开集$U$, $V = f^{-1}(U)$是$B$中的相对开集, 因此存在$\mathbb{R}^n$中的开集$G$使得$G \cap B = V$, 又因为

$$f|_A^{-1}(U) = A \cap f^{-1}(U) = A \cap V = A \cap (G \cap B) = G \cap A, \tag{1.65}$$

因此$f|_A^{-1}(U)$是$A$中的相对开集, 根据定理1.10, $f|_A$是$A$上的连续映射.

定义 1.22 设$E$是$\mathbb{R}^n$的子集, $f : E \to \mathbb{R}^m$是映射, 如果对任意$\varepsilon > 0$, 存在$\delta > 0$使得

$$|f(x) - f(x')| < \varepsilon, \qquad \forall x, x' \in E, \ |x - x'| < \delta, \tag{1.66}$$

则称$f$在$E$上是**一致连续的**(uniformly continuous).

定理 1.11 (**有界闭集上的连续映射的性质**) 设$F$是$\mathbb{R}^n$中的有界闭集, $f : F \to \mathbb{R}^m$是连续映射, 则

i). $f$在$F$上是有界的, 即存在$R > 0$使得$|f(x)| < R$, $\forall x \in F$;

ii). $f$在$F$上一致连续;

iii). 如果$m = 1$, 则$f$在$F$上可取到最大值和最小值.

定理1.11的证明与有界闭区域上的连续函数的性质的证明是一样的, 在此从略. 有界闭区域上的连续函数的性质定理可参考[1]（下册, 第十一章第3节）.

### 1.6.2 连续延拓定理

设$E$是$\mathbb{R}^n$的一个子集, $f(x)$是定义在$\mathbb{R}^n$上的一个连续函数, 则根据推论1.1, $f$在$E$上的限制$f|_E$是$E$上的连续函数.

现在反过来, 已经给定$E \subseteq \mathbb{R}^n$上的一个连续函数$f : E \to \mathbb{R}$, 能否将其定义域延拓到$\mathbb{R}^n$上去, 得到一个$\mathbb{R}^n$上的连续函数呢? 更准确地说, 是否存在一个连续函数$F : \mathbb{R}^n \to \mathbb{R}$, 使得

$$F(x) = f(x), \qquad \forall x \in E. \tag{1.67}$$

这就是**连续延拓问题**.

例 1.9  设$E = \{x \in \mathbb{R} : |x| > 1\}$, 函数$f : E \to \mathbb{R}$定义为

$$f(x) = \begin{cases} 0, & x < -1, \\ 1, & x > 1. \end{cases} \tag{1.68}$$

试将其延拓为实数集$\mathbb{R}$上的连续函数.

解  我们须补充定义函数在区间$[-1, 1]$上的取值, 使得函数值从0连续地过渡到1, 这是很容易的, 一个线性函数就可以做到. 令

$$F(x) = \begin{cases} 0, & x < 1, \\ \dfrac{1}{2}x + \dfrac{1}{2}, & -1 \leqslant x \leqslant 1, \\ 1, & x > 1, \end{cases} \tag{1.69}$$

则$F(x) = f(x), \forall x \in E$, 且$F(x)$是$\mathbb{R}$上的连续函数.

例 1.10  设$E = \{x \in \mathbb{R} : x \neq 0\}$, 函数$f : E \to \mathbb{R}$定义为

$$f(x) = \begin{cases} 0, & x < 0, \\ 1, & x > 0, \end{cases} \tag{1.70}$$

**23**

则$f(x)$无法延拓为$\mathbb{R}$上的连续函数.

在什么条件下, 一个$E \subseteq \mathbb{R}^n$上的连续函数可以延拓为$\mathbb{R}^n$上的连续函数呢？下面的定理回答了这个问题:

**定理 1.12** **(连续延拓定理)** 设$F$是$\mathbb{R}^n$中的闭集, $f(x)$是定义在$F$上的连续函数, 且$|f(x)| \leqslant M, \forall x \in F$, 则存在$\mathbb{R}^n$上的连续函数$\varphi(x)$使得

$$\varphi(x) = f(x), \quad \forall x \in F, \qquad 且 \qquad |\varphi(x)| \leqslant M, \quad \forall x \in \mathbb{R}^n. \tag{1.71}$$

在证明这个定理之前, 我们先定义一个概念. 前面我们定义了欧氏空间$\mathbb{R}^n$中两个点的距离, 现在我们稍作一点推广, 定义一个点到一个集合的距离. 设$x \in \mathbb{R}^n, E \subseteq \mathbb{R}^n$, 定义$x$到$E$的距离为

$$\operatorname{dist}(x, E) := \inf_{y \in E} \operatorname{dist}(x, y) = \inf_{y \in E} |x - y|. \tag{1.72}$$

现在固定$E$, 把$\operatorname{dist}(x, E)$看成$x$的函数, 令

$$\rho(x) = \operatorname{dist}(x, E), \qquad \forall x \in \mathbb{R}^n, \tag{1.73}$$

则$\rho$是$\mathbb{R}^n$上的连续函数, 不仅如此, 它还在$\mathbb{R}^n$上一致连续. 事实上, 对任意$x, x' \in \mathbb{R}^n, \varepsilon > 0$, 存在$y \in E$使得

$$\operatorname{dist}(x', y) < \operatorname{dist}(x', E) + \varepsilon = \rho(x') + \varepsilon,$$

于是有

$$\begin{aligned} \rho(x) &= \operatorname{dist}(x, E) \leqslant \operatorname{dist}(x, y) \\ &\leqslant \operatorname{dist}(x, x') + \operatorname{dist}(x', y) \\ &< \operatorname{dist}(x, x') + \rho(x') + \varepsilon, \end{aligned} \tag{1.74}$$

因此

$$\rho(x) - \rho(x') < \operatorname{dist}(x, x') + \varepsilon, \tag{1.75}$$

同理可证

$$\rho(x') - \rho(x) < \operatorname{dist}(x, x') + \varepsilon, \tag{1.76}$$

联合(1.75)和(1.76), 得

$$|\rho(x) - \rho(x')| < \operatorname{dist}(x, x') + \varepsilon, \tag{1.77}$$

由 $\varepsilon > 0$ 的任意性, 得

$$|\rho(x) - \rho(x')| \leqslant \text{dist}(x, x') = |x - x'|, \tag{1.78}$$

这就证明了 $\rho$ 的一致连续性.

现在我们可以证明连续延拓定理了.

**定理1.12的证明**: 把 $F$ 分成三个点集:

$$F_1 = \left\{ x \in F : \frac{M}{3} \leqslant f(x) \leqslant M \right\}, \qquad F_2 = \left\{ x \in F : -M \leqslant f(x) \leqslant -\frac{M}{3} \right\},$$

$$F_3 = \left\{ x \in F : -\frac{M}{3} < f(x) < \frac{M}{3} \right\},$$

定义 $\varphi_1(x)$ 如下:

$$\varphi_1(x) = \left( \frac{M}{3} \right) \frac{\text{dist}(x, F_2) - \text{dist}(x, F_1)}{\text{dist}(x, F_2) + \text{dist}(x, F_1)}, \qquad \forall x \in \mathbb{R}^n,$$

由于 $F_1$ 和 $F_2$ 是不相交的闭集, $\text{dist}(x, F_1)$ 和 $\text{dist}(x, F_2)$ 中至少有一个大于零, 因此 $\varphi_1(x)$ 是在 $\mathbb{R}^n$ 上处处有定义的连续函数, 且 $|\varphi_1(x)| \leqslant M/3$, $\forall x \in \mathbb{R}^n$.

接下来把 $f(x) - \varphi_1(x)$ 当作 $f(x)$, 重复上面的过程得到连续函数 $\varphi_2(x)$, 注意到这时 $|f(x) - \varphi_1(x)| \leqslant \frac{2}{3} M$, 因此

$$|\varphi_2(x)| \leqslant \frac{1}{3} \cdot \frac{2}{3} M, \qquad |f(x) - \varphi_1(x) - \varphi_2(x)| \leqslant \left( \frac{2}{3} \right)^2 M.$$

继续重复上面的过程, 我们可以得到 $\mathbb{R}^n$ 上的一列连续函数 $\{\varphi_k(x) : k = 1, 2, \cdots\}$, 满足

$$|\varphi_k(x)| \leqslant \frac{1}{3} \cdot \left( \frac{2}{3} \right)^{k-1} M, \qquad x \in \mathbb{R}^n, k = 1, 2, \cdots,$$

$$\left| f(x) - \sum_{k=1}^{N} \varphi_k(x) \right| \leqslant \left( \frac{2}{3} \right)^N M, \qquad x \in F, N = 1, 2, \cdots.$$

注意到 $\sum_{k=1}^{\infty} \varphi_k(x)$ 在 $\mathbb{R}^n$ 上一致收敛, 令其和函数为 $\varphi(x)$, 则 $\varphi(x)$ 在 $\mathbb{R}^n$ 上连续, 且

$$|\varphi(x)| \leqslant \sum_{k=1}^{\infty} |\varphi_k(x)| \leqslant \sum_{k=1}^{\infty} \frac{1}{3} \cdot \left( \frac{2}{3} \right)^{k-1} M = M, \qquad \forall x \in \mathbb{R}^n,$$

$$\varphi(x) = f(x), \qquad \forall x \in F, \qquad \text{证毕.}$$

# 拓展阅读建议

　　本章我们学习了集合论的基础知识、欧氏空间上的点集拓扑以及连续映射的基础知识. 这些知识是学习测度论以及可测函数等内容所必备的, 希望大家要牢固掌握. 集合论的进一步拓展可参考[3]（前三章）或者[4]（前三章）；点集拓扑与连续映射的进一步拓展可参考[5]（前三章）；实数理论的进一步拓展可阅读陶哲轩的分析教材[6]（前五章）, 国内有中译本[7]（前五章）, 也可参考[8]（第二章）.

# 人物简介：康托(Georg Cantor)

　　康托(Georg Cantor, 1845 ~ 1918), 德国数学家, 19世纪数学伟大成就之一——集合论的创立人. 1845年3月3日生于俄罗斯圣彼得堡一个犹太商人的家庭. 1874年康托的有关无穷的概念, 震撼了知识界. 康托凭借古代与中世纪哲学著作中关于无限的思想而导出了关于数的本质的新思想, 建立了处理数学中的无限的基本技巧, 从而极大地推动了分析与逻辑的发展. 他在研究数论和用三角级数唯一地表示函数等问题时, 发现并证明了如下惊人的结果：有理数是可列的, 而全体实数是不可列的. 他还建立了实数连续性公理, 今天被称为"康托公理". 1877年他还证明了一条线段上的点能够和正方形区域上的点建立一一对应, 从而证明了直线、平面、三维空间乃至高维空间是具有相同基数的点集.

# 第1章习题

1. 试证明集合运算的分配律和De Morgan律（pp.4）.

2. 设$A, B$是两个集合, 我们称

$$A \triangle B := (A \setminus B) \cup (B \setminus A)$$

为$A$与$B$的**对称差**(symmetric difference). 试证明：

  i). 交换律：$A \triangle B = B \triangle A$;

  ii). 结合律：$(A \triangle B) \triangle C = A \triangle (B \triangle C)$;

  iii). 分配律：$A \cap (B \triangle C) = (A \cap B) \triangle (A \cap C)$;

  iv). 设$X$是全集, 记$\overline{A} = X \setminus A$（即$A$的补集）, 则$\overline{A} \triangle \overline{B} = A \triangle B$.

3. 设$A_n$表示闭区间

$$A_n = \left[ \frac{1}{n}, 1 - \frac{1}{n} \right],$$

试证明$\cup_{n=1}^{\infty} A_n = (0, 1)$（开区间）.

4. 设$\{f_n(x)\}$是一列定义在实数集$\mathbb{R}$上的函数, 令$A_n = \{x \in \mathbb{R} : f_n(x) \leqslant 1\}$, $B_{n,k} = \{x \in \mathbb{R} : f_n(x) < 1 + 1/k\}$, $n = 1, 2, \cdots$, 试证明

$$\left\{ x \in \mathbb{R} : \sup_{n \geqslant 1} f_n(x) \leqslant 1 \right\} = \bigcap_{n=1}^{\infty} A_n. \tag{1.79}$$

$$\left\{ x \in \mathbb{R} : \inf_{n \geqslant 1} f_n(x) \leqslant 1 \right\} = \bigcap_{k=1}^{\infty} \bigcup_{n=1}^{\infty} B_{n,k}. \tag{1.80}$$

5. 请作一个从实数集$\mathbb{R}$到开区间$(0, 1)$的单满映射.

6. 证明映射的像与原像的性质i) $\sim$ iv)（pp.8）.

7. 设$f : \mathbb{R} \to \mathbb{R}$是映射, 令$f_1(x) = f(x)$, $f_2(x) = f[f(x)]$, $\cdots$, $f_n(x) = f[f_{n-1}(x)]$, $\cdots$, 已知

$$\lim_{n \to \infty} f_n(x) = x, \qquad \forall x \in \mathbb{R}, \tag{1.81}$$

试证明$f$是单射.

8. 设 $X$ 是全集, $A$ 是 $X$ 任意一个子集, $A$ 的**示性函数**(indicator function)定义为

$$\chi_A(x) = \begin{cases} 1, & x \in A, \\ 0, & x \notin A. \end{cases} \tag{1.82}$$

试证明:

i). 若 $A, B$ 是 $X$ 的子集, 则

$$\chi_{A \cap B} = \chi_A \cdot \chi_B, \qquad \chi_{A \cup B} = \chi_A + \chi_B - \chi_{A \cap B},$$

$$\chi_{A \triangle B} = |\chi_A - \chi_B|.$$

$$\tag{1.83}$$

ii). 如果 $\{A_n : n = 1, 2, \cdots\}$ 都是 $X$ 的子集, $B = \overline{\lim}_{n \to \infty} A_n$, 则

$$\chi_B(x) = \varlimsup_{n \to \infty} \chi_{A_n}(x), \qquad \forall x \in X. \tag{1.84}$$

9. 设 $f : X \to Y$ 是映射, 证明下列命题等价:

i). $f$ 是单射;

ii). 对任意 $A, B \subseteq X$ 皆有 $f(A \cap B) = f(A) \cap f(B)$;

iii). 对于 $X$ 的子集 $A, B$, 只要 $A \cap B = \varnothing$ 就有 $f(A) \cap f(B) = \varnothing$.

10. 证明集合之间的对等关系 "$\sim$" 满足下列性质:

i). 自返性: $A \sim A$;

ii). 对称性: 若 $A \sim B$, 则 $B \sim A$;

iii). 传递性: 若 $A \sim B$, $B \sim C$, 则 $A \sim C$.

11. 设 $A_1 \subseteq A$, $B_1 \subseteq B$, 若 $A_1 \sim B_1$, $A \sim B$, 是否有 $A \setminus A_1 \sim B \setminus B_1$? 如果没有, 请举出反例; 如果有, 请证明之.

12. 已知 $(A \setminus B) \sim (B \setminus A)$, 是否有 $A \sim B$? 如果没有, 请举出反例; 如果有, 请证明之.

13. (**单调映射的不动点定理**) 设 $X$ 是一个非空集合, $\mathcal{P}(X)$ 是其幂集, $f : \mathcal{P}(X) \to \mathcal{P}(X)$ 是一个映射, 我们称 $f$ 是**单调映射**, 如果

$$f(A) \subseteq f(B), \qquad \forall A, B \in \mathcal{P}(X), \ A \subseteq B. \tag{1.85}$$

如果 $f$ 是单调映射, 试证明存在 $T \in \mathcal{P}(X)$ 使得 $f(T) = T$.

14. 设 $A \subseteq B \subseteq C$, 且 $A \sim C$, 试证明 $B \sim C$.

15. 设 $\mathbb{Q}$ 是有理数集, 试证明 $\mathbb{Q} \times \mathbb{Q}$ 是可数集.

16. 试证明无理数集是不可数的.

17. 设 $A$ 是无限集且基数为 $\alpha$, $B$ 是至多可数集, 试证明 $A \cup B$ 的基数为 $\alpha$.

18. 试证明 $\mathbb{R} \times \mathbb{R} \sim \mathbb{R}$.

19. 设 $E \subseteq \mathbb{R}$, $E'$ 是 $E$ 的所有聚点所构成的集合（称为 $E$ 的**导集**), 试证明:

i). 如果 $E$ 是不可数集, 则 $E' \neq \varnothing$;

ii). 如果 $E'$ 是可数集, 则 $E$ 也是可数集.

20. 试证明命题1.2.

21. 设实数列 $\{a_n : n = 1, 2, \cdots\}$ 是有界的, 且满足 $|a_{n+1} - a_n| \geqslant 1$, 试证明 $\{a_n : n = 1, 2, \cdots\}$ 只能有有限个聚点.

22. 证明开集的性质i)和ii)（pp.18）.

23. 设 $\{F_\lambda : \lambda \in \Lambda\}$ 是一族闭集, 试证明 $\cap_{\lambda \in \Lambda} F_\lambda$ 也是闭集.

24. 设 $G \subseteq \mathbb{R}^n$, 试证明 $G$ 是开集当且仅当 $G \cap \partial G = \varnothing$.

25. 试证明 $\mathbb{Q}^{\mathrm{cl}} = \mathbb{R}$.

26. 设 $F$ 为 $\mathbb{R}$ 中的有界闭集, $f : F \to F$ 是映射, 且满足

$$|f(x) - f(y)| < |x - y|, \qquad \forall x, y \in F, \tag{1.86}$$

试证明存在 $x_0 \in F$ 使得 $f(x_0) = x_0$.

27. (Cantor三分集) 将闭区间 $[0,1]$ 三等分, 然后去掉中间的开区间 $I_{1,1} = (1/3, 2/3)$, 剩下部分记为 $F_1$, 即

$$F_1 = \left[0, \frac{1}{3}\right] \cup \left[\frac{2}{3}, 1\right]. \tag{1.87}$$

将组成$F_1$的每一个区间三等分, 去掉中间的开区间$I_{2,1} = (1/9, 2/9)$和$I_{2,2} = (7/9, 8/9)$, 剩下的部分记为$F_2$, 即

$$F_2 = \left[0, \frac{1}{9}\right] \cup \left[\frac{2}{9}, \frac{3}{9}\right] \cup \left[\frac{6}{9}, \frac{7}{9}\right] \cup \left[\frac{8}{9}, 1\right]. \tag{1.88}$$

将组成$F_2$的每一个区间三等分, 去掉中间的开区间$I_{3,1} = (2/27, 3/27)$, $I_{3,2} = (7/27, 8/28)$, $I_{3,3} = (18/27, 19/27)$, $I_{3,4} = (25/27, 26/27)$, 剩下的部分记为$F_3$, 即

$$\begin{aligned} F_3 &= \left[0, \frac{1}{27}\right] \cup \left[\frac{2}{27}, \frac{3}{27}\right] \cup \left[\frac{6}{27}, \frac{7}{27}\right] \cup \left[\frac{8}{27}, \frac{9}{27}\right] \cup \left[\frac{18}{27}, \frac{19}{27}\right] \cup \left[\frac{20}{27}, \frac{21}{27}\right] \\ &\quad \cup \left[\frac{24}{27}, \frac{25}{27}\right] \cup \left[\frac{26}{27}, 1\right]. \end{aligned} \tag{1.89}$$

重复以上过程, 得到一列闭集$\{F_n : n = 1, 2, 3, \cdots\}$, 令

$$C = \bigcap_{n=1}^{\infty} F_n, \tag{1.90}$$

称为Cantor集. 试证明:

   i). $C$是非空闭集;

   ii). $C$中每一个点都是$C$的聚点;

   iii). $C$没有内点;

   iv). $C$的基数与实数集$\mathbb{R}$的基数相等.

# 第2章 测度

**学习要点**

1. 一般测度的定义与性质.

2. $\mathbb{R}^n$上的外测度.

3. Lebesgue可测集与Lebesgue测度的概念与性质.

4. Dynkin $\pi$-$\lambda$定理与测度的唯一性定理.

5. 测度扩张定理.

## §2.1 测度的概念

首先定义两个名词. 如无特别说明, 本书提到（开）矩形是指形如$(a,b) \times (c,d)$这样的二维点集, 即边与坐标轴平行的矩形; 提到（开）长方体是指形如

$$(a_1, b_1) \times (a_2, b_2) \times \cdots \times (a_n, b_n) \tag{2.1}$$

的$n$维点集, 即棱与坐标轴平行的$n$维长方体, 至于具体维数, 可依上下文确定.

所谓**测度**就长度、面积、体积等概念的推广, 我们先来回顾一下面积具有哪些性质. 所谓面积就是对每一个平面区域$D$指派一个（广义的）非负实数$\mu(D)$与之对应, 称为其面积, 并且要求这样的指派$\mu$满足如下条件:

i). 空集的面积为零：$\mu(\varnothing) = 0$;

ii). 完全可加性：如果 $D_1, D_2, \cdots, D_n, \cdots$ 两两不交, 则$\mu\left(\bigcup_{n=1}^{\infty} D_n\right) = \sum_{n=1}^{\infty} \mu(D_n)$;

iii). 如果$D$是矩形区域, 即$D = (a,b) \times (c,d)$, 则$\mu(D) = (b-a)(d-c)$.

在上面三条中, i)和ii)是本质的, iii)只是为了使所定义的面积与小学就学过的长方形的面积公式不矛盾.

那么上面定义的面积$\mu$可以用来求哪些平面图形的面积呢？首先任何一个矩形区域$D$可求其面积$\mu(D)$；其次，根据第ii条，任意可数多个两两不交的矩形区域的并集所构成的集合也是可求面积的；再次，任意两个矩形的交还是矩形，因此也是可求面积的；如果有一列矩形$D_1 \supseteq D_2 \supseteq D_3 \supseteq \cdots \supseteq D_n \supseteq \cdots$，那么它们的交集$\bigcap_{n=1}^{\infty} D_n$是可求面积的，且

$$\mu\left(\bigcap_{n=1}^{\infty} D_n\right) = \lim_{n\to\infty} \mu(D_n),$$

特别地，一个开矩形加上一条、两条、三条或四条边界所构成的图形是可求面积的，例如$D = [a,b) \times [c,d)$，令$D_n = (a-1/n, b) \times (c-1/n, d)$，则

$$\mu(D) = \mu\left(\bigcap_{n=1}^{\infty} D_n\right) = \lim_{n\to\infty} \mu(D_n)$$

$$= \lim_{n\to\infty}\left(b - a + \frac{1}{n}\right)\left(d - c + \frac{1}{n}\right) = (b-a)(d-c).$$

由此还可以推出整个平面$\mathbb{R}^2$是可求面积的：

$$\mu(\mathbb{R}^2) = \mu\left(\bigcup_{m,n\in\mathbb{Z}} D_{m,n}\right) = \sum_{m,n\in\mathbb{Z}} \mu(D_{m,n}) = \infty,$$

$$D_{m,n} = [m, m+1) \times [n, n+1).$$

如果我们用$\mathcal{S}$表示平面中所有可求面积的子集所构成的集族，则$\mathcal{S}$具有如下性质：

i). $\varnothing \in \mathcal{S}$;

ii). 如果$A \in \mathcal{S}$，则其补集$\overline{A} \in \mathcal{S}$;

iii). 如果$A_n \in \mathcal{S}$, $n = 1, 2, 3, \cdots$，则$\bigcup_{n=1}^{\infty} A_n \in \mathcal{S}$.

我们把满足上述三条性质的集族称为$\mathbb{R}^2$上的$\sigma$-代数（或$\sigma$-域），因此如果把面积$\mu$看成一个函数，则其定义域是$\mathbb{R}^2$上的一个$\sigma$-代数.

接下来我们对一般集合上的$\sigma$-代数及测度给出定义.

**定义 2.1**　设$\Omega$是一个非空集合，$\mathcal{F}$是由$\Omega$的某些子集所构成的集族，如果

i). $\varnothing \in \mathcal{F}$;

ii). 如果$A \in \mathcal{S}$，则其补集$\overline{A} \in \mathcal{F}$;

iii). 如果$A_n \in \mathcal{S}$, $n = 1, 2, 3, \cdots$，则$\bigcup_{n=1}^{\infty} A_n \in \mathcal{F}$.

则称$\mathcal{F}$是$\Omega$上的$\sigma$-**代数**（或$\sigma$-**域**），此时称$\mathcal{F}$中的元素为$\Omega$的**可测子集**(measurable set)，并称$(\Omega, \mathcal{F})$是**可测空间**(measurable space).

例 2.1 对于任意一个非空集合 $\Omega$, 令 $\mathcal{P}(\Omega)$ 表示 $\Omega$ 的幂集, 则 $\mathcal{P}(\Omega)$ 是 $\Omega$ 上的 $\sigma$-代数, 它是 $\Omega$ 上的最大的 $\sigma$-代数.

例 2.2 设 $\Omega = \{1, 2, 3, 4, 5, 6\}$, 则下列集族构成 $\Omega$ 上的 $\sigma$-代数:

i). $\mathcal{F}_1 = \{\Omega$ 的所有子集$\}$;

ii). $\mathcal{F}_2 = \{\varnothing, \Omega\}$;

iii). $\mathcal{F}_3 = \{\varnothing, \Omega, \{1\}, \{2, 3, 4, 5, 6\}\}$;

iv). $\mathcal{F}_4 = \{\varnothing, \Omega, \{1\}, \{2\}, \{1, 2\}, \{2, 3, 4, 5, 6\}, \{1, 3, 4, 5, 6\}, \{3, 4, 5, 6\}\}$.

请读者想一想, 在 $\Omega$ 上一共可以定义多少个不同的 $\sigma$-代数?

定义 2.2 设 $\Omega$ 是一个非空子集, $\mathcal{F}$ 是 $\Omega$ 上的 $\sigma$-代数, $\mathcal{F}_1 \subseteq \mathcal{F}$, 如果 $\mathcal{F}_1$ 也是 $\sigma$-代数, 则称 $\mathcal{F}_1$ 是 $\mathcal{F}$ 的**子 $\sigma$-代数**; 设 $\mathcal{A}$ 是由 $\Omega$ 的某些子集所构成的集族, 用 $\sigma(\mathcal{A})$ 表示包含 $\mathcal{A}$ 的最小 $\sigma$-代数, 即对于任意包含 $\mathcal{A}$ 的 $\sigma$-代数 $\mathcal{F}$ 皆有 $\sigma(\mathcal{A}) \subseteq \mathcal{F}$, 称 $\sigma(\mathcal{A})$ 为**由 $\mathcal{A}$ 生成的 $\sigma$-代数**.

例 2.3 设 $\Omega = \{1, 2, 3, 4, 5, 6\}$, $\mathcal{A} = \{\{1\}, \{2\}\}$, 则

$$\sigma(\mathcal{A}) = \{\varnothing, \Omega, \{1\}, \{2\}, \{1, 2\}, \{2, 3, 4, 5, 6\}, \{1, 3, 4, 5, 6\}, \{3, 4, 5, 6\}\}.$$

例 2.4 (**实数集上的 Borel 代数**) 设 $\Omega = \mathbb{R}$, $\mathcal{A} = \{(a, b): -\infty < a \leqslant b < +\infty\}$, 则称 $\sigma(\mathcal{A})$ 是实数集 $\mathbb{R}$ 上的 Borel 代数, 记作 $\mathcal{B}$. 实数集 $\mathbb{R}$ 上的 Borel 代数包含开区间、闭区间、可数个开区间的并、可数个开区间的交等. 须提醒大家的是同一个 $\sigma$-代数可由不同的子集族生成, 例如实数集上的 Borel 代数 $\mathcal{B}$ 也可以由下列子集族生成:

$$\mathcal{A}_1 = \{[a, b): -\infty < a \leqslant b < \infty\};$$

$$\mathcal{A}_2 = \{(a, b]: -\infty < a \leqslant b < \infty\};$$

$$\mathcal{A}_3 = \{[a, b]: -\infty < a \leqslant b < \infty\}.$$

例 2.5 (**$\mathbb{R}^n$ 上的 Borel 代数**) 设 $\Omega = \mathbb{R}^n$, $B(x, r) = \{y \in \mathbb{R}^n: |y - x| < r\}$ 表示以 $x$ 为球心、$r$ 为半径的开球, $\mathcal{A} = \{B(x, r): x \in \mathbb{R}^n, r > 0\}$, 我们称 $\sigma(\mathcal{A})$ 为 $\mathbb{R}^n$ 上的 Borel 代数, 记作 $\mathcal{B}^n$. 须指出的是 $\mathbb{R}^n$ 上的 Borel 代数也可以由开方体族

$$\mathcal{R} = \{I(x, \delta): x \in \mathbb{R}^n, \delta \in \mathbb{R}\}$$

生成, 其中 $I(x, \delta)$ 表示以 $x$ 为中心, 以 $2\delta$ 为棱长的正方体.

**定义 2.3**　可测空间$(\Omega, \mathcal{F})$上的一个**测度**$\mu$是定义在$\mathcal{F}$上的一个函数

$$\mu : \mathcal{F} \to [0, +\infty],$$

它满足下列性质：

i). $\mu(\varnothing) = 0$;

ii). 完全可加性：如果$A_1, A_2, A_3, \cdots \in \mathcal{F}$两两不交, 则 $\mu\left(\bigcup_{n=1}^{\infty} A_n\right) = \sum_{n=1}^{\infty} \mu(A_n)$.

如果测度$\mu$还满足$\mu(\Omega) < \infty$, 则称$\mu$是**有限测度**；如果存在$C_1, C_2, C_3 \cdots \in \mathcal{F}$使得

$$\Omega = \bigcup_{n=1}^{\infty} C_n, \qquad \mu(C_n) < \infty, \ \ n = 1, 2, 3, \cdots,$$

则称$\mu$是$\sigma$-**有限测度**.

设$\mu$是可测空间$(\Omega, \mathcal{F})$上的一个测度, 则称$(\Omega, \mathcal{F}, \mu)$是一个**测度空间**.

**例 2.6**　设$\Omega$是一个非空集合, 定义$\mu$如下:

$$\mu(A) = \begin{cases} A\text{中的元素个数}, & \text{如果}A\text{是有限集}, \\ +\infty, & \text{如果}A\text{是无限集}, \end{cases}$$

则不难验证$\mu$是$(\Omega, \mathcal{P}(\Omega))$上的测度, 称为$\Omega$上的**计数测度**.

接下来我们介绍测度的一个重要性质.

**命题 2.1**　设$(\Omega, \mathcal{F}, \mu)$是一个测度空间, $A_1 \subseteq A_2 \subseteq A_3 \subseteq \cdots$是一列单调递增的可测集, 则

$$\mu\left(\bigcup_{n=1}^{\infty} A_n\right) = \lim_{n \to \infty} \mu(A_n); \tag{2.2}$$

如果$A_1 \supseteq A_2 \supseteq A_2 \supseteq A_3 \supseteq \cdots$是一列单调递减的可测集, 且$\mu(A_1) < \infty$, 则

$$\mu\left(\bigcap_{n=1}^{\infty} A_n\right) = \lim_{n \to \infty} \mu(A_n). \tag{2.3}$$

**证明**　令$B_1 = A_1$, $B_2 = A_2 \setminus A_1$, $B_3 = A_3 \setminus A_2, \cdots$, 则$B_1, B_2, B_3, \cdots$两两不交, 且

$$A_n = \bigcup_{k=1}^{n} B_k, \qquad n = 1, 2, 3, \cdots,$$

$$\bigcup_{n=1}^{\infty} A_n = \bigcup_{n=1}^{\infty} B_n,$$

**34**

由完全可加性得

$$
\begin{aligned}
\mu\left(\bigcup_{n=1}^{\infty} A_n\right) & = \mu\left(\bigcup_{n=1}^{\infty} B_n\right) = \sum_{n=1}^{\infty} \mu(B_n) = \lim_{n\to\infty} \sum_{k=1}^{n} \mu(B_k) \\
& = \lim_{n\to\infty} \mu\left(\bigcup_{k=1}^{n} B_k\right) = \lim_{n\to\infty} \mu(A_n).
\end{aligned}
$$

如果 $A_1 \supseteq A_2 \supseteq A_2 \supseteq A_3 \supseteq \cdots$ 是一列单调递减的可测集, 且 $\mu(A_1) < \infty$, 令 $B_1 = \varnothing$, $B_2 = A_1 \setminus A_2$, $B_3 = A_1 \setminus A_3, \cdots$, 则

$$
B_1 \subseteq B_2 \subseteq B_3 \subseteq \cdots,
$$

于是

$$
\begin{aligned}
\mu\left(\bigcup_{n=1}^{\infty} B_n\right) & = \lim_{n\to\infty} \mu(B_n) = \mu(A_1) - \lim_{n\to\infty} \mu(A_n), \\
\mu\left(\bigcap_{n=1}^{\infty} A_n\right) & = \mu\left(\bigcap_{n=1}^{\infty}(A_1 \setminus B_n)\right) = \mu\left(A_1 \setminus \left(\bigcup_{n=1}^{\infty} B_n\right)\right) \\
& = \mu(A_1) - \mu\left(\bigcup_{n=1}^{\infty} B_n\right) = \lim_{n\to\infty} \mu(A_n).
\end{aligned}
$$

# §2.2 Lebesgue外测度

为了介绍Lebesgue测度的概念, 本节我们讲述外测度的概念.

**定义 2.4** 集合$\Omega$上的外测度$\mu^*$是定义在$\mathcal{P}(\Omega)$上的函数

$$\mu^*: \mathcal{P}(\Omega) \to [0, \infty]$$

并且满足如下条件:

i). $\mu^*(\varnothing) = 0$;

ii). 如果$E \subseteq F \subseteq \Omega$, 则$\mu^*(E) \leqslant \mu^*(F)$;

iii). 次可加性: $\mu^*(\cup_{n=1}^\infty E_n) \leqslant \sum\limits_{n=1}^\infty \mu^*(E_n), \ \forall E_1, E_2, E_3, \cdots \subseteq \Omega$.

**例 2.7** (**实数集$\mathbb{R}$上的外测度**) 对于任意的$E \subseteq \mathbb{R}$, 定义其外测度为

$$\mu^*(E) = \inf \left\{ \sum_n |I_n| : E \subseteq \bigcup_n I_n, \ I_n \text{是开区间}, \ n = 1, 2, 3, \cdots \right\},$$

这里$|I|$表示区间$I$的长度, 即如果$I = (a, b)$, 则$|I| = b - a$. 可以验证上面定义的$\mu^*$确实满足外测度所必需的三个条件, 其中前两个条件是显然的, 下面我们验证$\mu^*$满足外测度定义的第三个条件.

设$E_1, E_2, E_3, \cdots$是$\mathbb{R}$的任意子集, 如果$\sum_{n=1}^\infty \mu^*(E_n) = +\infty$, 则条件iii)显然成立, 因此不妨设$\sum_{n=1}^\infty \mu^*(E_n) < +\infty$, 于是对任意$\varepsilon > 0$, 存在开区间列$\{I_{n,k} : n, k = 1, 2, 3, \cdots\}$使得

$$E_n \subseteq \bigcup_k I_{n,k}, \qquad \sum_k |I_{n,k}| < \mu^*(E_n) + \frac{1}{2^n}\varepsilon, \quad n = 1, 2, 3, \cdots.$$

显然$\{I_{n,k} : n, k = 1, 2, 3, \cdots\}$构成$\cup_{n=1}^\infty E_n$的开区间覆盖, 且

$$\sum_{n,k} |I_{n,k}| = \sum_{n=1}^\infty \sum_k |I_{n,k}| < \sum_{n=1}^\infty \left[ \mu^*(E_n) + \frac{1}{2^n}\varepsilon \right] = \varepsilon + \sum_{n=1}^\infty \mu^*(E_n),$$

从而有

$$\mu^* \left( \bigcup_{n=1}^\infty E_n \right) < \varepsilon + \sum_{n=1}^\infty \mu^*(E_n),$$

由$\varepsilon$的任意性, 得

$$\mu^* \left( \bigcup_{n=1}^\infty E_n \right) \leqslant \sum_{n=1}^\infty \mu^*(E_n).$$

例 2.8 (**欧氏空间$\mathbb{R}^n$上的外测度**) 我们把$I = (a_1, b_1) \times (a_2, b_2) \times \cdots \times (a_n, b_n)$称为$n$维欧氏空间$\mathbb{R}^n$中的长方体, 其体积定义为

$$|I| = (b_1 - a_1)(b_2 - a_2) \cdots (b_n - a_n).$$

设$E$是$\mathbb{R}^n$的任意一个子集, 定义其外测度为

$$\mu^*(E) = \inf \left\{ \sum_n |I_n| : E \subseteq \bigcup_n I_n, \ I_n \text{是长方体}, \ n = 1, 2, 3, \cdots \right\},$$

则不难证明$\mu^*$满足外测度定义的三个条件（请读者自行证明）.

例 2.9 设$\mu^*$是$\Omega$上的外测度, $E, Z \subseteq \Omega$, 且$Z$的外测度为零（称为**零测集**）, 则$\mu^*(E \cup Z) = \mu^*(E)$.

**证明** 由外测度的定义得

$$\mu^*(E) \leqslant \mu^*(E \cup Z) \leqslant \mu^*(E) + \mu^*(Z) = \mu^*(E) + 0 = \mu^*(E),$$

因此$\mu^*(E \cup Z) = \mu^*(E)$.

**定理 2.1** $\mathbb{R}^n$中的长方体（无论开、闭或是半开半闭）的外测度就等于其体积.

**证明** 我们仅对$\mathbb{R}^2$中的矩形证明命题是成立的, 其余情形类似, 请读者自己完成. 先设$R = (a, b) \times (c, d)$, 则$R$本身就构成它自己的开覆盖, 因此

$$\mu^*(R) \leqslant |R|. \tag{2.4}$$

为了证明(2.4)的反向不等式成立, 需要用到一个事实, 即如果$n$个开矩形$R_1, R_2, \cdots, R_n$盖住了另一个开矩形$S$, 则有

$$|S| \leqslant \sum_{i=1}^{n} |R_i|.$$

这个事实的证明留给读者自己完成.

现在我们来证明(2.4)的反向不等式. 对于$R$的任何一个开矩形覆盖$\{R_1, R_2, R_3, \cdots\}$及任意的$\varepsilon > 0$, 我们将每一个开矩形$R_i$的中心和长宽比固定, 使其面积膨大$\varepsilon/2^i$得到一个放大了的开矩形$H_i$, 这样$\{H_1, H_2, H_3, \cdots\}$就构成了闭矩形$R^{\mathrm{cl}} = [a, b] \times [c, d]$的开覆盖, 根据有限覆盖定理, 可以从中挑出有限个开矩形$\{H_1, H_2, \cdots, H_m\}$盖住$R^{\mathrm{cl}}$, 当然也盖住了$R$, 根据前面给出的事实, 我们得到

$$|R| \leqslant \sum_{i=1}^{m} |H_i| \leqslant \sum_{i=1}^{\infty} |H_i| = \sum_{i=1}^{\infty} \left\{ |R_i| + \frac{\varepsilon}{2^i} \right\} = \varepsilon + \sum_{i=1}^{\infty} |R_i|,$$

由正数$\varepsilon$的任意性得

$$\sum_{i=1}^{\infty} |R_i| \geqslant |R|,$$

再由开覆盖$\{R_i : i = 1, 2, \cdots\}$的任意性得

$$\mu^*(R) \geqslant |R|, \tag{2.5}$$

联合(2.4)和(2.5)得到

$$\mu^*(R) = |R|. \tag{2.6}$$

利用(2.6)可以得到平面上一条线段的外测度等于零, 例如$L = \{x_0\} \times [c, d]$, 我们可构造一列开矩形

$$R_n = \left(x_0 - \frac{1}{n}, x_0 + \frac{1}{n}\right) \times \left(c - \frac{1}{n}, d + \frac{1}{n}\right), \quad n = 1, 2, \cdots,$$

则$L \subseteq R_n, \forall n$, 因此

$$\mu^*(L) \leqslant \mu^*(R_n) = \frac{2}{n}\left(d - c + \frac{2}{n}\right), \quad \forall n = 1, 2, \cdots.$$

令$n \to \infty$得$\mu^*(L) = 0$. 由此我们得到矩形的边界是零测集, 从而开矩形、闭矩形和半开半闭矩形具有相同的外测度.

设$E, F \subseteq \mathbb{R}^n$, $E$与$F$之间的**距离**定义为

$$\text{dist}(E, F) = \inf_{x \in E, y \in F} |x - y|.$$

我们说$\mathbb{R}^n$的子集$E$与$F$是**分离的**, 如果$\text{dist}(E, F) > 0$. 例如$\mathbb{R}^2$中任意两个不相交的闭圆盘是分离的, 但两个不相交的开圆盘则未必是分离的.

集合$E \subseteq \mathbb{R}^n$的直径定义为

$$d(E) = \sup_{x, y \in E} |x - y|.$$

例如$\mathbb{R}^3$中的长方体的直径就是其对角线的长度.

**定理 2.2**　设$E$和$F$是$\mathbb{R}^n$的两个彼此分离的子集, 则

$$\mu^*(E \cup F) = \mu^*(E) + \mu^*(F).$$

**证明**　如果$\mu^*(E)$与$\mu^*(F)$两者之一为$+\infty$, 则命题显然成立, 故不妨假设$\mu^*(E), \mu^*(F) < +\infty$. 设$\text{dist}(E, F) = \delta > 0$, 对任意$\varepsilon > 0$, 存在$E \cup F$的开长方体覆盖$\{R_i : i = 1, 2, \cdots\}$使得

$$\mu^*(E \cup F) > \sum_{i=1}^{\infty} |R_i| - \varepsilon.$$

现在将此开长方体覆盖中直径小于$\delta/4$的长方体保留不动, 直径大于$\delta/4$的长方体剖分成若干个小的开长方体, 使得每一个小长方体的直径都小于$\delta/4$, 记所有这些小的长方体所构成的集族为$\mathcal{G} = \{G_1, G_2, \cdots\}$, 再将每一个长方体$G_i$的中心和形状固定, 使其体积膨大一点, 确保膨大后的长方体直径小于$\delta/2$, 体积增量小于$\varepsilon/2^i$, 记膨大后的开长方体族为

$$\mathcal{Q} = \{Q_1, Q_2, \cdots\}.$$

现在从$\mathcal{Q}$中去掉与$E$不相交的长方体, 得到

$$\mathcal{Q}^{(E)} = \{Q_1^{(E)}, Q_2^{(E)}, \cdots\},$$

从$\mathcal{Q}$中去掉与$F$不相交的长方体, 得到

$$\mathcal{Q}^{(F)} = \{Q_1^{(F)}, Q_2^{(F)}, \cdots\},$$

则$\mathcal{Q}^{(E)}$和$\mathcal{Q}^{(F)}$分别是$E$和$F$的开长方体覆盖, 而且没有交集, 于是

$$
\begin{aligned}
\mu^*(E \cup F) \ &> \ \sum_{i=1}^{\infty} |R_i| - \varepsilon = \sum_{j=1}^{\infty} |G_j| - \varepsilon > \sum_{j=1}^{\infty} \left(|Q_j| - \frac{\varepsilon}{2^j}\right) - \varepsilon = \sum_{j=1}^{\infty} |Q_j| - 2\varepsilon \\
&\geqslant \ \sum_{l=1}^{\infty} |Q_l^{(E)}| + \sum_{k=1}^{\infty} |Q_k^{(F)}| - 2\varepsilon \\
&\geqslant \ \mu^*(E) + \mu^*(F) - 2\varepsilon,
\end{aligned}
$$

由正数$\varepsilon$的任意性得$\mu^*(E \cup F) \geqslant \mu^*(E) + \mu^*(F)$, 再根据外测度的性质得$\mu^*(E \cup F) \leqslant \mu^*(E) + \mu^*(F)$, 因此必有$\mu^*(E \cup F) = \mu^*(E) + \mu^*(F)$.

**推论 2.1**　设$E_1, E_2, \cdots$是$\mathbb{R}^n$中一列两两分离的子集, 则

$$\mu^*\left(\bigcup_{i=1}^{\infty} E_i\right) = \sum_{i=1}^{\infty} \mu^*(E_i).$$

**证明**　利用定理2.2及归纳法可得到对任意自然数$n$皆有

$$\mu^*\left(\bigcup_{i=1}^{n} E_i\right) = \sum_{i=1}^{n} \mu^*(E_i),$$

注意到$\cup_{i=n}^{\infty} E_i$与$E_1, E_2, \cdots, E_{n-1}$也是分离的, 于是得到

$$\mu^*\left(\bigcup_{i=1}^{\infty} E_i\right) = \sum_{i=1}^{n-1} \mu^*(E_i) + \mu^*\left(\bigcup_{i=n}^{\infty} E_i\right),$$

令$n \to \infty$即得到要证明的等式.

如果两个长方体的内部的交集为空集, 则称它们是**无本质交集的**或者说是**本质不相交的**.

**推论 2.2**　设 $Q_1, Q_2, \cdots$ 是 $\mathbb{R}^n$ 中一列两两无本质交集的长方体（可开可闭）, 则

$$\mu^* \left( \bigcup_{i=1}^{\infty} Q_i \right) = \sum_{i=1}^{\infty} \mu^*(Q_i). \tag{2.7}$$

**证明**　设 $E = \cup_{i=1}^{\infty} Q_i$, 并用 $\partial E$ 表示 $E$ 的边界, $E^{\circ}$ 表示 $E$ 的内部, 则

$$\mu^*(\partial E) \leqslant \sum_{i=1}^{\infty} \mu^*(\partial Q_i) = 0,$$

因此 $\mu^*(E) = \mu^*(E^{\circ})$, 接下来我们不妨假设每一个方体都是开的. 对任意 $\varepsilon > 0$, 我们固定每一个 $Q_i$ 的中心和形状, 然后将其大小收缩一点使其体积减少 $\varepsilon/2^i$, 收缩后的方体记为 $H_i$, 则 $H_1, H_2, \cdots$ 两两分离, 且

$$\mu^*(H_i) = \mu^*(Q_i) - \frac{\varepsilon}{2^i}, \quad i = 1, 2, \cdots,$$

于是

$$\begin{aligned}
\mu^* \left( \bigcup_{i=1}^{\infty} Q_i \right) &\geqslant \mu^* \left( \bigcup_{i=1}^{\infty} H_i \right) = \sum_{i=1}^{\infty} \mu^*(H_i) = \sum_{i=1}^{\infty} \left( \mu^*(Q_i) - \frac{\varepsilon}{2^i} \right) \\
&= \varepsilon + \sum_{i=1}^{\infty} \mu^*(Q_i),
\end{aligned}$$

由 $\varepsilon > 0$ 的任意性, 得

$$\mu^* \left( \bigcup_{i=1}^{\infty} Q_i \right) \geqslant \sum_{i=1}^{\infty} \mu^*(Q_i), \tag{2.9}$$

至于 (2.9) 的反向不等式, 由外测度的次可加性可直接得到, 因此等式 (2.7) 成立.

# §2.3 Lebesgue测度

上一节我们在$\mathbb{R}^n$上定义了外测度$\mu^*$,它满足次可加性:

$$\mu^*\left(\bigcup_{n=1}^{\infty} E_n\right) \leqslant \sum_{n=1}^{\infty} \mu^*(E_n),$$

但是它不满足完全可加性,因此并不是一个测度. 在什么条件下$\mu^*$才会满足完全可加性呢? Carathéodory 引进了如下条件: 对于集合$E \subseteq \mathbb{R}^n$, 如果

$$\mu^*(A) = \mu^*(A \cap E) + \mu^*(A \cap \overline{E}), \quad \forall A \subseteq \mathbb{R}^n, \tag{2.10}$$

则称$E$是$\mathbb{R}^n$中的Lebesgue**可测集**, 所有Lebesgue可测集构成的集族记作$\mathcal{L}$. 如果$E, F$都是Lebesgue可测集且彼此不相交, 则

$$\mu^*(E \cup F) = \mu^*((E \cup F) \cap E) + \mu^*((E \cup F) \cap \overline{E}) = \mu^*(E) + \mu^*(F). \tag{2.11}$$

更进一步, 我们还可以证明完全可加性: 如果$E_1, E_2, E_3, \cdots$是Lebesgue可测集, 且两两不相交, 则

$$\mu^*\left(\bigcup_{n=1}^{\infty} E_n\right) = \sum_{n=1}^{\infty} \mu^*(E_n). \tag{2.12}$$

因此如果Lebesgue可测集族$\mathcal{L}$构成一个$\sigma$-代数, 则我们可以把外测度$\mu^*$限制在可测空间$(\mathbb{R}^n, \mathcal{L})$上, 就得到了一个测度, 这就是Lebesgue测度. 下面我们证明$\mathcal{L}$确实构成一个$\sigma$-代数.

**定理 2.3** Lebesgue可测集族$\mathcal{L}$构成一个$\sigma$-代数.

**证明** 显然$\varnothing \in \mathcal{L}$, 且如果$E \in \mathcal{L}$则$\overline{E} \in \mathcal{L}$, 接下来我们只须证明$\mathcal{L}$对可列并运算封闭即可.

对于$E, F \in \mathcal{L}$, 为了证明$E \cup F \in \mathcal{L}$, 须证

$$\mu^*(A) = \mu^*\left[A \cap (E \cup F)\right] + \mu^*\left[A \cap (\overline{E \cup F})\right], \quad \forall A \subseteq \mathbb{R}^n. \tag{2.13}$$

事实上, 由外测度的次可加性及$E, F$的可测性得

$$\mu^*\left[A \cap (E \cup F)\right] + \mu^*\left[A \cap (\overline{E \cup F})\right]$$

$$\leqslant \quad \mu^*(A \cap E \cap \overline{F}) + \mu^*(A \cap F \cap \overline{E}) + \mu^*(A \cap E \cap F) + \mu^*(A \cap \overline{E} \cap \overline{F})$$

$$= \quad \mu^*(A \cap E \cap \overline{F}) + \mu^*(A \cap E \cap F) + \mu^*(A \cap \overline{E} \cap F) + \mu^*(A \cap \overline{E} \cap \overline{F})$$

$$= \quad \mu^*(A \cap E) + \mu^*(A \cap \overline{E})$$

$$= \quad \mu^*(A), \tag{2.14}$$

另一方面, 由外测度的次可加性得

$$
\begin{aligned}
\mu^*(A) &= \mu^* \left[ (A \cap (E \cup F)) \cup \left( A \cap (\overline{E \cup F}) \right) \right] \\
&\leqslant \mu^* \left[ A \cap (E \cup F) \right] + \mu^* \left[ A \cap (\overline{E \cup F}) \right],
\end{aligned}
\tag{2.15}
$$

联合(2.14)与(2.15)便得到(2.13). 利用归纳法还可以证明有限个Lebesgue可测集的并也是可测的.

那么两个Lebesgue可测集$E$和$F$的交是不是可测集呢？答案是肯定的, 这是因为

$$
E \cap F = \overline{\overline{E} \cup \overline{F}}.
$$

利用归纳法还可以证明有限个可测集的交是可测集, 更进一步, 有限个可测集作有限次并、交、补混合运算的结果是可测集.

接下来我们证明如果$E_1, E_2, E_3, \cdots$是两两不相交的可测集, 则$\cup_{n=1}^{\infty} E_n$也是可测的. 事实上对任意$A \subseteq \mathbb{R}^n$及任意自然数$k$, 皆有

$$
\begin{aligned}
\mu^* \left[ \bigcup_{n=1}^{k} (A \cap E_n) \right] &= \mu^* \left[ \left( \bigcup_{n=1}^{k} (A \cap E_n) \right) \cap E_1 \right] + \mu^* \left[ \left( \bigcup_{n=1}^{k} (A \cap E_n) \right) \cap \overline{E_1} \right] \\
&= \mu^*(A \cap E_1) + \mu^* \left[ \bigcup_{n=2}^{k} (A \cap E_n) \right] \\
&= \mu^*(A \cap E_1) + \mu^* \left[ \left( \bigcup_{n=2}^{k} (A \cap E_n) \right) \cap E_2 \right] \\
&\quad + \mu^* \left[ \left( \bigcup_{n=2}^{k} (A \cap E_n) \right) \cap \overline{E_2} \right] \\
&= \mu^*(A \cap E_1) + \mu^*(A \cap E_2) + \mu^* \left[ \bigcup_{n=3}^{k} (A \cap E_n) \right] \\
&\qquad \cdots \\
&= \mu^*(A \cap E_1) + \mu^*(A \cap E_2) + \cdots + \mu^*(A \cap E_k),
\end{aligned}
\tag{2.16}
$$

再利用$\cup_{n=1}^{k} E_n$的可测性得

$$
\begin{aligned}
\mu^*(A) &= \mu^* \left[ A \bigcap \left( \cup_{n=1}^{k} E_n \right) \right] + \mu^* \left[ A \bigcap \left( \overline{\cup_{n=1}^{k} E_n} \right) \right] \\
&= \mu^* \left[ \bigcup_{n=1}^{k} (A \cap E_n) \right] + \mu^* \left[ A \bigcap \left( \overline{\cup_{n=1}^{k} E_n} \right) \right]
\end{aligned}
$$

$$\geqslant \sum_{n=1}^{k} \mu^*(A \cap E_n) + \mu^*(A \cap \overline{E}), \qquad E = \cup_{n=1}^{\infty} E_n, \tag{2.17}$$

令 $k \to \infty$, 得

$$\mu^*(A) \geqslant \sum_{n=1}^{\infty} \mu^*(A \cap E_n) + \mu^*(A \cap \overline{E}), \tag{2.18}$$

由外测度的性质, 得

$$\sum_{n=1}^{\infty} \mu^*(A \cap E_n) \geqslant \mu^* \left[ \bigcup_{n=1}^{\infty} (A \cap E_n) \right] = \mu^* \left[ A \cap \left( \bigcup_{n=1}^{\infty} E_n \right) \right] = \mu^*(A \cap E), \tag{2.19}$$

联合(2.18)与(2.19)得

$$\mu^*(A) \geqslant \mu^*(A \cap E) + \mu^*(A \cap \overline{E}), \tag{2.20}$$

至于(2.20)的反向不等式, 利用外测度的次可加性可直接得到, 这就证明了 $E = \cup_{n=1}^{\infty} E_n$ 的可测性.

最后, 如果 $E_1, E_2, E_3, \cdots$ 是Lebesgue可测集, 且可能相交, 则令

$$H_1 = E_1, \quad H_2 = E_2 \setminus E_1, \quad H_3 = E_3 \setminus (E_1 \cup E_2), \quad H_4 = E_4 \setminus (E_1 \cup E_2 \cup E_3), \cdots, \tag{2.21}$$

则 $H_1, H_2, H_3, \cdots$ 是两两不相交的可测集, 因此 $\cup_{n=1}^{\infty} E_n = \cup_{n=1}^{\infty} H_n$ 也是可测集.

既然Lebesgue可测集族 $\mathcal{L}$ 是一个 $\sigma$-代数, 我们便可以在可测空间 $(\mathbb{R}^n, \mathcal{L})$ 上定义测度了.

**定义 2.5** 在可测空间 $(\mathbb{R}^n, \mathcal{L})$ 上定义测度 $\mu$ 如下:

$$\mu(E) = \mu^*(E), \qquad \forall E \in \mathcal{L},$$

称 $\mu$ 为 $\mathbb{R}^n$ 上的Lebesgue**测度**, 并称 $(\mathbb{R}^n, \mathcal{L}, \mu)$ 为Lebesgue**测度空间**.

从上面的定义可以看出, 对于Lebesgue可测集, 其Lebesgue测度就等于其外测度. 那么 $\mathbb{R}^n$ 中有没有不是Lebesgue可测的子集呢? 答案是肯定的, 但要构造这样一个集合并证明其不可测性却不容易, 在本书的附录A中我们给出了 $\mathbb{R}$ 上的非Lebesgue可测集的例子, 更多的内容可参考[2] (第二章2.5节, pp. 101).

# §2.4 测度的扩张

这一节我们讨论什么条件可以唯一地确定一个测度以及测度的扩张问题.

## 2.4.1 测度的唯一性

**定义 2.6** 设$\Omega$是一个非空集合,$\mathcal{G}$是由$\Omega$的某些子集所构成的集族,如果$\mathcal{G}$非空且对有限交运算封闭,即

$$A \cap B \in \mathcal{G}, \qquad \forall A, B \in \mathcal{G}, \tag{2.22}$$

则称$\mathcal{G}$是$\Omega$上的一个$\pi$-**系**($\pi$-system).

**定义 2.7** 设$\Omega$是一个非空集合,$\mathcal{F}$是由$\Omega$的某些子集所构成的集族,我们称$\mathcal{F}$是一个$\lambda$-**系**,如果$\mathcal{F}$满足

i). $\Omega \in \mathcal{F}$;

ii). $A \in \mathcal{F} \Rightarrow \overline{A} \in \mathcal{F}$;

iii). 如果$\{A_n : n = 1, 2, \cdots\} \subseteq \mathcal{F}$且两两不交,则$\cup_{n=1}^{\infty} A_n \in \mathcal{F}$.

**命题 2.2** 如果$\mathcal{F}$既是$\Omega$上的$\pi$-系,又是$\lambda$-系,则它是$\Omega$上的$\sigma$-代数.

**证明** 只须验证$\mathcal{F}$对可列并运算封闭即可. 设$A_n \in \mathcal{F}, n = 1, 2, \cdots$,令

$$B_1 = A_1, \quad B_2 = A_2 \setminus A_1, \quad B_3 = A_3 \setminus (A_1 \cup A_2), \quad B_4 = A_4 \setminus (A_1 \cup A_2 \cup A_3), \cdots, \tag{2.23}$$

由于$\mathcal{F}$既是$\pi$-系又是$\lambda$-系,因此对取补和有限交运算封闭,从而$B_n \in \mathcal{F}, n = 1, 2, \cdots$,且两两不交,于是得到

$$\bigcup_{n=1}^{\infty} A_n = \bigcup_{n=1}^{\infty} B_n \in \mathcal{F}, \tag{2.24}$$

这就完成了命题的证明.

**定理 2.4** (Dynkin $\pi$-$\lambda$**定理**) 设$\mathcal{A}$是$\pi$-系,$\mathcal{B}$是$\lambda$-系,且$\mathcal{A} \subseteq \mathcal{B}$,则$\sigma(\mathcal{A}) \subseteq \mathcal{B}$.

**证明** 令

$$\Lambda(\mathcal{A}) = \bigcap_{\{\mathcal{G}: \mathcal{G} \supseteq \mathcal{A} 且 \mathcal{G} 是 \lambda - 系\}} \mathcal{G}, \tag{2.25}$$

我们只须证明 $\Lambda(\mathcal{A})$ 是 $\sigma$-代数即可. 按照定义, $\Lambda(\mathcal{A})$ 已经是 $\lambda$-系, 因此我们只须再证明它是 $\pi$-系即可.

对于任意 $A \in \Lambda(\mathcal{A})$, 定义

$$\mathcal{J}_A = \{B \in \Lambda(\mathcal{A}) : A \cap B \in \Lambda(\mathcal{A})\}, \tag{2.26}$$

则不难验证 $\mathcal{J}_A$ 是一个 $\lambda$-系（参考本章习题17）; 如果 $A \in \mathcal{A}$, 则不难验证 $\mathcal{J}_A \supseteq \mathcal{A}$, 由于 $\Lambda(\mathcal{A})$ 是包含 $\mathcal{A}$ 的最小 $\lambda$-系, 因此 $\mathcal{J}_A \supseteq \Lambda(\mathcal{A})$, 从而对任意 $B \in \Lambda(\mathcal{A})$ 皆有 $B \in \mathcal{J}_A$, 但 $B \in \mathcal{J}_A$ 与 $A \in \mathcal{J}_B$ 等价, 因此对任意 $A \in \mathcal{A}$ 及 $B \in \Lambda(\mathcal{A})$ 皆有 $A \in \mathcal{J}_B$, 即 $\mathcal{A} \subseteq \mathcal{J}_B, \forall B \in \Lambda(\mathcal{A})$, 由此推出 $\Lambda(\mathcal{A}) \subseteq \mathcal{J}_B, \forall B \in \Lambda(\mathcal{A})$, 从而对任意 $A, B \in \Lambda(\mathcal{A})$ 皆有 $A \cap B \in \Lambda(\mathcal{A})$, 这就证明了 $\Lambda(\mathcal{A})$ 是一个 $\pi$-系.

**注:** 由(2.25)所定义的集族是包含 $\mathcal{A}$ 的最小 $\lambda$-系, 称为**由 $\mathcal{A}$ 生成的 $\lambda$-系**.

**推论 2.3** 设 $\mathcal{A}$ 是 $\Omega$ 上的 $\pi$-系, 则 $\sigma(\mathcal{A}) = \Lambda(\mathcal{A})$.

**定理 2.5 (测度的唯一性)** 设 $\mathcal{A}$ 是 $\Omega$ 上的 $\pi$-系, 且存在两两不交的 $\{A_n : n = 1, 2, \cdots\} \subseteq \mathcal{A}$ 使得 $\Omega = \cup_{n=1}^{\infty} A_n$, $\mu_1$ 和 $\mu_2$ 是定义在 $\sigma(\mathcal{A})$ 上的两个测度, 如果

$$\mu_1(A) = \mu_2(A), \qquad \forall A \in \mathcal{A}, \tag{2.27}$$

且 $\mu_1(A_n) < \infty, n = 1, 2, \cdots$, 则

$$\mu_1(A) = \mu_2(A), \qquad \forall A \in \sigma(\mathcal{A}). \tag{2.28}$$

**证明** 对任何满足 $\mu_1(B) < \infty$ 的 $B \in \mathcal{A}$, 令

$$\mathcal{J}_B = \{A \in \sigma(\mathcal{A}) : \mu_1(A \cap B) = \mu_2(A \cap B)\}, \tag{2.29}$$

则 $\mathcal{J}_B$ 是一个 $\lambda$-系. 下面我们来验证这一点: $\Omega \in \mathcal{J}_B$ 是显然的; 其次, 如果 $A \in \mathcal{J}_B$, 则

$$\mu_1(\overline{A} \cap B) = \mu_1(B) - \mu_1(A \cap B) = \mu_2(B) - \mu_2(A \cap B) = \mu_2(\overline{A} \cap B), \tag{2.30}$$

因此 $\overline{A} \in \mathcal{J}_B$; 最后, 如果 $C_n \in \mathcal{J}_B, n = 1, 2, \cdots$, 且两两不交, 则

$$
\begin{aligned}
\mu_1\left[\left(\bigcup_{n=1}^{\infty} C_n\right) \bigcap B\right] &= \sum_{n=1}^{\infty} \mu_1(C_n \cap B) \\
&= \sum_{n=1}^{\infty} \mu_2(C_n \cap B) \\
&= \mu_2\left[\left(\bigcup_{n=1}^{\infty} C_n\right) \bigcap B\right],
\end{aligned}
\tag{2.31}
$$

因此 $\cup_{n=1}^{\infty} C_n \in \mathcal{J}_B$.

既然$\mathcal{J}_B$是$\lambda$-系, 且显然有$\mathcal{J}_B \supseteq \mathcal{A}$, 根据推论2.3, 有$\mathcal{J}_B \supseteq \sigma(\mathcal{A})$, 即对每个$A \in \sigma(\mathcal{A})$及满足$\mu_1(B) < \infty$的$B \in \mathcal{A}$皆有

$$\mu_1(A \cap B) = \mu_2(A \cap B), \tag{2.32}$$

由此立刻得到

$$
\begin{aligned}
\mu_1(A) &= \mu_1(A \cap \Omega) = \mu_1\left[A \cap \left(\bigcup_{n=1}^{\infty} A_n\right)\right] \\
&= \sum_{n=1}^{\infty} \mu_1(A \cap A_n) \\
&= \sum_{n=1}^{\infty} \mu_2(A \cap A_n) \\
&= \mu_2\left[A \cap \left(\bigcup_{n=1}^{\infty} A_n\right)\right] \\
&= \mu_2(A), \tag{2.33}
\end{aligned}
$$

定理证明完毕.

### 2.4.2 测度的扩张

在实际定义一个测度时, 由于$\sigma$-代数通常很大, 给$\sigma$-代数定义一个具体的测度往往很困难, 有没有什么好的办法呢? 回想一下我们当时是如何定义实数集上的Lebesgue测度的: 首先是定义形如$(a, b)$, $-\infty < a \leqslant b < \infty$的开区间的测度, 即区间长度, 然后再定义外测度$\mu^*$, 它是在整个幂集$\mathcal{P}(\Omega)$上都有定义的, 但不满足可加性, 为了满足可加性, 引出了Carathéodory条件(2.10), 定义了Lebesgue可测集, 最终在Lebesgue可测集组成的$\sigma$-代数上定义了Lebesgue测度. 这个过程尽管曲折, 但有规律可循, 那就是先对一类比较规则的集合（如区间、长方形或长方体）定义测度, 然后再通过上面提到的程序将其扩张到较大的一类集合上去.

定义 2.8 设$\Omega$是一个非空集合, $\mathcal{A}$是由$\Omega$的一些子集所构成的集族, 我们称$\mathcal{A}$是一个**半环**(semiring), 如果它满足下列条件:

i). $\varnothing \in \mathcal{A}$;

ii). $A, B \in \mathcal{A} \Rightarrow A \cap B \in \mathcal{A}$;

iii). 如果$A, B \in \mathcal{A}$, 则存在$\mathcal{A}$中有限个两两不交的元素$C_i$, $i = 1, 2, \cdots, n$, 使得

$$A \setminus B = \cup_{i=1}^{n} C_i.$$

例如$\mathbb{R}$上的左开右闭区间族

$$\mathcal{I} = \{(a,b]: -\infty < a \leqslant b < \infty\} \tag{2.34}$$

就构成一个半环；左闭右开区间族

$$\mathcal{J} = \{[a,b): -\infty < a \leqslant b < \infty\} \tag{2.35}$$

也构成一个半环.

**定义 2.9** 设$\mathcal{A}$是$\Omega$上的一个半环，$\lambda: \mathcal{A} \to [0,\infty]$是一个映射，我们称$\lambda$是一个**预测度**(pre-measure)，如果$\lambda$满足如下条件：

i). $\lambda(\varnothing) = 0$；

ii). 完全可加性：如果$\{A_n: n = 1, 2, \cdots\} \subseteq \mathcal{A}$且两两不相交，且$\cup_{n=1}^{\infty} A_n \in \mathcal{A}$，则

$$\lambda\left(\bigcup_{n=1}^{\infty} A_n\right) = \sum_{n=1}^{\infty} \lambda(A_n).$$

如果还存在两两不交的$\{C_n: n = 1, 2, \cdots\} \subseteq \mathcal{A}$使得$\lambda(C_n) < \infty, n = 1, 2, \cdots$，且$\Omega = \cup_{n=1}^{\infty} C_n$，则称预测度$\lambda$是$\sigma$-**有限的**.

例如在由左开右闭区间组成的半环$\mathcal{I}$上定义

$$\lambda((a,b]) = b - a, \qquad \forall -\infty < a \leqslant b < \infty, \tag{2.36}$$

则$\lambda$是$\mathcal{I}$上的预测度；它经过扩张后得到的就是$\mathbb{R}$上的Lebesgue测度.

在由半开半闭区间组成的半代数$\mathcal{J}$上定义

$$\lambda([a,b)) = b - a, \qquad \forall -\infty < a \leqslant b < \infty, \tag{2.37}$$

则$\lambda$是$\mathcal{J}$上的预测度；它经过扩张后得到的也是$\mathbb{R}$上的Lebesgue测度.

半环$\mathcal{A}$上的预测度$\lambda$还满足下列次可加性：如果$B_1, B_2, \cdots \in \mathcal{A}$，且$\cup_{n=1}^{\infty} B_n \in \mathcal{A}$，则

$$\lambda\left(\bigcup_{n=1}^{\infty} B_n\right) \leqslant \sum_{n=1}^{\infty} \lambda(B_n), \tag{2.38}$$

其证明留作习题（见本章习题20）.

在$\Omega$上的半环$\mathcal{A}$上定义了预测度$\lambda$之后，便可以定义外测度$\mu^*: \mathcal{P}(\Omega) \to [0,\infty]$如下：对任意$B \in \Omega$，定义

$$\mu^*(B) = \inf\left\{\sum_{n=1}^{\infty} \lambda(I_n): B \subseteq \bigcup_{n=1}^{\infty} I_n, I_n \in \mathcal{A}, n = 1, 2, \cdots\right\}, \tag{2.39}$$

可以证明上面定义的$\mu^*$确实是$\Omega$上的外测度, 称为**由预测度$\lambda$生成的外测度**.

**定理 2.6** **(测度扩张定理)** 设$\mathcal{A}$是$\Omega$上的半环, $\lambda$是$\mathcal{A}$上的预测度, 则存在$\sigma(\mathcal{A})$上的测度$\mu$使得

$$\mu(A) = \lambda(A), \qquad \forall A \in \mathcal{A}. \tag{2.40}$$

如果$\lambda$是$\sigma$-有限的, 则上述测度$\mu$还是唯一的.

**证明** 记$\mu^*$为由$\lambda$生成的外测度, 我们首先证明

$$\mu^*(A) = \lambda(A), \qquad \forall A \in \mathcal{A}. \tag{2.41}$$

事实上, 对于$A \in \mathcal{A}$, 对任意满足$\cup_{n=1}^{\infty} I_n \supseteq A$的$\{I_n \in \mathcal{A} : n = 1, 2, \cdots\}$, 有

$$\begin{aligned} \lambda(A) &= \lambda\left[\bigcup_{n=1}^{\infty} (A \cap I_n)\right] \\ &\leqslant \sum_{n=1}^{\infty} \lambda(A \cap I_n) \\ &\leqslant \sum_{n=1}^{\infty} \lambda(I_n). \end{aligned} \tag{2.42}$$

由此得到

$$\lambda(A) \leqslant \inf\left\{\sum_{n=1}^{\infty} \lambda(I_n) : A \subseteq \bigcup_{n=1}^{\infty} I_n, \ I_n \in \mathcal{A}, n = 1, 2, \cdots \right\} = \mu^*(A). \tag{2.43}$$

其次, $I_1 = A, I_n = \varnothing, n = 2, 3, \cdots$ 显然是$A$的一个覆盖, 因此

$$\mu^*(A) \leqslant \sum_{n=1}^{\infty} \lambda(I_n) = \lambda(A), \tag{2.44}$$

联合(2.43)和(2.44)就得到了(2.41).

如果$A \subseteq \Omega$满足

$$\mu^*(E) = \mu^*(E \cap A) + \mu^*(E \cap \overline{A}), \qquad \forall E \subseteq \Omega, \tag{2.45}$$

则称$A$是$\mu$-可测的, 我们把所有$\mu$-可测的集合所构成的集族记为$\mathcal{F}_\mu$, 可以证明$\mathcal{F}_\mu$是一个$\sigma$-代数（与证明Lebesgue可测集族构成$\sigma$-代数类似）, 如果能够证明$\mathcal{A} \subseteq \mathcal{F}_\mu$, 则$\sigma(\mathcal{A}) \subseteq \mathcal{F}_\mu$, 从而$\mu^*$限制在$\sigma(\mathcal{A})$上是一个测度.

下面我们证明$\mathcal{A} \subseteq \mathcal{F}_\mu$, 分两步进行. 首先证明对任意$A, B \in \mathcal{A}$皆有

$$\mu^*(B) \geqslant \mu^*(B \cap A) + \mu^*(B \cap \overline{A}). \tag{2.46}$$

当$\mu^*(B) = \infty$时上式显然成立, 故不妨设$\mu^*(B) < \infty$. 由半环的定义, 存在两两不交的$C_i \in \mathcal{A}, i = 1, 2, \cdots, n$使得$B \cap \overline{A} = B \setminus A = \cup_{i=1}^n C_i$, 于是

$$
\begin{aligned}
\mu^*(B) &= \lambda(B) = \lambda(B \cap A) + \lambda(B \cap \overline{A}) \\
&= \lambda(B \cap A) + \sum_{i=1}^n \lambda(C_i) \\
&= \mu^*(B \cap A) + \sum_{i=1}^n \mu^*(C_i) \\
&\geqslant \mu^*(B \cap A) + \mu^*(B \cap \overline{A}).
\end{aligned} \tag{2.47}
$$

其次, 还须证明对任意$A \in \mathcal{A}$及$B \subseteq \Omega$皆有

$$
\mu^*(B) = \mu^*(B \cap A) + \mu^*(B \cap \overline{A}), \tag{2.48}
$$

从而完成$\mathcal{A} \subseteq \mathcal{F}_\mu$的证明. 当$\mu^*(B) = \infty$时(2.48)显然成立, 因此不妨假设$\mu^*(B) < \infty$. 对任意$\varepsilon > 0$, 存在$\{C_n : n = 1, 2, \cdots\} \subseteq \mathcal{A}$使得$B \subseteq \cup_{n=1}^\infty C_n$且

$$
\begin{aligned}
\mu^*(B) + \varepsilon &\geqslant \sum_{n=1}^\infty \lambda(C_n) = \sum_{n=1}^\infty \mu^*(C_n) \\
&\geqslant \sum_{n=1}^\infty \left[ \mu^*(C_n \cap A) + \mu^*(C_n \cap \overline{A}) \right] \\
&\geqslant \mu^* \left[ \left( \bigcup_{n=1}^\infty C_n \right) \cap A \right] + \mu^* \left[ \left( \bigcup_{n=1}^\infty C_n \right) \cap \overline{A} \right] \\
&\geqslant \mu^*(B \cap A) + \mu^*(B \cap \overline{A}),
\end{aligned} \tag{2.49}
$$

由$\varepsilon > 0$的任意性, 得

$$
\mu^*(B) \geqslant \mu^*(B \cap A) + \mu^*(B \cap \overline{A}), \tag{2.50}
$$

至于反向不等式, 可由外测度的次可加性直接得到.

最后, 如果$\lambda$是$\sigma$-有限的, 则根据定理2.5得到测度扩张的唯一性. 至此定理全部证明完毕.

作为测度扩张定理的应用, 我们来构造实数集$\mathbb{R}$上的Lebesgue-Stieltjes测度.

设$F$是一个定义在实数集$\mathbb{R}$上的右连续的、单调增加的函数, $\mathcal{A}$是由数轴上所有左开右闭的有限区间组成的半环, 即

$$
\mathcal{A} = \{(a, b] : -\infty < a \leqslant b < \infty\}. \tag{2.51}
$$

在$\mathcal{A}$上定义预测度$\lambda_F$如下：

$$\lambda_F((a,b]) = F(b) - F(a), \qquad \forall -\infty < a \leqslant b < \infty, \tag{2.52}$$

则不难证明$\lambda_F$是$\mathcal{A}$上的$\sigma$-有限的预测度. 根据测度扩张定理2.6, 在$\sigma(\mathcal{A})$上存在唯一的测度$\mu_F$使得

$$\mu_F(A) = \lambda_F(A), \qquad \forall A \in \mathcal{A}, \tag{2.53}$$

这个测度就是实数集$\mathbb{R}$上的Lebesgue-Stieltjes测度. 由于$\sigma(\mathcal{A})$就等于$\mathbb{R}$上的Borel代数$\mathcal{B}$, 因此$\mu_F$是一个Borel测度.

# 拓展阅读建议

本章我们学习了一般测度的定义、Lebesgue测度的构造、测度的唯一性以及测度扩张定理. 这些知识是学习Lebesgue积分理论以及Radon-Nikodym定理的基础, 希望大家要牢固掌握. 测度论的进一步拓展可参考[9]或者[10]; 国外测度论的经典教材有[11]及[12], 想要了解非Lebesgue可测集的可参考[2].

# 人物简介：勒贝格(Henri Léon Lebesgue)

勒贝格(Henri Léon Lebesgue, 1875 ~ 1941), 法国数学家, 1875年6月28日生于法国的博韦, 从小勤奋好学, 成绩优秀, 但父亲不幸早逝, 家境衰落, 在学校老师的帮助下才得以继续学业. 后考入高等师范学校, 成为波雷尔(E. Borel)的学生, 受波雷尔和贝尔(R. Baire)的影响从事测度论和实变函数理论的研究. 1902年发表了博士论文"积分、长度、面积"(Intégrale, longueur, aire), 创立了后来以他的名字命名的积分理论. 此后他又陆续出版了《积分法和原函数分析的讲义》(Leconssur l'intégration et la recherche des fonctions primitives, 1904)和《三角级数讲义》(Lecons sur les séries trigonométriques, 1906)等重要著作, 奠定了现代函数积分理论和微分理论的基础. 1921年勒贝格获得法兰西学院教授称号, 并于翌年作为若尔当(C. Jordan)的后继人被选为巴黎科学院院士.

在19世纪, 数学家们在研究中发现了许多奇怪的函数, 如狄利克雷(P. G. L. Dirichlet)函数、魏尔斯特拉斯(K. Weierstrass)提出的处处连续但处处不可微的函数等, 传统的黎曼积分理论无法处理这些函数, 于是数学家们开始了对积分理论的改造工作. 问题的焦点在于对一些不规则的点集定义类似于长度、面积和体积的概念, 这就引出了测度论的研究. 有了测度论就可以把积分理论建立在测度论的框架之中, 将可积分的函数范围大大地拓广. 勒贝格曾经这样解释自己提出的积分理论: "我必须偿还一笔钱. 如果我从口袋中随意地摸出来各种不同面值的钞票, 逐一地还给债主直到全部还清, 这就是黎曼积分; 不过, 我还有另外一种做法, 就是把钱全部拿出来并把相同面值的钞票放在一起, 然后再一起付给应还的数目, 这就是我的积分." 勒贝格积分与黎曼积分是两种不同的求和方式, 但这种求和方式的转变并不是那么简单, 涉及测度论的问题.

# 第2章习题

1. 设$\Omega = \{a, b, c, d, e\}$, $\mathcal{A} = \{\{a, b\}, \{b, c\}\}$, 求$\sigma(\mathcal{A})$.

2. 设$\Omega = \{a, b, c, d, e\}$, 请数一数$\Omega$上的$\sigma$-代数一共有多少个.

3. 设$\mathcal{I}$是实数轴上的开区间所构成的集族, $\mathcal{J}$是实数轴上的闭区间所构成的集族, 试证明$\sigma(\mathcal{I}) = \sigma(\mathcal{J})$.

4. 考察$\mathbb{R}^2$中的正方形族

$$\mathcal{I} = \{(x_0 - a, x_0 + a) \times (y_0 - a, y_0 + a) : x_0, y_0 \in \mathbb{R}, a \geqslant 0\} \tag{2.54}$$

及开圆盘族

$$\mathcal{J} = \{B((x_0, y_0), r) : x_0, y_0 \in \mathbb{R}, r \geqslant 0\}, \tag{2.55}$$

其中$B((x_0, y_0), r)$表示以$(x_0, y_0)$为圆心、$r$为半径的开圆盘, 试证明$\sigma(\mathcal{I}) = \sigma(\mathcal{J})$.

5. 设$\Omega = \{a, b, c, d, e\}$, 设$\mu$是$(\Omega, \mathcal{P}(\Omega))$上的测度, 已知

$$\mu(\{a, b\}) = \frac{11}{24}, \quad \mu(\{b, c\}) = \frac{13}{24}, \quad \mu(\{c, d\}) = \frac{5}{12},$$

$$\mu(\{d, e\}) = \frac{3}{8}, \quad \mu(\{b, c, d\}) = \frac{19}{24}, \tag{2.56}$$

求$\mu(\Omega)$.

6. 证明例2.8中所定义的$\mu^*$满足外测度定义的条件.

7. 设$n$个开矩形$R_1, R_2, \cdots, R_n$盖住了另外一个开矩形$S$, 试证明这$n$个开矩形的面积之和大于$S$的面积.

8. 设$\mu^*$是$\mathbb{R}^n$上的外测度, 试证明

$$\mu^*(A \cup B) + \mu^*(A \cap B) \leqslant \mu^*(A) + \mu^*(B), \qquad \forall A, B \subseteq \mathbb{R}^n. \tag{2.57}$$

9. 试证明$\mathbb{R}^2$中的开集是Lebesgue可测集.

10. 试证明有理数集$\mathbb{Q}$的Lebesgue测度为0.

11. 试证明Cantor三分集(定义见第1章习题27)的Lebesgue测度为0.

12. 设$E \subseteq [a,b]$是Lebesgue可测集, $I_k \subseteq [a,b], k = 1, 2, \cdots$是开区间列, 且

$$\mu(I_k \cap E) \geqslant \frac{2}{3}|I_k|, \qquad \forall k = 1, 2, \cdots, \tag{2.58}$$

试证明

$$\mu\left[\left(\bigcup_{k=1}^{\infty} I_k\right) \cap E\right] \geqslant \frac{1}{3}\mu\left(\bigcup_{k=1}^{\infty} I_k\right). \tag{2.59}$$

13. 设$\{E_k : k = 1, 2, \cdots\}$是$(\Omega, \mathcal{F}, \mu)$中的可测集列, 试证明:

i). $\mu\left(\varliminf_{k \to \infty} E_k\right) \leqslant \varliminf_{k \to \infty} \mu(E_k)$;

ii). 若存在$k_0$使得$\mu\left(\cup_{k=k_0}^{\infty} E_k\right) < \infty$, 则

$$\mu\left(\varlimsup_{k \to \infty} E_k\right) \geqslant \varlimsup_{k \to \infty} \mu(E_k). \tag{2.60}$$

14. 设$\mu^*$是$\mathbb{R}^n$上的外测度, $A, B \subseteq \mathbb{R}^n$, $A \cup B$是$\mu$-可测的且$\mu^*(A \cup B) < \infty$. 试证明如果

$$\mu^*(A \cup B) = \mu^*(A) + \mu^*(B), \tag{2.61}$$

则$A, B$都是$\mu$-可测的.

15. 设$E \subseteq \mathbb{R}$是Lebesgue可测集, 且其Lebesgue测度$\mu(E) > 0$, 记

$$E + E = \{x + y : x, y \in E\}, \tag{2.62}$$

试证明$E + E$中必含有某个开区间.

16 (**$\lambda$-系的等价定义**). 设$\Omega$是一个非空集合, $\mathcal{D}$是由$\Omega$的某些子集所构成的集族, 试证明$\mathcal{D}$是$\lambda$-系当且仅当它满足如下三个条件:

i). $\Omega \in \mathcal{D}$;

ii). 如果$A, B \in \mathcal{D}$且$A \subseteq B$, 则$B \setminus A \in \mathcal{D}$;

iii). 如果$\{A_n : n = 1, 2, \cdots\} \subseteq \mathcal{D}$且$A_n \subseteq A_{n+1}, n = 1, 2, \cdots$, 则$\bigcup_{n=1}^{\infty} A_n \in \mathcal{D}$.

17. 设 $\Lambda$ 是一个 $\lambda$-系, $A \in \Lambda$, 令

$$\mathscr{J}_A = \{B \subseteq \Omega : A \cap B \in \Lambda\}, \tag{2.63}$$

试证明 $\mathscr{J}_A$ 是一个 $\lambda$-系.

18. 设 $\mathcal{A}$ 为 $\mathbb{R}^2$ 中的半开半闭矩形所构成的集族:

$$\mathcal{A} = \{[a, b) \times [c, d) : a, b, c, d \in \mathbb{R}, \, a \leqslant b, c \leqslant d\}. \tag{2.64}$$

i). 试证明 $\mathcal{A}$ 构成一个半环;

ii). 如果定义

$$\lambda([a, b) \times [c, d)) = (b - a)(d - c), \qquad \forall a, b, c, d \in \mathbb{R}, \, a \leqslant b, c \leqslant d, \tag{2.65}$$

试证明 $\lambda$ 是 $\mathcal{A}$ 上的预测度.

19. 试证明由(2.39)定义的 $\mu^*$ 是 $\Omega$ 上的外测度.

20. 设 $\mathcal{A}$ 是 $\Omega$ 上的一个半环, $\lambda$ 是定义在 $\mathcal{A}$ 上的预测度, 设 $\{A_n : n = 1, 2, \cdots\} \subseteq \mathcal{A}$ 且 $\cup_{n=1}^\infty A_n \in \mathcal{A}$, 试证明

$$\lambda\left(\bigcup_{n=1}^\infty A_n\right) \leqslant \sum_{n=1}^\infty \lambda(A_n). \tag{2.66}$$

21. 设 $\Omega$ 是一个非空集合, $\mathcal{A}$ 是由 $\Omega$ 的子集所构成的集族, 我们称 $\mathcal{A}$ 是 $\Omega$ 上的（**集**）**代数**, 如果它满足下列条件:

(a). $\Omega \in \mathcal{A}$;

(b). 若 $A, B \in \mathcal{A}$, 则 $A \cup B \in \mathcal{A}$;

(c). 若 $A \in \mathcal{A}$, 则 $\overline{A} = \Omega \setminus A \in \mathcal{A}$.

设 $\mathcal{M}$ 是由 $\Omega$ 的子集所构成的集族, 我们称 $\mathcal{M}$ 是 $\Omega$ 上的**单调类**, 如果它满足下列条件:

(d). 若 $A_i \in \mathcal{M}$, $A_i \subseteq A_{i+1}$, $i = 1, 2, \cdots$, 则 $\cup_{i=1}^\infty A_i \in \mathcal{M}$;

(e). 若 $A_i \in \mathcal{M}$, $A_i \supseteq A_{i+1}$, $i = 1, 2, \cdots$, 则 $\cap_{i=1}^\infty A_i \in \mathcal{M}$.

试证明下列命题:

i). 如果 $\mathcal{A}$ 既是 $\Omega$ 上的代数, 又是 $\Omega$ 上的单调类, 则 $\mathcal{A}$ 是 $\Omega$ 上的 $\sigma$-代数;

ii) (**单调类定理**). 设 $\mathcal{A}$ 是 $\Omega$ 上的代数, 记 $\mathrm{m}(\mathcal{A})$ 为包含 $\mathcal{A}$ 的最小单调类 (即包含 $\mathcal{A}$ 的所有单调类的交集), 则有 $\mathrm{m}(\mathcal{A}) = \sigma(\mathcal{A})$.

# 第3章 可测函数

**学习要点**

1. 可测函数的概念与性质.

2. 几乎处处收敛与依测度收敛的概念以及它们的联系.

3. 如何用简单函数逼近可测函数.

4. Lusin定理及其推论.

## §3.1 可测函数的定义与性质

这一节我们来研究定义在可测空间$(\Omega, \mathcal{F})$上的函数的性质.

**定义 3.1** 设$(\Omega, \mathcal{F})$是一个可测空间, $X: \Omega \to [-\infty, +\infty]$是定义在$\Omega$上的一个广义实值函数, 如果对任意实数$x$皆有

$$\{\omega \in \Omega: X(\omega) < x\} \in \mathcal{F},$$

则称$X$是$(\Omega, \mathcal{F})$上的**可测函数**.

为了简洁, 以后我们把形如$\{\omega \in \Omega: X(\omega) < x\}$的集合简记为$\{X < x\}$, 同理, 把$\{\omega \in \Omega: X(\omega) \leqslant x\}$简记为$\{X \leqslant x\}$, 等等.

**命题 3.1** 设$(\Omega, \mathcal{F})$是一个可测空间, $X$是定义在其上的广义实值函数, 则$X$是可测的当且仅当下列条件之一成立:

i). $\forall x \in \mathbb{R}$, $\{X \leqslant x\} \in \mathcal{F}$;

ii). $\forall x \in \mathbb{R}, \{X > x\} \in \mathcal{F}$;

iii). $\forall x \in \mathbb{R}, \{X \geqslant x\} \in \mathcal{F}$.

**证明**  我们只证i), ii)和iii)由读者自己完成. 如果$X$是可测函数, 则对任意$x \in \mathbb{R}$皆有$\{X < x\} \in \mathcal{F}$, 又因为$\mathcal{F}$是$\sigma$-代数, 因此

$$\{X \leqslant x\} = \bigcap_{n=1}^{\infty} \left\{ X < x + \frac{1}{n} \right\} \in \mathcal{F};$$

反之, 如果对任意$x \in \mathbb{R}$皆有$\{X \leqslant x\} \in \mathcal{F}$, 则

$$\{X < x\} = \bigcup_{n=1}^{\infty} \left\{ X \leqslant x - \frac{1}{n} \right\} \in \mathcal{F},$$

因此$X$是可测函数.

**定理** 3.1  设$(\Omega, \mathcal{F})$是一个可测空间, $X$是定义在其上的广义实值函数, 则$X$是可测函数当且仅当对任意Borel可测集$B$皆有$X^{-1}(B) \in \mathcal{F}$.

**证明**  由于实数集$\mathbb{R}$上的Borel代数是由$\{(-\infty, x): x \in \mathbb{R}\}$生成的, 按照可测的定义, $X$是可测函数当且仅当对任意实数$x$皆有$X^{-1}((-\infty, x)) \in \mathcal{F}$, 故接下来我们只须证明如果$X^{-1}(E_n) \in \mathcal{F}$, $n = 1, 2, 3, \cdots$, 则

$$X^{-1}(\overline{E_1}) \in \mathcal{F}, \qquad X^{-1}\left( \bigcup_{n=1}^{\infty} E_n \right) \in \mathcal{F},$$

而这两个结论是显然成立的, 这是因为

$$X^{-1}(\overline{E_1}) = \overline{X^{-1}(E_1)}, \qquad X^{-1}\left( \bigcup_{n=1}^{\infty} E_n \right) = \bigcup_{n=1}^{\infty} X^{-1}(E_n).$$

**定理** 3.2  设$\{X_n\}$是$(\Omega, \mathcal{F})$上的一列可测函数, 则

$$X(\omega) = \sup_{n} X_n(\omega), \qquad \omega \in \Omega,$$

$$Y(\omega) = \inf_{n} X_n(\omega), \qquad \omega \in \Omega,$$

$$Z(\omega) = \varlimsup_{n \to \infty} X_n(\omega) = \inf_{n} \sup_{k \geqslant n} X_k(\omega), \qquad \omega \in \Omega,$$

$$R(\omega) = \varliminf_{n \to \infty} X_n(\omega) = \sup_{n} \inf_{k \geqslant n} X_k(\omega), \qquad \omega \in \Omega$$

都是$(\Omega, \mathcal{F})$上的可测函数.

**证明**　我们只证$X(\omega)$, $Y(\omega)$和$Z(\omega)$是可测函数, 余下的一个留给读者自己证明. 对任意$x\in\mathbb{R}$及自然数$n$, 由于$X_n$是$(\Omega,\mathcal{F})$上的可测函数, 因此$\{X_n\leqslant x\},\{X_n\geqslant x\}\in\mathcal{F}$, 从而

$$\{X\leqslant x\}=\bigcap_{n=1}^{\infty}\{X_n\leqslant x\}\in\mathcal{F},$$

因此$X(\omega)$可测；再注意到

$$\{Y\geqslant x\}=\bigcap_{n=1}^{\infty}\{X_n\geqslant x\}\in\mathcal{F},$$

因此$Y$也是可测的.

对于任意自然数$n$, 令$H_n(\omega)=\sup_{k\geqslant n}X_k(\omega)$, $\forall\omega\in\Omega$, 则$H_n$是$(\Omega,\mathcal{F})$上的可测函数, 因此

$$Z(\omega)=\inf_n\sup_{k\geqslant n}X_n(\omega)=\inf_n H_n(\omega)$$

也是$(\Omega,\mathcal{F})$上的可测函数.

**定理** 3.3　设$X,Y$是$(\Omega,\mathcal{F})$上的可测函数, 则$X\pm Y$, $XY$都是可测函数；如果$Y\neq 0$, 则$X/Y$也是可测函数.

**证明**　我们只证$X+Y$的可测性, 其余的留给读者完成. 对任意$x\in\mathbb{R}$, 注意到

$$\begin{aligned}X+Y<x\quad&\Leftrightarrow\quad X<x-Y\\&\Leftrightarrow\quad \exists r\in\mathbb{Q}\text{ 使得 }X<r<x-Y\\&\Leftrightarrow\quad \exists r\in\mathbb{Q}\text{ 使得 }X<r,\text{ 且 }Y<x-r,\end{aligned}\tag{3.1}$$

因此有

$$\{X+Y<x\}=\bigcup_{r\in\mathbb{Q}}\left(\{X<r\}\cap\{Y<x-r\}\right)\in\mathcal{F},$$

因此$X+Y$是可测函数.

**定义** 3.2　设$(\Omega,\mathcal{F})$和$(\Omega',\mathcal{F}')$是两个可测空间, $X:\Omega\to\Omega'$是一个映射, 如果

$$X^{-1}(E')\in\mathcal{F},\qquad\forall E'\in\mathcal{F}',$$

则称$X$是$(\Omega,\mathcal{F})$到$(\Omega',\mathcal{F}')$的**可测映射**（或**可测函数**）.

例如, 设$\mathcal{L}^n$和$\mathcal{B}^1$分别表示$\mathbb{R}^n$上的Lebesgue可测集代数和$\mathbb{R}$上的Borel代数, 则映射$X: \mathbb{R}^n \to \mathbb{R}$是$(\mathbb{R}^n, \mathcal{L}^n)$到$(\mathbb{R}, \mathcal{B}^1)$的可测映射当且仅当它是Lebesgue可测函数.

用$\mathcal{B}^n$表示$\mathbb{R}^n$上的Borel代数, 如果$X$是$(\mathbb{R}^n, \mathcal{B}^n)$到$(\mathbb{R}, \mathcal{B}^1)$的可测映射, 则称$X$是$\mathbb{R}^n$上的Borel **可测函数**. 不难证明如果对任意实数$x$皆有$\{X < x\} \in \mathcal{B}^n$, 则$X$一定是Borel可测函数. 对于$\mathbb{R}^n$上的连续函数$X$, 由于$\{X < x\}$是$\mathbb{R}^n$中的开集, 因此一定是Borel可测的.

**定理 3.4** 两个可测函数的复合函数是可测的.

**证明** 设$X$是$(\Omega, \mathcal{F})$到$(\Omega', \mathcal{F}')$的可测函数, $Y$是$(\Omega', \mathcal{F}')$到$(\Omega'', \mathcal{F}'')$的可测函数, 则对任意$E \in \mathcal{F}''$皆有

$$Y^{-1}(E) \in \mathcal{F}' \quad \Rightarrow \quad X^{-1}\left(Y^{-1}(E)\right) \in \mathcal{F},$$

因此复合函数$Y \circ X$是可测的.

**定理 3.5** 设$X_1, X_2, \cdots, X_n$是定义在$(\Omega, \mathcal{F})$上的可测函数, $f: \mathbb{R}^n \to \mathbb{R}$是定义在$\mathbb{R}^n$上的连续函数, 则复合函数$f(X_1(\omega), X_2(\omega), \cdots, X_n(\omega))$是$(\Omega, \mathcal{F})$上的可测函数.

**证明** 定义映射$g: \Omega \to \mathbb{R}^n$如下:

$$g: \ \Omega \to \mathbb{R}^n, \ \omega \mapsto (X_1(\omega), X_2(\omega), \cdots, X_n(\omega)),$$

则$g$是$(\Omega, \mathcal{F})$到$(\mathbb{R}^n, \mathcal{B}^n)$的可测映射, 这是因为$\mathcal{B}^n$可以由方体族

$$\mathcal{R} = \{I(x, \delta) : x \in \mathbb{R}^n, \ \delta \in \mathbb{R}\}$$

生成, 其中$I(x, \delta)$表示以$x \in \mathbb{R}^n$为中心, 以$2\delta$为棱长的方体, 即

$$I(x, \delta) = (x_1 - \delta, x_1 + \delta) \times (x_2 - \delta, x_2 + \delta) \times \cdots \times (x_n - \delta, x_n + \delta),$$

$$x = (x_1, x_2, \cdots, x_n) \in \mathbb{R}^n.$$

因此我们只要证明对每一个方体$I(x, \delta)$皆有$g^{-1}(I(x, \delta)) \in \mathcal{F}$即可. 注意到

$$g(\omega) \in I(x, \delta) \quad \Leftrightarrow \quad X_1(\omega) \in J_1 = (x_1 - \delta, x_1 + \delta),$$

$$X_2(\omega) \in J_2 = (x_2 - \delta, x_2 + \delta), \tag{3.2}$$

$$\cdots$$

$$X_n(\omega) \in J_n = (x_n - \delta, x_n + \delta), \tag{3.3}$$

**59**

因此

$$g^{-1}(I(x,\delta)) = \bigcap_{k=1}^{n} X_k^{-1}(J_k) \in \mathcal{F}.$$

再注意到

$$f(X_1(\omega), X_2(\omega), \cdots, X_n(\omega)) = f \circ g(\omega),$$

如果$f$是$(\mathbb{R}^n, \mathcal{B}^n)$到$(\mathbb{R}, \mathcal{B}^1)$的可测函数, 则复合函数$f \circ g$必为$(\Omega, \mathcal{F})$到$(\mathbb{R}, \mathcal{B}^1)$ 的可测函数. 那么$f$是不是$(\mathbb{R}^n, \mathcal{B}^n)$到$(\mathbb{R}, \mathcal{B}^1)$的可测函数呢? 答案是肯定的, 前面已经说明连续函数一定是Borel可测的.

# §3.2 几乎处处收敛与依测度收敛

这一节我们学习可测函数的两种重要的收敛模式.

**定义 3.3** 设 $\{X_n : n = 1, 2, \cdots\}$ 是测度空间 $(\Omega, \mathcal{F}, \mu)$ 上的可测子集 $E$ 上的一列可测函数, 如果存在零测集 $Z$ 使得

$$\lim_{n \to \infty} X_n(\omega) = X(\omega), \qquad \forall \omega \in E \setminus Z, \tag{3.4}$$

则称 $\{X_n\}$ 在 $E$ 上**几乎处处收敛**于 $X$, 记作

$$\lim_{n \to \infty} X_n(\omega) = X(\omega), \quad \text{a.e. } \omega \in E \qquad \text{或} \qquad X_n \xrightarrow{\text{a.e.}} X. \tag{3.5}$$

根据定理3.2, 如果 $X_n \xrightarrow{\text{a.e.}} X$, 则 $X$ 也是在 $E$ 上可测的函数.

**定义 3.4** 设 $\{X_n : n = 1, 2, \cdots\}$ 是测度空间 $(\Omega, \mathcal{F}, \mu)$ 上的可测子集 $E$ 上的一列可测函数, 如果对任意 $\varepsilon > 0$ 皆有

$$\lim_{n \to \infty} \mu\left(\{\omega \in E : |X_n(\omega) - X(\omega)| \geqslant \varepsilon\}\right) = 0, \tag{3.6}$$

则称 $\{X_n\}$ **依测度收敛**于 $X$, 记作 $X_n \xrightarrow{\mu} X$.

依测度收敛与几乎处处收敛看问题的角度不同. 几乎处处收敛强调除了一个零测集外 $X_n(\omega)$ 收敛于 $X(\omega)$; 而依测度收敛则强调使得 $X_n(\omega)$ 偏离 $X(\omega)$ 超过任意给定的阈值的那些 $\omega$ 所组成的集合可以任意地小, 当 $n \to \infty$ 时其测度趋于0.

几乎处处收敛的极限在几乎处处相等的意义下是唯一的, 即如果 $X_n \xrightarrow{\text{a.e.}} X$ 且 $X_n \xrightarrow{\text{a.e.}} Y$, 则一定有

$$X(\omega) = Y(\omega), \qquad \text{a.e. } \omega \in E. \tag{3.7}$$

那么依测度收敛的极限是否唯一呢? 答案是肯定的, 这就是下面的命题:

**命题 3.2** 若在 $E$ 上有 $X_n \xrightarrow{\mu} X$ 且 $X_n \xrightarrow{\mu} Y$, 则一定有(3.7).

**证明** 由于

$$\{\omega \in E : |X(\omega) - Y(\omega)| > 0\} = \bigcup_{k=1}^{\infty} \left\{\omega \in E : |X(\omega) - Y(\omega)| > \frac{1}{k}\right\},$$

**61**

故我们只须证明对任意 $\sigma = 1/k$ 皆有

$$\{\omega \in E : |X(\omega) - Y(\omega)| > \sigma\} = 0. \tag{3.8}$$

注意到

$$\{\omega \in E : |X(\omega) - Y(\omega)| > \sigma\} \subseteq \left\{\omega \in E : |X_n - X| > \frac{\sigma}{2}\right\} \bigcup \left\{\omega \in E : |X_n - Y| > \frac{\sigma}{2}\right\}, \tag{3.9}$$

因此有

$$\mu(\{\omega \in E : |X(\omega) - Y(\omega)| > \sigma\}) \leqslant \mu\left(\left\{\omega \in E : |X_n - X| > \frac{\sigma}{2}\right\}\right)$$
$$+ \mu\left(\left\{\omega \in E : |X_n - Y| > \frac{\sigma}{2}\right\}\right), \tag{3.10}$$

令 $n \to \infty$, 由依测度收敛的定义, 上式中不等号右边两项都趋于0, 因此(3.8)成立.

依测度收敛和几乎处处收敛之间又有何关系呢? 首先有下列结果:

**定理 3.6** 设 $\mu(E) < \infty$, 如果在 $E$ 上有 $Y_n \xrightarrow{\text{a.e.}} Y$, 则 $Y_n \xrightarrow{\mu} Y$.

**证明** 对任意 $\varepsilon > 0$, 记 $A_n = \{\omega \in E : |Y_n(\omega) - Y(\omega)| \geqslant \varepsilon\}$, $A = \cap_{n=1}^{\infty} \cup_{k=n}^{\infty} A_n$, 则当 $\omega \in A$ 时 $Y_n(\omega)$ 不收敛于 $Y(\omega)$, 如果 $Y_n \xrightarrow{\text{a.e.}} Y$, 则 $\mu(A) = 0$, 于是

$$\mu(A_n) \leqslant \mu(\cup_{k=n}^{\infty} A_k) \to 0, \qquad n \to \infty, \tag{3.11}$$

因此 $Y_n \xrightarrow{\mu} Y$.

须指出的是定理3.6的逆命题是不成立的, 即依测度收敛并不能保证几乎处处收敛, 下面我们举一个反例. 每一个自然数 $n$ 都可以唯一地表示成下列形式

$$n = 2^k + i, \tag{3.12}$$

其中 $k$ 是某个非负整数, $0 \leqslant i < 2^k$, $k$ 和 $i$ 都由 $n$ 唯一确定. 事实上, $k$ 和 $i$ 由如下公式给出:

$$k(n) = \lfloor \log_2 n \rfloor, \qquad i(n) = n - 2^k, \tag{3.13}$$

其中 $\lfloor x \rfloor$ 表示不超过 $x$ 的最大整数. 令

$$Y_n(\omega) = \begin{cases} 1, & \frac{i(n)}{2^{k(n)}} \leqslant \omega < \frac{i(n)+1}{2^{k(n)}}, \\ \\ 0, & \text{其他}. \end{cases} \tag{3.14}$$

用$\mu$表示实数集上的Lebesgue测度, 则在区间$[0,1)$上有$Y_n \xrightarrow{\mu} 0$, 但$\{Y_n\}$处处发散. $\{Y_n\}$依测度收敛于0是显然的, 下面我们证明$\{Y_n\}$在区间$[0,1)$上处处发散. 对于任意给定的$\omega_0 \in [0,1)$, 对于任意自然数$l$, 将区间$[0,1)$划分成$2^l$个长度为$2^{-l}$小区间,

$$I_j := \left[ \frac{j}{2^l}, \frac{j+1}{2^l} \right), \qquad j = 0, 1, 2, \cdots, 2^l - 1, \tag{3.15}$$

则$\omega_0$必属于其中的某个小区间$I_{j(l)}$, 于是有

$$f_n(\omega_0) = \begin{cases} 1, & n = 2^l + j(l), \\ 0, & \text{其他.} \end{cases} \tag{3.16}$$

于是序列$Y_1(\omega_0), Y_2(\omega_0), Y_3(\omega_0), \cdots, Y_n(\omega_0), \cdots$中有无穷多项为1, 同时也有无穷多项为0, 因此它必然发散.

尽管我们不能由$X_n \xrightarrow{\mu} X$推出$X_n \xrightarrow{\text{a.e.}} X$, 但Riesz证明了下列结果:

**定理 3.7 （Riesz定理）** 如果在$E$上有$X_n \xrightarrow{\mu} X$, 则存在子列$\{X_{n_k}\}$使得$X_{n_k} \xrightarrow{\text{a.e.}} X$.

**证明** 根据依测度收敛的定义, 对任意自然数$k$皆有

$$\lim_{n \to \infty} \mu \left\{ \omega \in E : |X_n(\omega) - X(\omega)| \geqslant \frac{1}{k} \right\} = 0, \tag{3.17}$$

因此存在自然数$n_1 < n_2 < \cdots < n_k < \cdots$使得

$$\mu(E_k) := \mu \left( \left\{ \omega \in E : |X_{n_k}(\omega) - X(\omega)| \geqslant \frac{1}{k} \right\} \right) < \frac{1}{2^k}, \qquad k = 1, 2, \cdots. \tag{3.18}$$

令$Z = \cap_{K=1}^{\infty} \cup_{k=K}^{\infty} E_k$, 则

$$\begin{aligned} \mu(Z) &= \lim_{K \to \infty} \mu \left( \bigcup_{k=K}^{\infty} E_k \right) \leqslant \lim_{K \to \infty} \sum_{k=K}^{\infty} \mu(E_k) \leqslant \lim_{K \to \infty} \sum_{k=K}^{\infty} \frac{1}{2^k} \\ &= \lim_{K \to \infty} \frac{1}{2^{K-1}} = 0, \end{aligned} \tag{3.19}$$

且当$\omega \in E \setminus Z$时显然有$X_{n_k}(\omega) \to X(\omega)$, 因此$X_{n_k} \xrightarrow{\text{a.e.}} X$.

## §3.3 用简单函数逼近可测函数

设$(\Omega, \mathcal{F})$是可测空间, $E \subseteq \Omega$, 定义

$$\chi_E(\omega) = \begin{cases} 1, & \omega \in E, \\ 0, & \omega \in \Omega \setminus E, \end{cases} \tag{3.20}$$

并称其为集合$E$的**示性函数**.

不难发现$\chi_E$可测当且仅当$E$是可测集. 设$E_1, E_2, \cdots, E_n$是$\Omega$的两两不相交的可测子集, 我们称形如

$$\sum_{k=1}^{n} c_k \chi_{E_k}$$

的函数为**简单函数**. 须指出的是, 简单函数的表示并不唯一, 即同一个简单函数有多种不同的表示. 例如闭区间$[0,1]$的示性函数$\chi_{[0,1]}$也可以表示为

$$\chi_{[0,1]} = \chi_{[0,1/2]} + \chi_{(1/2,1]}.$$

设$\phi$是定义在$(\Omega, \mu)$上的简单函数, 则$\phi$只有有限个不同的取值, 不妨设$c_1, c_2, \cdots, c_n$是$\phi$的所有不同的取值, 令$E_i = \{\omega \in \Omega : \phi(\omega) = c_i\}$, $i = 1, 2, \cdots, n$, 则$\phi$可表示为

$$\phi = \sum_{i=1}^{n} c_i \chi_{E_i}.$$

上式称为$\phi$的**典型表示**, 不难发现同一个简单函数的典型表示是唯一的.

**定理 3.8** 设$X$是定义在可测空间$(\Omega, \mathcal{F})$上的非负可测函数, 则存在一列渐升的非负简单函数$\phi_1 \leqslant \phi_2 \leqslant \cdots \leqslant \phi_n \leqslant \cdots$ 使得

$$\lim_{n \to \infty} \phi_n(\omega) = X(\omega), \qquad \forall \omega \in \Omega; \tag{3.21}$$

而且如果$X$是有界的, 则收敛是一致的.

**证明** 对任意自然数$n$, 我们将区间$[0, 2^n)$平均分成$2^{2n}$个小区间, 令

$$E_{n,k} = \{\omega : k2^{-n} \leqslant X(\omega) < (k+1)2^{-n}\}, \quad k = 0, 1, 2, \cdots, 2^{2n} - 1,$$

$$F_n = \{\omega : X(\omega) \geqslant 2^n\}, \tag{3.22}$$

再令

$$\phi_n = \sum_{k=0}^{2^{2n}-1} k2^{-n} \chi_{E_{n,k}} + 2^n \chi_{F_n}, \tag{3.23}$$

则对任意 $\omega \in \Omega$ 皆有 $\lim_{n\to\infty}\phi_n(\omega) = X(\omega)$. 事实上, 如果 $\omega_0 \in \Omega$ 使得 $X(\omega_0) < +\infty$, 则存在 $N > 0$ 使得当 $n > N$ 时恒有 $X(\omega_0) < 2^n$, $\omega_0$ 必属于某个 $E_{n,k}$, 由于

$$k2^{-n} \leqslant X(\omega) < (k+1)2^{-n}, \quad \phi_n(\omega) = k2^{-n}, \quad \forall\, \omega \in E_{n,k},$$

因此

$$|X(\omega_0) - \phi_n(\omega_0)| < 2^{-n}, \quad \forall\, n > N,$$

从而有

$$\lim_{n\to\infty}\phi_n(\omega_0) = X(\omega_0).$$

如果 $X(\omega_0) = +\infty$, 则对任意自然数 $n$ 皆有 $X(\omega_0) > 2^n$, 因此 $\omega_0 \in F_n, \forall n$, 于是

$$\phi_n(\omega_0) = 2^n, \quad \forall\, n,$$

由此立刻得到

$$\lim_{n\to\infty}\phi_n(\omega_0) = +\infty = X(\omega_0).$$

如果 $X$ 有界, 则存在 $N > 0$ 使得 $X(\omega) < 2^N, \forall \omega \in \Omega$, 于是当 $n > N$ 时有

$$|X(\omega) - \phi_n(\omega)| < 2^{-n}, \quad \forall\, \omega \in \Omega,$$

从而 $\phi_n$ 一致收敛于 $X$.

对于定义在可测空间 $(\Omega, \mathcal{F})$ 上的函数 $X$, 定义

$$X^+(\omega) = \max\{0, X(\omega)\} = \begin{cases} X(\omega), & X(\omega) \geqslant 0, \\ 0, & X(\omega) < 0, \end{cases} \quad \forall\, \omega \in \Omega, \tag{3.24}$$

称为 $X$ 的**正部**; 定义 $X$ 的**负部**为

$$X^-(\omega) = \max\{0, -X(\omega)\} = \begin{cases} 0, & X(\omega) \geqslant 0, \\ -X(\omega), & X(\omega) < 0, \end{cases} \quad \forall\, \omega \in \Omega. \tag{3.25}$$

不难验证

$$X(\omega) = X^+(\omega) - X^-(\omega), \quad \forall\, \omega \in \Omega, \tag{3.26}$$

因此 $X$ 可测当且仅当 $X^+$ 和 $X^-$ 都是可测的.

**推论 3.1**   设 $X$ 是定义在可测空间 $(\Omega, \mathcal{F})$ 上的可测函数, 则存在一列简单函数 $\phi_1, \phi_2, \cdots, \phi_n, \cdots$ 使得

$$\lim_{n\to\infty}\phi_n(\omega) = X(\omega), \qquad \forall\, \omega \in \Omega; \tag{3.27}$$

而且如果$X$是有界的, 则收敛是一致的.

**证明** 由于$X^+$和$X^-$都是非负可测函数, 根据定理1.9, 存在非负可测函数列$\{\psi_n\}$及$\{\gamma_n\}$分别收敛于$X^+$和$X^-$, 令$\phi_n = \psi_n - \gamma_n$, 则有

$$
\begin{aligned}
\lim_{n\to\infty} \phi_n(\omega) &= \lim_{n\to\infty} [\psi_n(\omega) - \gamma_n(\omega)] = \lim_{n\to\infty} \psi_n(\omega) - \lim_{n\to\infty} \gamma_n(\omega) \\
&= X^+(\omega) - X^-(\omega) = X(\omega), \quad \forall \omega \in \Omega.
\end{aligned}
\tag{3.28}
$$

# §3.4 Lusin定理

这一节我们来讨论$\mathbb{R}^n$上的可测函数与连续函数的关系.

下面的定理揭示了$\mathbb{R}^n$中的可测集与开集、闭集之间的关系.

**定理 3.9** 设$E$是$(\mathbb{R}^n, \mathcal{L}^n, \mu)$中的可测集, 则对任意$\varepsilon > 0$皆有:

i). 存在包含$E$的开集$G$使得$\mu(G \setminus E) < \varepsilon$;

ii). 存在闭子集$F \subseteq E$使得$\mu(E \setminus F) < \varepsilon$.

**证明** i). 如果$\mu(E) < +\infty$, 根据外测度的定义, 对任意$\varepsilon > 0$, 存在$E$的开长方体覆盖$\{I_k : k = 1, 2, \cdots\}$使得

$$E \subseteq \bigcup_{k=1}^{\infty} I_k, \qquad \sum_{k=1}^{\infty} |I_k| < \mu(E) + \varepsilon,$$

令$G = \cup_{k=1}^{\infty} I_k$, 则$G$是开集, $E \subseteq G$, 且

$$\mu(G \setminus E) = \mu(G) - \mu(E) < \sum_{k=1}^{\infty} |I_k| - \mu(E) < \varepsilon.$$

如果$\mu(E) = +\infty$, 令$E_k = E \cap B(0, k)$, 其中$B(0, k)$是以原点为球心、$k$为半径的开球, 则$\mu(E_k) < +\infty$且$E = \cup_{k=1}^{\infty} E_k$. 对任意自然数$k$, 存在开集$G_k \supseteq E_k$使得$\mu(G_k \setminus E_k) < \varepsilon/2^k$, 令$G = \cup_{k=1}^{\infty} G_k$, 则$G \supseteq E$且

$$\mu(G \setminus E) \leqslant \mu\left(\bigcup_{k=1}^{\infty} (G_k \setminus E_k)\right) \leqslant \sum_{k=1}^{\infty} \mu(G_k \setminus E_k) < \sum_{k=1}^{\infty} \frac{\varepsilon}{2^k} = \varepsilon.$$

ii). 由于$\overline{E} = \mathbb{R}^n \setminus E$也是可测集, 由i)知存在开集$G \supseteq \overline{E}$使得$\mu(G \setminus \overline{E}) < \varepsilon$, 令$F = \overline{G}$, 则$F$是闭集, $F \subseteq E$, 且

$$\mu(E \setminus F) = \mu(G \setminus \overline{E}) < \varepsilon.$$

设$E \subseteq \mathbb{R}^n$是可测集, $f$是$E$上的可测函数, 我们说$f$在$E$上**几乎处处有限**, 如果

$$\mu(\{x \in E : |f(x)| = \infty\}) = 0. \tag{3.29}$$

如果$f$在$E$上几乎处处有限, 则

$$\lim_{k \to \infty} \mu(\{x \in E : |f(x)| > k\}) = \mu(\{x \in E : |f(x)| = \infty\}) = 0, \tag{3.30}$$

因此对任意$\varepsilon > 0$, 存在$K$使得当$k > K$时恒有

$$\mu(\{x \in E : |f(x)| > k\}) < \varepsilon. \tag{3.31}$$

现在我们可以给出用$\mathbb{R}^n$上的连续函数逼近可测函数的定理了.

**定理** 3.10 (Lusin定理) 设$f(x)$是$E \subset \mathbb{R}^n$上的几乎处处有限的可测函数, 则对任意$\delta > 0$, 存在$E$中的闭集$F$, 使得$\mu(E \setminus F) < \delta$ 且$f(x)$在$F$上连续.

**证明** 由于$f$在$E$上几乎处处有限，根据(3.31)，当$M$充分大时有

$$\mu(A_M) := \mu(\{x \in E : |f(x)| > M\}) < \frac{\delta}{2}, \tag{3.32}$$

在$E' = E \setminus A_M$上恒有$|f(x)| \leqslant M$，我们只须证明存在闭集$F \subseteq E'$使得$\mu(E' \setminus F) < \delta/2 := \delta'$且$f(x)$在$F$上连续即可。

如果$f(x)$是简单函数，则在$E'$上有

$$f = \sum_{i=1}^{N} c_i \chi_{E_i},$$

其中$E_1, E_2, \cdots, E_N$是两两不交的可测集，且$\cup_{i=1}^{N} E_i = E'$。根据定理3.9，对任意$\delta' > 0$及每个$i$存在闭集$F_i \subseteq E_i$使得$\mu(E_i \setminus F_i) < \delta'/N$，令$F = \cup_{i=1}^{N} F_i$，则$\mu(E' \setminus F) = \sum_{i=1}^{N} \mu(E_i \setminus F_i) < \delta'$，由于$F_1, F_2, \cdots, F_N$是两两不相交的闭集，且$f(x)$ 在每个$F_i$ 上为常数$c_i$，因此$f(x)$ 在$F$ 上连续。

如果$f(x)$是$E'$上的一般有界可测函数，由于在$E'$上有$|f(x)| \leqslant M$，根据定理3.8之推论3.1，存在简单函数序列$\{\phi_k(x)\}$在$E'$上一致收敛于$f(x)$，且$|\phi_k(x)| \leqslant M$。对任意$\delta' > 0$ 以及每一个$k$，存在闭集$F_k \subseteq E'$，$\mu(E' \setminus F_k) < \delta'/2^k$，使得$\phi_k(x)$在$F_k$上连续，令$F = \cap_{k=1}^{\infty} F_k$，则每一个$\phi_k(x)$皆在$F$ 上连续，因此$\{\phi_k(x)\}$极限函数$f(x)$也在$F$上连续，且

$$\mu(E' \setminus F) \leqslant \sum_{k=1}^{\infty} \mu(E' \setminus F_k) < \sum_{k=1}^{\infty} \frac{\delta'}{2^k} = \delta',$$

定理证明完毕。

# 拓展阅读建议

本章我们学习了可测函数的概念与性质、可测函数的两种重要的收敛模式以及用简单函数或连续函数逼近可测函数. 这些知识是学习Lebesgue积分理论以及函数空间理论等内容所必备的, 希望大家牢固掌握. 关于复合函数可测性以及单调类定理的进一步拓展可参考[11]（第四章）、[16]（第三章）或者[9]（前两章）；关于几乎处处收敛与一致收敛的联系的进一步拓展可参考[2]（前三章）或[15]；关于等可测函数以及几乎处处连续函数的介绍可参考[2]（第二章末的注记）.

# 人物简介：波雷尔(Émile Borel)

波雷尔(Émile Borel, 1871 ~ 1956), 法国著名数学家, 测度论和概率论的先驱. 1871年2月3日生于法国圣阿夫里克一个牧师家庭. 曾在巴黎圣巴比中学和路易大帝中学学习, 中学毕业时同时申请了巴黎高等师范学校和巴黎综合理工大学, 并且都通过了资格考试, 最终他选择了前者. 1893年波雷尔发表了题为"函数论的要点"（Sur quelques points de la théorie des fonctions）的毕业论文, 并获得了里尔大学的讲师职位, 在里尔大学的4年期间他发表了22篇研究论文. 1897年波雷尔回到了高等师范学校, 被任命为函数论的主席, 此后他担任此职位直到1941年. 波雷尔的主要贡献是测度论及其在概率中的应用, 有许多重要的数学概念冠以他的名字, 如波雷尔代数、波雷尔测度等；在1921 ~ 1927年期间他还写了一系列博弈论方面的论文；他的另一个贡献是在双曲几何与狭义相对论之间建立了桥梁, 极大地推动了二者的发展. 1922年波雷尔创建了法国最早的统计学校——巴黎统计研究所；1928 年波雷尔与其他人联合创建了庞加莱研究所, 推动了数学研究的发展.

波雷尔在政治上也很活跃, 1924 ~ 1936年期间连续当选法国国会议员, 1925年还曾担任法国海事部长, 二战期间还是法国抵抗组织成员.

# 第3章习题

1. 证明命题3.1中的可测性等价条件ii)和iii).

2. 证明定理3.2中的$R$是可测函数.

3. 证明如果$X, Y$是$(\Omega, \mathcal{F})$上的可测函数, 则$XY$也是$(\Omega, \mathcal{F})$上的可测函数.

4. 证明如果$X^2$是$(\Omega, \mathcal{F})$上的可测函数, 则$X$也是$(\Omega, \mathcal{F})$上的可测函数.

5. 证明如果$\{X_k : k = 1, 2, \cdots\}$是$(\Omega, \mathcal{F})$上的可测函数, 则$\{X_k\}$的收敛点集是可测集.

6. 设$\{E_k\}$是$\mathbb{R}^n$上的一列互不相交的Lebesgue可测集, 函数$X$在每一个$E_k$上都是可测的, 试证明$X$在$\cup_{k=1}^{\infty} E_k$上也是可测的.

7. 设$f_n(x) = \cos^n x, n = 1, 2, \cdots$, 试问$\{f_n\}$在区间$[0, \pi]$上依测度收敛吗?

8. 设$\{X_n : n = 1, 2, \cdots\}$是测度空间$(\Omega, \mathcal{F}, \mu)$上的可测函数, 若$\{X_n\}$依测度收敛于零, 是否有

$$\lim_{n \to \infty} \mu\left(\{|X_n| > 0\}\right) = 0 \ ?$$

9. 设$E \subseteq \mathbb{R}, \{f_n : n = 1, 2, \cdots\}$是$E$上的一列可测函数, 且

$$f_n(x) \geqslant f_{n+1}(x), \qquad \forall x \in E, \ n = 1, 2, \cdots.$$

如果$\{f_n\}$依测度收敛于0, 是否有$f_n \xrightarrow{\text{a.e.}} 0$?

10. 设$f(x), f_n(x), n = 1, 2, \cdots$是$E \subseteq \mathbb{R}^n$上的几乎处处有限的可测函数, 如果对任意$\varepsilon > 0$, 存在$E$的可测子集$F$使得$\mu(E \setminus F) < \varepsilon$, 且$\{f_n(x)\}$在$F$上一致收敛于$f(x)$, 证明在$E$上有$f_n \xrightarrow{\text{a.e.}} f$.

11. 设$f(x)$是定义在$\mathbb{R}$上的函数, 且存在右导数$f'_+(x), \forall x \in \mathbb{R}$, 试证$f'_+$是$\mathbb{R}$上的Lebesgue可测函数.

12. 设$E$是测度空间$(\Omega, \mathcal{F}, \mu)$上的一个可测子集, $\mu(E) < \infty$, $X$是$E$上的一个几乎处处有限的可测函数, 试证明对任意$\varepsilon > 0$, 存在$E$上的有界可测函数$Y$使得

$$\mu\left(\{|X - Y| > 0\}\right) < \varepsilon.$$

13. 设$(\Omega, \mathcal{F}, \mu)$是有限测度空间, $\{X_n : n = 1, 2, \cdots\}$是定义在其上的一列可测函数, $g$是定义在实数集$\mathbb{R}$上的连续函数, 试证明如果$X_n \xrightarrow{\mu} X$, 则$g(X_n) \xrightarrow{\mu} g(X)$.

# 第4章  积分

**学习要点**

1. Lebesgue积分的定义和性质.

2. 单调收敛定理、Fatou引理和控制收敛定理.

3. Lebesgue积分与Riemann积分的关系.

4. 乘积测度.

5. Tonelli定理和Fubini定理.

## §4.1  简单函数的积分

这一章讨论可测函数的积分, 先从简单函数讲起.

**定义 4.1**  设$\phi$是定义在测度空间$(\Omega, \mathcal{F}, \mu)$上的非负简单函数,

$$\phi = \sum_{i=1}^{n} c_i \chi_{E_i},$$

则$\phi$在$\Omega$上关于测度$\mu$的积分定义为

$$\int_{\Omega} \phi \mathrm{d}\mu = \sum_{i=1}^{n} c_i \mu(E_i). \tag{4.1}$$

**注**: 上面的定义与简单函数的表示无关. 事实上简单函数$\phi$只能取有限个值, 设$c_1, c_2, \cdots, c_n$是$\phi$的所有不同取值, 并令$E_i = \{\omega \in \Omega : \phi(\omega) = c_i\}, i = 1, 2, \cdots, n$, 则

$$\phi = \sum_{i=1}^{n} c_i \chi_{E_i},$$

这就是$\phi$的典型表示, 是唯一的. 对于$\phi$的任意一个表示

$$\phi = \sum_{j=1}^{m} d_j \chi_{F_j},$$

皆有

$$\int_\Omega \sum_{j=1}^{m} d_j \chi_{F_j} \mathrm{d}\mu \quad = \quad \sum_{j=1}^{m} d_j \mu(F_j) = \sum_{i=1}^{n} c_i \sum_{j:d_j=c_i} \mu(F_j) = \sum_{i=1}^{n} c_i \mu(E_i). \tag{4.2}$$

由于$\phi$的典型表示是唯一的, 因此上面的积分的值是唯一确定的.

**性质 4.1** 设$\phi$和$\psi$都是定义在测度空间$(\Omega, \mathcal{F}, \mu)$上的非负简单函数, 则

$$\int_\Omega (\phi + \psi) \mathrm{d}\mu = \int_\Omega \phi \mathrm{d}\mu + \int_\Omega \psi \mathrm{d}\mu, \tag{4.3}$$

$$\int_\Omega c\phi \mathrm{d}\mu = c \int_\Omega \phi \mathrm{d}\mu, \qquad \forall c \geqslant 0. \tag{4.4}$$

**证明** 我们只证(4.3). 设$\phi$和$\psi$的典型表示分别为

$$\phi = \sum_{i=1}^{n} c_i \chi_{E_i}, \qquad \psi = \sum_{j=1}^{m} d_j \chi_{F_j},$$

并令$G_{i,j} = E_i \cap F_j$, 则

$$\phi = \sum_{i=1}^{n} c_i \sum_{j=1}^{m} \chi_{G_{i,j}}, \qquad \psi = \sum_{j=1}^{m} d_j \sum_{i=1}^{n} \chi_{G_{i,j}},$$

于是

$$\phi + \psi = \sum_{i=1}^{n} \sum_{j=1}^{m} (c_i + d_j) \chi_{G_{i,j}},$$

按照简单函数的积分的定义, 有

$$\begin{aligned}
\int_\Omega (\phi + \psi) \mathrm{d}\mu &= \sum_{i=1}^{n} \sum_{j=1}^{m} (c_i + d_j) \mu(G_{i,j}) = \sum_{i=1}^{n} \sum_{j=1}^{m} c_i \mu(G_{i,j}) + \sum_{i=1}^{n} \sum_{j=1}^{m} d_j \mu(G_{i,j}) \\
&= \sum_{i=1}^{n} c_i \sum_{j=1}^{m} \mu(G_{i,j}) + \sum_{j=1}^{m} d_j \sum_{i=1}^{n} \mu(G_{i,j}) \\
&= \sum_{i=1}^{n} c_i \mu(E_i) + \sum_{j=1}^{m} d_j \mu(F_j)
\end{aligned}$$

$$= \int_\Omega \phi \mathrm{d}\mu + \int_\Omega \psi \mathrm{d}\mu. \tag{4.5}$$

设$\phi$是定义在$(\Omega, \mathcal{F}, \mu)$上的简单函数, $A$是$\Omega$的可测子集, 定义$\phi$在$A$上的积分如下:

$$\int_A \phi \mathrm{d}\mu = \int_\Omega \phi \cdot \chi_A \mathrm{d}\mu. \tag{4.6}$$

**性质 4.2** 设$\phi$是定义在测度空间$(\Omega, \mathcal{F}, \mu)$上的非负简单函数.

i). 如果$A_1, A_2, \cdots$是两两不相交的可测集, $A = \cup_{n=1}^\infty A_n$, 则

$$\int_A \phi \mathrm{d}\mu = \sum_{n=1}^\infty \int_{A_n} \phi \mathrm{d}\mu; \tag{4.7}$$

ii). 如果$G_1 \subseteq G_2 \subseteq \cdots$是一列可测集, $G = \cup_{n=1}^\infty G_n$, 则

$$\int_G \phi \mathrm{d}\mu = \lim_{n\to\infty} \int_{G_n} \phi \mathrm{d}\mu. \tag{4.8}$$

**证明** i). 设$\phi$的典型表示为$\phi = \sum_{i=1}^m c_i \chi_{E_i}$, 则根据积分的定义得

$$
\begin{aligned}
\int_A \phi \mathrm{d}\mu &= \int_\Omega \phi \cdot \chi_A \mathrm{d}\mu = \int_\Omega \sum_{i=1}^m c_i \chi_{E_i} \cdot \chi_A \mathrm{d}\mu = \int_\Omega \sum_{i=1}^m c_i \chi_{E_i \cap A} \mathrm{d}\mu \\
&= \sum_{i=1}^m c_i \mu(E_i \cap A) = \sum_{i=1}^m c_i \mu\left[\bigcup_{n=1}^\infty (E_i \cap A_n)\right] \\
&= \sum_{i=1}^m c_i \sum_{n=1}^\infty \mu(E_i \cap A_n) \\
&= \sum_{n=1}^\infty \sum_{i=1}^m c_i \mu(E_i \cap A_n) \\
&= \sum_{n=1}^\infty \int_\Omega \sum_{i=1}^m c_i \chi_{E_i \cap A_n} \mathrm{d}\mu \\
&= \sum_{n=1}^\infty \int_\Omega \phi \cdot \chi_{A_n} \mathrm{d}\mu = \sum_{n=1}^\infty \int_{A_n} \phi \mathrm{d}\mu.
\end{aligned}
$$

ii). 设$A_1 = G_1$, $A_2 = G_2 \setminus G_1$, $A_3 = G_3 \setminus G_2, \cdots$, 则$A_1, A_2, A_3, \cdots$两两不相交且$G =$

$\cup_{n=1}^{\infty} A_n$, 于是根据i)的结论得

$$\int_G \phi\mathrm{d}\mu = \sum_{k=1}^{\infty} \int_{A_k} \phi\mathrm{d}\mu = \lim_{n\to\infty} \sum_{k=1}^{n} \int_{A_k} \phi\mathrm{d}\mu = \lim_{n\to\infty} \int_{\cup_{k=1}^{n} A_k} \phi\mathrm{d}\mu$$

$$= \lim_{n\to\infty} \int_{G_n} \phi\mathrm{d}\mu.$$

**性质 4.3** 设$\phi$是定义在测度空间$(\Omega, \mathcal{F}, \mu)$上的非负简单函数, $Z$是零测集（即$\mu(Z) = 0$）, 则

$$\int_Z \phi\mathrm{d}\mu = 0.$$

**证明** 设$\phi$的典型表示为$\phi = \sum_{i=1}^{m} c_i \chi_{E_i}$, 则

$$0 \leqslant \int_Z \phi\mathrm{d}\mu = \int_{\Omega} \phi \cdot \chi_Z \mathrm{d}\mu = \int_{\Omega} \sum_{i=1}^{m} c_i \chi_{E_i \cap Z} \mathrm{d}\mu$$

$$= \sum_{i=1}^{m} c_i \mu(E_i \cap Z) \leqslant \sum_{i=1}^{m} c_i \mu(Z) = 0,$$

所以$\int_Z \phi\mathrm{d}\mu = 0$.

对于一个与$\omega$有关的命题$P(\omega)$, 如果存在零测集$Z \subseteq \Omega$使得$P(\omega)$对所有$\omega \in \Omega \setminus Z$都成立, 则称这个命题**几乎处处成立**, 记作

$$P(\omega), \qquad \text{a.e. } \omega \in \Omega. \tag{4.9}$$

例如

$$\phi(\omega) < \psi(\omega), \quad \text{a.e. } \omega \in \Omega$$

表示存在一个零测集$Z$使得对所有$\omega \in \Omega \setminus Z$皆有$\phi(\omega) < \psi(\omega)$.

**性质 4.4** 设$\phi$和$\psi$都是定义在测度空间$(\Omega, \mathcal{F}, \mu)$上的简单函数, 如果$\phi(\omega) = \psi(\omega), \text{a.e.} \omega \in \Omega$, 则

$$\int_{\Omega} \phi\mathrm{d}\mu = \int_{\Omega} \psi\mathrm{d}\mu.$$

**证明** 令$Z = \{\omega \in \Omega : \phi(\omega) \neq \psi(\omega)\}$, 则$\mu(Z) = 0$, 于是

$$\int_{\Omega} \phi\mathrm{d}\mu = \int_{\Omega \setminus Z} \phi\mathrm{d}\mu + \int_Z \phi\mathrm{d}\mu = \int_{\Omega \setminus Z} \phi\mathrm{d}\mu + 0 = \int_{\Omega \setminus Z} \phi\mathrm{d}\mu,$$

$$\int_{\Omega} \psi \mathrm{d}\mu = \int_{\Omega \setminus Z} \psi \mathrm{d}\mu + \int_{Z} \psi \mathrm{d}\mu = \int_{\Omega \setminus Z} \psi \mathrm{d}\mu + 0 = \int_{\Omega \setminus Z} \psi \mathrm{d}\mu,$$

由于在 $\Omega \setminus Z$ 上 $\phi$ 与 $\psi$ 恒等, 因而积分也相等, 命题得证.

**性质 4.5** 设 $\phi$ 和 $\psi$ 都是定义在测度空间 $(\Omega, \mathcal{F}, \mu)$ 上的简单函数, 如果 $\phi(\omega) \leqslant \psi(\omega), \mathrm{a.e.} \omega \in \Omega$, 则

$$\int_{\Omega} \phi \mathrm{d}\mu \leqslant \int_{\Omega} \psi \mathrm{d}\mu.$$

**证明** 由于几乎处处相等的函数具有相等的积分, 我们不妨设 $\phi(\omega) \leqslant \psi(\omega), \forall \omega \in \Omega$, 于是 $\psi - \phi$ 也是非负简单函数, 从而有

$$\int_{\Omega} (\psi - \varphi) \mathrm{d}\mu + \int_{\Omega} \varphi \mathrm{d}\mu = \int_{\Omega} \psi \mathrm{d}\mu, \tag{4.10}$$

移项得

$$\int_{\Omega} \psi \mathrm{d}\mu - \int_{\Omega} \phi \mathrm{d}\mu = \int_{\Omega} (\psi - \phi) \mathrm{d}\mu \geqslant 0, \tag{4.11}$$

由此立刻得到要证明的不等式。

# §4.2 非负可测函数的积分

定理3.8告诉我们可以用非负简单函数来逼近任意非负可测函数, 因此我们也可用非负简单函数的积分来逼近非负可测函数的积分.

**定义 4.2** 设$X$是定义在测度空间$(\Omega, \mathcal{F}, \mu)$上的非负可测函数, 则$X$在$\Omega$上的积分定义为

$$\int_{\Omega} X \mathrm{d}\mu = \sup \left\{ \int_{\Omega} \phi \mathrm{d}\mu : 0 \leqslant \phi \leqslant X, \ \phi \ \text{是简单函数} \right\}. \tag{4.12}$$

如果$A \subseteq \Omega$是一个可测集, 则$X$在$A$上的积分定义为

$$\int_{A} X \mathrm{d}\mu = \int_{\Omega} X \cdot \chi_A \mathrm{d}\mu. \tag{4.13}$$

从以上定义不难发现非负可测函数具有如下性质:

$$\int_{\Omega} k X \mathrm{d}\mu = k \int_{\Omega} X \mathrm{d}\mu, \qquad \forall k \geqslant 0, \tag{4.14}$$

$$\int_{\Omega} X \mathrm{d}\mu \leqslant \int_{\Omega} Y \mathrm{d}\mu, \qquad \forall 0 \leqslant X \leqslant Y. \tag{4.15}$$

加法性质也是成立的, 但不显然, 稍后我们给出证明.

非负可测函数的积分虽然是通过简单函数的积分的上确界定义的, 但下面的定理说明非负可测函数的积分实际上是简单函数序列的积分的极限.

**定理 4.1 (单调收敛定理)** 设$X_1 \leqslant X_2 \leqslant X_3 \leqslant \cdots$是$(\Omega, \mathcal{F}, \mu)$上的一列渐升的可测函数, 且$\lim_{n \to \infty} X_n = X$, 则

$$\lim_{n \to \infty} \int_{\Omega} X_n \mathrm{d}\mu = \int_{\Omega} X \mathrm{d}\mu. \tag{4.16}$$

**证明** 首先由于$\{a_n = \int_{\Omega} X_n \mathrm{d}\mu\}$是一个单调递增的数列, 因此其极限存在(可能为$+\infty$), 且由于$X_n \leqslant X, \forall n$, 因此

$$\lim_{n \to \infty} \int_{\Omega} X_n \mathrm{d}\mu \leqslant \int_{\Omega} X \mathrm{d}\mu,$$

接下来我们须证明上式的反向不等式成立. 对任意的简单函数$0 \leqslant \phi \leqslant X$及任意实数$0 < t < 1$, 记

$$A_n = \{\omega \in \Omega : X_n(\omega) \geqslant t\phi(\omega)\}, \quad n = 1, 2, 3, \cdots,$$

则$A_1 \subseteq A_2 \subseteq A_3 \subseteq \cdots$, 且$\cup_{n=1}^{\infty} A_n = \Omega$, 于是

$$\int_{\Omega} X_n \mathrm{d}\mu \geqslant \int_{A_n} X_n \mathrm{d}\mu \geqslant \int_{A_n} t\phi \mathrm{d}\mu, \quad \forall n = 1, 2, 3, \cdots, \tag{4.17}$$

上式两边取极限, 再根据非负简单函数积分的性质(4.15)得

$$\lim_{n\to\infty}\int_\Omega X_n \mathrm{d}\mu \geqslant \lim_{n\to\infty}\int_{A_n} t\phi \mathrm{d}\mu = t\int_\Omega \phi \mathrm{d}\mu,$$

由 $0 < t < 1$ 的任意性得

$$\lim_{n\to\infty}\int_\Omega X_n \mathrm{d}\mu \geqslant \int_\Omega \phi \mathrm{d}\mu,$$

再由 $\phi$ 的任意性得

$$\lim_{n\to\infty}\int_\Omega X_n \mathrm{d}\mu \geqslant \int_\Omega X \mathrm{d}\mu,$$

命题得证.

**定理 4.2** （**加法公式**） 设 $X, Y$ 是定义在 $(\Omega, \mathcal{F}, \mu)$ 上的非负可测函数, 则

$$\int_\Omega (X+Y)\mathrm{d}\mu = \int_\Omega X\mathrm{d}\mu + \int_\Omega Y\mathrm{d}\mu. \tag{4.18}$$

**证明** 根据定理3.8, 存在渐升的简单函数序列 $\{\phi_n\}$ 及 $\{\psi_n\}$ 分别收敛于 $X$ 和 $Y$, 由定理4.1得

$$\lim_{n\to\infty}\int_\Omega \phi_n \mathrm{d}\mu = \int_\Omega X\mathrm{d}\mu, \qquad \lim_{n\to\infty}\int_\Omega \psi_n \mathrm{d}\mu = \int_\Omega Y\mathrm{d}\mu,$$

因此

$$\begin{aligned}
\int_\Omega X\mathrm{d}\mu + \int_\Omega Y\mathrm{d}\mu &= \lim_{n\to\infty}\int_\Omega \phi_n \mathrm{d}\mu + \lim_{n\to\infty}\int_\Omega \psi_n \mathrm{d}\mu = \lim_{n\to\infty}\int_\Omega (\phi_n + \psi_n)\mathrm{d}\mu \\
&= \int_\Omega (X+Y)\mathrm{d}\mu.
\end{aligned}$$

**定理 4.3** （**逐项积分公式**） 设 $X_1, X_2, \cdots$ 是 $(\Omega, \mathcal{F}, \mu)$ 上的一列非负可测函数, 则

$$\int_\Omega \sum_{k=1}^\infty X_n \mathrm{d}\mu = \sum_{k=1}^\infty \int_\Omega X_n \mathrm{d}\mu. \tag{4.19}$$

**证明** 令 $Y_n = X_1 + X_2 + \cdots + X_n$, 则 $Y_1, Y_2, \cdots$ 是一列渐升的非负可测函数, 由单调收敛定理得

$$\begin{aligned}
\sum_{k=1}^\infty \int_\Omega X_k \mathrm{d}\mu &= \lim_{n\to\infty}\sum_{k=1}^n \int_\Omega X_k \mathrm{d}\mu = \lim_{n\to\infty}\int_\Omega Y_n \mathrm{d}\mu \\
&= \int_\Omega \lim_{n\to\infty} Y_n \mathrm{d}\mu
\end{aligned}$$

$$= \int_{\Omega} \sum_{k=1}^{\infty} X_n \mathrm{d}\mu,$$

定理得证.

**推论 4.1** 设$X$是$(\Omega, \mathcal{F}, \mu)$上的非负可测函数, $A_1 \subseteq A_2 \subseteq \cdots$是$\Omega$中一列单调增加的可测集, $A = \cup_{n=1}^{\infty} A_n$, 则

$$\int_A X \mathrm{d}\mu = \lim_{n \to \infty} \int_{A_n} X \mathrm{d}\mu. \tag{4.20}$$

**证明** 令$Y_n = X \cdot \chi_{A_n}, n = 1, 2, \cdots, Y = X \cdot \chi_A$, 利用单调收敛定理即可证明等式(4.20).

设$X_1, X_2, \cdots$是$(\Omega, \mathcal{F}, \mu)$上的一列可测函数, 则下极限定义为

$$\varliminf_{n \to \infty} X_n(\omega) = \sup_{n \geq 1} \inf_{k \geq n} X_k(\omega), \qquad \forall \omega \in \Omega. \tag{4.21}$$

令$Y_n = \inf_{k \geq n} X_n$, 则$Y_1, Y_2, \cdots$是渐升的可测函数列, 因此

$$\sup_{n \geq 1} \inf_{k \geq n} X_k(\omega) = \lim_{n \to \infty} Y_n(\omega) = \lim_{n \to \infty} \inf_{k \geq n} X_k(\omega).$$

**推论 4.2** （Fatou引理） 设$X_1, X_2, \cdots$是$(\Omega, \mathcal{F}, \mu)$上的一列非负可测函数, 则

$$\int_{\Omega} \varliminf_{n \to \infty} X_n \mathrm{d}\mu \leqslant \varliminf_{n \to \infty} \int_{\Omega} X_n \mathrm{d}\mu. \tag{4.22}$$

**证明** 设$Y_n = \inf_{k \geq n} X_k$, 则$Y_1, Y_2, \cdots$是渐升的非负可测函数序列, 根据单调收敛定理, 有

$$\int_{\Omega} \varliminf_{n \to \infty} X_n \mathrm{d}\mu = \int_{\Omega} \lim_{n \to \infty} Y_n \mathrm{d}\mu = \lim_{n \to \infty} \int_{\Omega} Y_n \mathrm{d}\mu, \tag{4.23}$$

由于$Y_n \leqslant X_k, \forall k \geqslant n$, 因此

$$\int_{\Omega} Y_n \mathrm{d}\mu \leqslant \int_{\Omega} X_k \mathrm{d}\mu, \qquad \forall k \geqslant n,$$

由此得到

$$\int_{\Omega} Y_n \mathrm{d}\mu \leqslant \inf_{k \geq n} \int_{\Omega} X_k \mathrm{d}\mu, \tag{4.24}$$

联合(4.23)和(4.24)得

$$\int_{\Omega} \varliminf_{n \to \infty} X_n \mathrm{d}\mu \leqslant \lim_{n \to \infty} \inf_{k \geq n} \int_{\Omega} X_k \mathrm{d}\mu = \varliminf_{n \to \infty} \int_{\Omega} X_n \mathrm{d}\mu,$$

推论得证.

## §4.3 一般可测函数的积分

对于$(\Omega, \mathcal{F}, \mu)$上的一般可测函数$X$, 有下列等式:

$$X = X^+ - X^-, \qquad |X| = X^+ + X^-,$$

因此我们定义

$$\int_\Omega X \mathrm{d}\mu = \int_\Omega X^+ \mathrm{d}\mu - \int_\Omega X^- \mathrm{d}\mu, \qquad \int_\Omega |X| \mathrm{d}\mu = \int_\Omega X^+ \mathrm{d}\mu + \int_\Omega X^- \mathrm{d}\mu. \tag{4.25}$$

只要$\int_\Omega X^+ \mathrm{d}\mu$与$\int_\Omega X^- \mathrm{d}\mu$中有一个是有限的, 上面的定义就有意义; 如果这两个积分都是有限的, 则称$X$是**可积的**. 须指出的是按照上面的定义, $X$可积当且仅当$|X|$可积, 这是与Riemann积分的不同之处.

由定义我们可以得到如下性质.

**定理 4.4** 设$X, Y$是$(\Omega, \mathcal{F}, \mu)$上的可积函数, 则

$$\int_\Omega (X + Y) \mathrm{d}\mu = \int_\Omega X \mathrm{d}\mu + \int_\Omega Y \mathrm{d}\mu, \tag{4.26}$$

$$\int_\Omega k X \mathrm{d}\mu = k \int_\Omega X \mathrm{d}\mu, \quad \forall k \in \mathbb{R}, \tag{4.27}$$

$$\int_\Omega X \mathrm{d}\mu \leqslant \int_\Omega Y \mathrm{d}\mu, \quad \text{如果 } X \leqslant Y, \text{ a.e. } \omega \in \Omega, \tag{4.28}$$

$$\left| \int_\Omega X \mathrm{d}\mu \right| \leqslant \int_\Omega |X| \mathrm{d}\mu. \tag{4.29}$$

**证明** 我们只证(4.26), 其余的留给读者自己完成. 设$Z = X + Y$, 由于$|Z| \leqslant |X| + |Y|$, 因此$Z$是可积的。注意到

$$Z^+ - Z^- = (X^+ - X^-) + (Y^+ - Y^-),$$

于是

$$X^- + Y^- + Z^+ = X^+ + Y^+ + Z^-,$$

等式两边积分, 利用非负可测函数积分的性质得

$$\int_\Omega X^- \mathrm{d}\mu + \int_\Omega Y^- \mathrm{d}\mu + \int_\Omega Z^+ \mathrm{d}\mu = \int_\Omega X^+ \mathrm{d}\mu + \int_\Omega Y^+ \mathrm{d}\mu + \int_\Omega Z^- \mathrm{d}\mu, \tag{4.30}$$

移项整理后得到

$$\int_\Omega X^+ \mathrm{d}\mu - \int_\Omega X^- \mathrm{d}\mu + \int_\Omega Y^+ \mathrm{d}\mu - \int_\Omega Y^- \mathrm{d}\mu = \int_\Omega Z^+ \mathrm{d}\mu - \int_\Omega Z^- \mathrm{d}\mu, \tag{4.31}$$

即

$$\int_\Omega X \mathrm{d}\mu + \int_\Omega Y \mathrm{d}\mu = \int_\Omega Z \mathrm{d}\mu,$$

命题得证.

**命题 4.1** 设 $X$ 是 $(\Omega, \mathcal{F}, \mu)$ 上的可积函数, 则 $X$ 是几乎处处有限的.

**证明** 不失一般性, 我们假设 $X$ 是非负可积函数. 令 $E = \{\omega \in \Omega : X(\omega) = +\infty\}$, 则对任意自然数 $n$, 皆有

$$X(\omega) > n, \quad \forall \omega \in E,$$

如果 $\mu(E) > 0$, 则

$$\int_\Omega X \mathrm{d}\mu \geqslant \int_E X \mathrm{d}\mu \geqslant \int_E n \mathrm{d}\mu = n\mu(E), \quad \forall n,$$

因此 $\int_\Omega X \mathrm{d}\mu = +\infty$, 但这与 $X$ 可积矛盾.

**命题 4.2** 设 $X$ 是 $(\Omega, \mathcal{F}, \mu)$ 上的可测函数, 则 $\int_\Omega |X| \mathrm{d}\mu = 0$ 当且仅当 $X(\omega) = 0, \mathrm{a.e.}\, \omega \in \Omega$.

**证明** 如果 $X(\omega) = 0, \mathrm{a.e.}\, \omega \in \Omega$, 则对任意满足 $0 \leqslant \phi \leqslant |X|$ 的简单函数 $\phi$ 皆有 $\phi(\omega) = 0, \mathrm{a.e.}\, \omega \in \Omega$, 令 $Z = \{\phi > 0\}$, 则 $\mu(Z) = 0$, 于是

$$\int_\Omega \phi \mathrm{d}\mu = \int_Z \phi \mathrm{d}\mu = 0, \tag{4.32}$$

由 $\phi$ 的任意性, 得 $\int_\Omega |X| \mathrm{d}\mu = 0$.

反之, 如果 $\int_\Omega |X| \mathrm{d}\mu = 0$, 令 $E_n = \{|X| \geqslant 1/n\}$, 则 $E_1 \subseteq E_2 \subseteq E_3 \subseteq \cdots$, 且

$$\mu(E_n) \leqslant \int_{E_n} n|X| \mathrm{d}\mu \leqslant \int_\Omega n|X| \mathrm{d}\mu = 0, \quad \forall n,$$

于是

$$\mu(\{X \neq 0\}) = \mu(\{|X| > 0\}) = \mu\left(\bigcup_{n=1}^\infty E_n\right) = \lim_{n \to \infty} \mu(E_n) = 0.$$

**定理 4.5** (**积分的绝对连续性**) 设 $X$ 是 $(\Omega, \mathcal{F}, \mu)$ 上的可积函数, 则对任意 $\varepsilon > 0$, 存在 $\delta > 0$, 使得对任意满足 $\mu(A) < \delta$ 的可测集 $A$ 皆有

$$\int_A |X| \mathrm{d}\mu < \varepsilon. \tag{4.33}$$

**证明**　不失一般性, 我们假设$X$是非负可积函数. 对任意自然数$n$, 令

$$X_n(\omega) = \begin{cases} n, & X(\omega) \geqslant n, \\ X(\omega), & X(\omega) < n, \end{cases}$$

则$\{X_n\}$单调收敛于$X$, 因此

$$\lim_{n\to\infty} \int_\Omega X_n \mathrm{d}\mu = \int_\Omega X \mathrm{d}\mu,$$

于是对任意$\varepsilon > 0$, 当$n$充分大时必有

$$\int_\Omega (X - X_n)\mathrm{d}\mu = \int_\Omega X \mathrm{d}\mu - \int_\Omega X_n \mathrm{d}\mu < \frac{\varepsilon}{2},$$

从而对任意可测集$A$皆有

$$\begin{aligned}
\int_A X \mathrm{d}\mu &= \int_A X_n \mathrm{d}\mu + \int_A (X - X_n)\mathrm{d}\mu \leqslant \int_A X_n \mathrm{d}\mu + \int_\Omega (X - X_n)\mathrm{d}\mu \\
&< \int_A X_n \mathrm{d}\mu + \frac{\varepsilon}{2},
\end{aligned}$$

取$\delta = \varepsilon/(2n)$, 则当$\mu(A) < \delta$时,

$$\int_A X \mathrm{d}\mu < \int_A X_n \mathrm{d}\mu + \frac{\varepsilon}{2} \leqslant n\mu(A) + \frac{\varepsilon}{2} < \varepsilon.$$

　　接下来我们研究可积函数序列的积分的极限. 设$X_1, X_2, \cdots$是$(\Omega, \mathcal{F}, \mu)$上的一列可积函数, 且$X_n \to X$, 那么是否一定有$\int_\Omega X_n \mathrm{d}\mu \to \int_\Omega X \mathrm{d}\mu$呢? 答案是否定的, 下面我们给一个反例.

　　**例**4.1　考虑$(\mathbb{R}, \mathcal{L}^1, \mu)$上的函数序列$\{f_n\}$,

$$f_n(x) = \begin{cases} n, & 0 < x < \frac{1}{n}, \\ 0, & \text{其他}. \end{cases}$$

不难验证$f_n(x) \to 0, \forall x \in \mathbb{R}$, 但

$$\int_\mathbb{R} f_n \mathrm{d}\mu = 1, \quad \forall n,$$

因此

$$\lim_{n\to\infty} \int_\mathbb{R} f_n \mathrm{d}\mu = 1 \neq \int_\mathbb{R} 0 \mathrm{d}\mu.$$

　　在什么条件下$\int_\Omega X_n \mathrm{d}\mu \to \int_\Omega X \mathrm{d}\mu$呢? 下面的Lebesgue控制收敛定理给出了收敛的充分条件.

**定理 4.6**　(Lebesgue控制收敛定理) 设$\{X_n\}$是$(\Omega, \mathcal{F}, \mu)$上的一列可测函数, $X_n \to X$, a.e.$\omega \in \Omega$, 如果存在可积函数$Y$使得$|X_n| \leqslant Y$, a.e.$\omega \in \Omega$, $\forall n$, 则

$$\lim_{n \to \infty} \int_\Omega X_n \mathrm{d}\mu = \int_\Omega X \mathrm{d}\mu. \tag{4.34}$$

**证明**　不失一般性, 我们假设$|X_n| \leqslant Y$, $\forall \omega \in \Omega$. 由于$\{Y + X_n : n = 1, 2, \cdots\}$是非负可测函数列, 根据Fatou引理得

$$\begin{aligned} \int_\Omega (Y + X) \mathrm{d}\mu &= \int_\Omega \lim_{n \to \infty} (Y + X_n) \mathrm{d}\mu \leqslant \varliminf_{n \to \infty} \int_\Omega (Y + X_n) \mathrm{d}\mu \\ &= \int_\Omega Y \mathrm{d}\mu + \varliminf_{n \to \infty} \int_\Omega X_n \mathrm{d}\mu, \end{aligned}$$

由此立刻得到

$$\int_\Omega X \mathrm{d}\mu \leqslant \varliminf_{n \to \infty} \int_\Omega X_n \mathrm{d}\mu. \tag{4.35}$$

由于$\{Y - X_n : n = 1, 2, \cdots\}$也是非负可测函数列, 根据Fatou引理得

$$\begin{aligned} \int_\Omega (Y - X) \mathrm{d}\mu &= \int_\Omega \lim_{n \to \infty} (Y - X_n) \mathrm{d}\mu \leqslant \varliminf_{n \to \infty} \int_\Omega (Y - X_n) \mathrm{d}\mu \\ &= \int_\Omega Y \mathrm{d}\mu - \varlimsup_{n \to \infty} \int_\Omega X_n \mathrm{d}\mu, \end{aligned}$$

由此立刻得到

$$\int_\Omega X \mathrm{d}\mu \geqslant \varlimsup_{n \to \infty} \int_\Omega X_n \mathrm{d}\mu. \tag{4.36}$$

联合(4.35)和(4.36)得到

$$\int_\Omega X \mathrm{d}\mu \leqslant \varliminf_{n \to \infty} \int_\Omega X_n \mathrm{d}\mu \leqslant \varlimsup_{n \to \infty} \int_\Omega X_n \mathrm{d}\mu \leqslant \int_\Omega X \mathrm{d}\mu,$$

因此(4.34)成立.

**推论 4.3**　设$E_1, E_2, \cdots$是$(\Omega, \mathcal{F}, \mu)$中的一列两两不交的可测集, $E = \cup_{n=1}^\infty E_n$, 如果$X$是$E$上的可积函数, 则

$$\int_E X \mathrm{d}\mu = \sum_{n=1}^\infty \int_{E_n} X \mathrm{d}\mu. \tag{4.37}$$

**证明**　设$Y_n = X \cdot \chi_{\cup_{k=1}^n E_k}$, $n = 1, 2, \cdots$, $Y = X \cdot \chi_E$, 则$Y$是$\Omega$上的可积函数, 且

$$|Y_n| \leqslant |Y|, \qquad Y = 1, 2, 3, \cdots,$$

于是由控制收敛定理得

$$\sum_{n=1}^{\infty} \int_{E_n} X \mathrm{d}\mu = \lim_{n \to \infty} \sum_{k=1}^{n} \int_{E_k} X \mathrm{d}\mu = \lim_{n \to \infty} \int_{\Omega} Y_n \mathrm{d}\mu$$

$$= \int_{\Omega} \lim_{n \to \infty} Y_n \mathrm{d}\mu = \int_{\Omega} Y \mathrm{d}\mu$$

$$= \int_{\Omega} X \cdot \chi_E \mathrm{d}\mu = \int_E X \mathrm{d}\mu.$$

**命题 4.3** 设 $E_1 \subseteq E_2 \subseteq \cdots$ 是 $(\Omega, \mathcal{F}, \mu)$ 中的一列单调增加的可测集, $E = \cup_{n=1}^{\infty} E_n$, 如果 $X$ 是 $E$ 上的可积函数, 则

$$\int_E X \mathrm{d}\mu = \lim_{n \to \infty} \int_{E_n} X \mathrm{d}\mu. \tag{4.38}$$

**证明** 令 $F_1 = E_1, F_2 = E_2 \setminus E_1, F_3 = E_3 \setminus E_2, \cdots$, 然后利用推论4.3完成证明.

对于 $\mathbb{R}^n$ 上的可积函数 $f$, 定义

$$f_\tau(x) = f(x - \tau), \qquad \forall x \in \mathbb{R}^n,$$

称 $f_\tau$ 为 $f$ 的 $\tau$-**平移**. 下面的定理说明 $\mathbb{R}^n$ 上的Lebesgue积分具有平移不变性.

**定理 4.7** (**平移不变性**) 设 $f$ 是 $(\mathbb{R}^n, \mathcal{L}^n, \mu)$ 上的可积函数, 则

$$\int_{\mathbb{R}^n} f \mathrm{d}\mu = \int_{\mathbb{R}^n} f_\tau \mathrm{d}\mu. \tag{4.39}$$

**证明** 对于非负简单函数 $\phi = \sum_{i=1}^{m} c_i \chi_{E_i}$, 有

$$\phi_\tau = \sum_{i=1}^{m} c_i \chi_{E_i + \{\tau\}},$$

由于Lebesgue测度 $\mu$ 具有平移不变性: $\mu(E) = \mu(E + \{\tau\}), \forall E \in \mathcal{L}^n$, 因此

$$\int_{\mathbb{R}^n} \phi_\tau \mathrm{d}\mu = \sum_{i=1}^{m} c_i \mu(E_i + \{\tau\}) = \sum_{i=1}^{m} c_i \mu(E_i) = \int_{\mathbb{R}^n} \phi \mathrm{d}\mu.$$

对于非负可积函数 $X^+$, 存在非负简单函数序列 $\{\phi^{(n)}\}$ 单调收敛于 $X^+$, 于是

$$X_\tau^+ = \lim_{n \to \infty} \phi_\tau^{(n)},$$

根据单调收敛定理得

$$\int_{\mathbb{R}^n} X_\tau^+ \mathrm{d}\mu = \lim_{n \to \infty} \int_{\mathbb{R}^n} \phi_\tau^{(n)} \mathrm{d}\mu = \lim_{n \to \infty} \int_{\mathbb{R}^n} \phi^{(n)} \mathrm{d}\mu = \int_{\mathbb{R}^n} X^+ \mathrm{d}\mu.$$

对于 $\mathbb{R}^n$ 上一般的可积函数 $X$ 则有

$$\int_{\mathbb{R}^n} X_\tau \mathrm{d}\mu = \int_{\mathbb{R}^n} X_\tau^+ \mathrm{d}\mu - \int_{\mathbb{R}^n} X_\tau^- \mathrm{d}\mu = \int_{\mathbb{R}^n} X^+ \mathrm{d}\mu - \int_{\mathbb{R}^n} X^- \mathrm{d}\mu = \int_{\mathbb{R}^n} X \mathrm{d}\mu,$$

定理得证.

# §4.4 Lebesgue积分与Riemann积分的联系

我们先来回顾Riemann积分的定义. 区间$[a,b]$的一个分划$\Pi$是其中的一个有限点集$\{x_i : 0 \leqslant i \leqslant n\}$, 它满足

$$a = x_0 < x_1 < x_2 < \cdots < x_n = b.$$

分划$\Pi$的直径定义为

$$|\Pi| = \max_{1 \leqslant i \leqslant n}(x_i - x_{i-1}).$$

对于区间$[a,b]$的两个分划$\Pi^{(1)}$和$\Pi^{(2)}$, 如果$\Pi^{(1)} \subseteq \Pi^{(2)}$, 则称$\Pi^{(2)}$是$\Pi^{(1)}$的**加细**.

设$f(x)$是$[a,b]$上的有界函数, 对于区间$[a,b]$的分划$\Pi = \{x_i : 0 \leqslant i \leqslant n\}$, 定义

$$\overline{S}(f, \Pi) = \sum_{i=1}^{n} M_i(x_i - x_{i-1}), \quad \text{其中} \quad M_i = \sup_{x \in [x_{i-1}, x_i]} f(x), \tag{4.40}$$

$$\underline{S}(f, \Pi) = \sum_{i=1}^{n} m_i(x_i - x_{i-1}), \quad \text{其中} \quad m_i = \inf_{x \in [x_{i-1}, x_i]} f(x), \tag{4.41}$$

分别称为$f(x)$在区间$[a,b]$上关于分划$\Pi$的Darboux**上和**与Darboux**下和**. 不难验证, 随着分划的加细, Darboux上和是单调非增的, 而Darboux 下和是单调非减的. 称

$$\overline{\int_a^b} f(x)\mathrm{d}x = \inf_{\Pi} \overline{S}(f, \Pi) \tag{4.42}$$

为$f(x)$在区间$[a,b]$上的Darboux**上积分**, 这里的下确界是对$[a,b]$的所有分划取的. 称

$$\underline{\int_a^b} f(x)\mathrm{d}x = \sup_{\Pi} \underline{S}(f, \Pi) \tag{4.43}$$

为$f(x)$在区间$[a,b]$上的Darboux**下积分**, 这里的上确界也是对$[a,b]$的所有分划取的. 如果

$$\overline{\int_a^b} f(x)\mathrm{d}x = \underline{\int_a^b} f(x)\mathrm{d}x, \tag{4.44}$$

则称$f(x)$在区间$[a,b]$上是Riemann可积的, 并称其Darboux上积分（或下积分）为$f(x)$在区间$[a,b]$上的Riemann积分, 记作

$$\int_a^b f(x)\mathrm{d}x. \tag{4.45}$$

那么什么条件可以保证$f(x)$在$[a,b]$上Riemann可积呢? 为了弄清楚这个问题, 须先介绍一个概念. 记$B(x_0, r)$为以$x_0$为中心、以$r$为半径的对称开区间, 令

$$\omega(x_0) = \lim_{r \to 0} \sup\{|f(x') - f(x'')| : x', x'' \in B(x_0, r)\}, \tag{4.46}$$

称$\omega(x_0)$为$f(x)$在$x_0$点的**振幅**. 不难发现$f(x)$在$x_0$点连续当且仅当$\omega(x_0) = 0$, 也即$f(x)$的连续点就是那些使得$\omega(x) = 0$的点.

下面的引理揭示了振幅$\omega(x)$跟Darboux上、下积分的联系.

**引理 4.1** 设$f(x)$是区间$[a, b]$上的有界函数, 则

$$\int_{[a,b]} \omega \mathrm{d}\mu = \overline{\int_a^b} f(x)\mathrm{d}x - \underline{\int_a^b} f(x)\mathrm{d}x, \tag{4.47}$$

其中(4.47)左边是振幅$\omega$在$[a, b]$上的Lebesgue积分.

**证明** 首先由于$f(x)$是有界的, 因此$\omega(x)$也是$[a, b]$上的有界函数, 不妨设$0 \leqslant \omega(x) \leqslant B$. 现在取$[a, b]$的一列不断加细的分划$\Pi^{(1)} \subsetneqq \Pi^{(2)} \subsetneqq \cdots$, 使得

$$\lim_{n \to \infty} |\Pi^{(n)}| = 0, \qquad \lim_{n \to \infty} \overline{S}(f, \Pi^{(n)}) = \overline{\int_a^b} f(x)\mathrm{d}x,$$

$$\lim_{n \to \infty} \underline{S}(f, \Pi^{(n)}) = \underline{\int_a^b} f(x)\mathrm{d}x, \tag{4.48}$$

这种分划序列的存在性留给读者思考（参考本章习题第13题）. 对于每一个分划$\Pi^{(n)} = \{x_0, x_1, \cdots, x_N\}$, 定义函数$g_n(x)$如下:

$$g_n(x) = \begin{cases} M_i - m_i, & x \in (x_{i-1}, x_i), i = 1, 2, \cdots, N, \\ \\ 0, & x\text{是分点}x_0, x_1, \cdots, x_N\text{之一}. \end{cases}$$

用$Z$表示所有分划$\Pi^{(n)}$的分点所构成的集合, 则$Z$是可数集, 因此$\mu(Z) = 0$, 且不难验证

$$\lim_{n \to \infty} g_n(x) = \omega(x), \quad \forall x \in [a, b] \setminus Z,$$

因此$g_n(x) \to \omega(x)$, a.e.$x \in [a, b]$. 又因为

$$|g_n(x)| \leqslant B, \quad \forall x \in [a, b], \forall n,$$

且常数$B$是$[a, b]$上的Lebesgue可积函数, 根据Lebesgue控制收敛定理得

$$\lim_{n \to \infty} \int_{[a,b]} g_n \mathrm{d}\mu = \int_{[a,b]} \omega \mathrm{d}\mu. \tag{4.49}$$

另一方面,

$$\int_{[a,b]} g_n \mathrm{d}\mu = \sum_{i=1}^N (M_i - m_i)(x_i - x_{i-1}) = \sum_{i=1}^N M_i(x_i - x_{i-1}) - \sum_{i=1}^N m_i(x_i - x_{i-1})$$

**87**

$$= \overline{S}(f, \Pi^{(n)}) - \underline{S}(f, \Pi^{(n)}),$$

因此

$$\lim_{n \to \infty} \int_{[a,b]} g_n \mathrm{d}\mu = \overline{\int_a^b} f(x)\mathrm{d}x - \underline{\int_a^b} f(x)\mathrm{d}x, \tag{4.50}$$

联合(4.49)与(4.50), 引理得证.

定理 4.8 (**Riemann可积的充要条件**) 设$f(x)$是闭区间$[a,b]$上的有界函数, 则$f(x)$在$[a,b]$上Riemann可积的充要条件是$f(x)$的不连续点所构成的集合是零测集（此时我们称$f(x)$在$[a,b]$上几乎处处连续）, 且当$f(x)$在$[a,b]$上Riemann可积时必有

$$\int_a^b f(x)\mathrm{d}x = \int_{[a,b]} f \mathrm{d}\mu, \tag{4.51}$$

其中(4.51)的左边是Riemann积分, 右边是Lebesgue积分.

证明 由于$f(x)$的连续点对应其振幅$\omega(x)$的零点, 且$\omega(x)$是非负可测函数, 因此根据命题4.2, $f(x)$在$[a,b]$上几乎处处连续当且仅当

$$\int_{[a,b]} \omega \mathrm{d}\mu = 0; \tag{4.52}$$

又根据引理4.1, (4.52)成立当且仅当

$$\overline{\int_a^b} f(x)\mathrm{d}x = \underline{\int_a^b} f(x)\mathrm{d}x; \tag{4.53}$$

再根据Riemann可积的定义, (4.53)成立当且仅当$f(x)$在$[a,b]$上Riemann可积, 这样我们就证明了$f(x)$在$[a,b]$上几乎处处连续是$f(x)$在$[a,b]$上Riemann可积的充要条件.

如果$f(x)$在$[a,b]$上Riemann可积, 则其Darboux上积分就等于其Riemann积分, 对于$[a,b]$的一列不断加细的分划$\Pi^{(1)} \subseteq \Pi^{(2)} \subseteq \cdots$, 使得$|\Pi^{(n)}| \to 0$, 设$\Pi^{(n)} = \{x_0, x_1, \cdots, x_N\}$, 并令

$$g_n(x) = \begin{cases} M_i, & x \in (x_{i-1}, x_i), i = 1, 2, \cdots, N, \\ \\ 0, & x\text{是分点}x_0, x_1, \cdots, x_N\text{之一}, \end{cases}$$

则$g_n(x) \to f(x), \mathrm{a.e.} x \in [a,b]$且$\{g_n(x)\}$在$[a,b]$上一致有界, 于是根据Lebesgue控制收敛定理得

$$\int_{[a,b]} f \mathrm{d}\mu = \lim_{n \to \infty} \int_{[a,b]} g_n \mathrm{d}\mu = \lim_{n \to \infty} \sum_{i=1}^N M_i(x_i - x_{i-1}) = \overline{\int_a^b} f(x)\mathrm{d}x = \int_a^b f(x)\mathrm{d}x,$$

定理证明完毕.

对于形如

$$\int_a^{+\infty} f(x)\mathrm{d}x$$

的反常积分, 它本质上是Riemann积分的极限:

$$\int_a^{+\infty} f(x)\mathrm{d}x = \lim_{A\to+\infty}\int_a^A f(x)\mathrm{d}x, \tag{4.54}$$

那么反常积分(4.54)收敛是否蕴含$f$在$[a,+\infty)$上Lebesgue可积呢？答案是否定的, 下面我们举一个反例.

**例 4.2**  设$f(x)$定义如下

$$f(x) = \begin{cases} (-1)^{n+1}\dfrac{1}{n}, & x\in[n-1,n),\ n=1,2,\cdots, \\ \\ 0, & \text{其他,} \end{cases} \tag{4.55}$$

则反常积分

$$\int_0^{+\infty} f(x)\mathrm{d}x$$

是收敛的, 可以按如下方法计算:

$$
\begin{aligned}
\int_0^{+\infty} f(x)\mathrm{d}x &= \lim_{A\to+\infty}\int_0^A f(x)\mathrm{d}x = \lim_{A\to+\infty}\left\{\int_0^{2N} f(x)\mathrm{d}x + \int_{2N}^A f(x)\mathrm{d}x\right\} \quad (N=\lfloor A/2\rfloor)\\
&= \lim_{N\to+\infty}\int_0^{2N} f(x)\mathrm{d}x\\
&= \lim_{N\to+\infty}\sum_{n=1}^{2N}\int_{n-1}^n f(x)\mathrm{d}x\\
&= \lim_{N\to+\infty}\sum_{n=1}^{2N}(-1)^{n+1}\frac{1}{n}\\
&= \ln 2. \qquad (\text{利用}\ln(1+x)\text{的Taylor级数})
\end{aligned}
$$

但是$f(x)$在$[0,+\infty)$上的Lebesgue积分不存在, 这是因为

$$\int_{[0,+\infty)} f^+\mathrm{d}\mu = \sum_{k=0}^{\infty}\frac{1}{2k+1} = +\infty,$$

$$\int_{[0,+\infty)} f^- \mathrm{d}\mu = \sum_{k=1}^{\infty} \frac{1}{2k} = +\infty.$$

但如果反常积分是绝对收敛的, 则有如下定理.

**定理 4.9** 设$f(x)$是定义在$[0,+\infty)$的有界函数, 如果反常积分$\int_0^{\infty} f(x)\mathrm{d}x$绝对收敛, 则$f$在$[0,+\infty)$上Lebesgue可积, 且

$$\int_{[0,+\infty)} f\mathrm{d}\mu = \int_0^{\infty} f(x)\mathrm{d}x, \tag{4.56}$$

其中上式左边是Lebesgue积分, 右边是反常积分.

**证明** 令$g_k = |f| \cdot \chi_{[0,k]}$, 则$\{g_k\}$是渐升非负可测函数列, 且$g_k(x) \to |f(x)|, \forall x \in [0,+\infty)$, 根据单调收敛定理得

$$\begin{aligned}\int_{[0,+\infty)} |f|\mathrm{d}\mu &= \lim_{k \to \infty} \int_{[0,+\infty)} g_k\mathrm{d}\mu = \lim_{k \to \infty} \int_{[0,k]} |f|\mathrm{d}\mu = \lim_{k \to \infty} \int_0^k |f(x)|\mathrm{d}x \\ &= \int_0^{+\infty} |f(x)|\mathrm{d}x < +\infty,\end{aligned}$$

因此$f$在$[0,+\infty)$上可积; 再令$h_k = f \cdot \chi_{[0,k]}$, 则$h_k(x) \to f(x), \forall x \in [0,+\infty)$, 且$h_k$被可积函数$|f|$所控制, 于是由Lebesgue控制收敛定理得

$$\begin{aligned}\int_{[0,+\infty)} f\mathrm{d}\mu &= \lim_{k \to \infty} \int_{[0,+\infty)} h_k\mathrm{d}\mu = \lim_{k \to \infty} \int_{[0,k]} f\mathrm{d}\mu = \lim_{k \to \infty} \int_0^k f(x)\mathrm{d}x \\ &= \int_0^{+\infty} f(x)\mathrm{d}x.\end{aligned}$$

对于无界函数的反常积分也有类似结论, 证明方法也差不多, 我们不再赘述.

综上所述, 对于Riemann可积函数, 它在有限区间上的Riemann积分与Lebesgue积分是相等的, 对于反常积分, 如果是绝对可积的, 则也与Lebesgue积分相等. 为了方便, 以后我们用Riemann积分的记号来表示函数在某个实数区间上的Lebesgue积分, 例如$\int_{[a,b]} f\mathrm{d}\mu$表示为$\int_a^b f(x)\mathrm{d}x$, 以后遇到这样的记号, 如无特殊说明, 均表示Lebesgue积分.

在$\mathbb{R}^n$中也有类似定理4.8与定理4.9的结论, 例如$f(x)$在$\mathbb{R}^n$中的某个有界闭区域$D$上Riemann可积的充要条件是它在这个区域上几乎处处连续, 且对于$D$上的Riemann可积函数$f$有

$$\int_D f(x)\mathrm{d}x = \int_D f\mathrm{d}\mu,$$

其中 $x = (x_1, x_2, \cdots, x_n)$, $\mathrm{d}x = \mathrm{d}x_1 \mathrm{d}x_2 \cdots \mathrm{d}x_n$, $\mu$ 是 $\mathbb{R}^n$ 上的Lebesgue测度. 以后我们也采用与Riemann积分一样的记号来表示 $\mathbb{R}^n$ 上的Lebesgue 积分.

# §4.5 乘积测度

设有两个测度空间 $(X, \mathcal{F}, \mu)$ 和 $(Y, \mathcal{G}, \nu)$, 我们如何在乘积空间 $X \times Y$ 上定义一个测度呢？首先需要构造一个乘积空间上的 $\sigma$-代数, 这个 $\sigma$-代数由所有形如 $A \times B, A \in \mathcal{F}, B \in \mathcal{G}$ 的集合所生成, 即

$$\mathcal{F} \otimes \mathcal{G} = \sigma\left(\{A \times B : A \in \mathcal{F}, B \in \mathcal{G}\}\right), \tag{4.57}$$

我们称 $\mathcal{F} \otimes \mathcal{G}$ 为 $\mathcal{F}$ 与 $\mathcal{G}$ 的**乘积代数**. 称可测空间 $(X \times Y, \mathcal{F} \otimes \mathcal{G})$ 为 $(X, \mathcal{F})$ 与 $(Y, \mathcal{G})$ 的**乘积空间**.

对于 $X \times Y$ 的任意一个子集 $E$, 令

$$E_x = \{y \in Y : (x, y) \in E\}, \qquad E^y = \{x \in X : (x, y) \in E\}, \tag{4.58}$$

分别称为集合 $E$ 的 $x$-**截面**和 $y$-**截面**. 下面的命题说明如果 $E$ 是乘积空间中的可测集, 则截面 $E_x$ 和 $E^y$ 分别是 $Y$ 及 $X$ 中的可测集.

**命题 4.4** 设 $(X, \mathcal{F})$ 和 $(Y, \mathcal{G})$ 是可测空间, $E \in \mathcal{F} \otimes \mathcal{G}$, 则对任意 $x \in X$ 及 $y \in Y$, 皆有 $E_x \in \mathcal{G}$, $E^y \in \mathcal{F}$.

**证明** 先设 $E = A \times B$, $A \in \mathcal{F}, B \in \mathcal{G}$, 如果 $x \in A$, 则 $E_x = B$, 如果 $x \in X \setminus A$, 则 $E_x = \varnothing$, 因此对任意 $x \in X$ 皆有 $E_x \in \mathcal{G}$; 同理可证对任意 $y \in Y$ 皆有 $E^y \in \mathcal{F}$. 其次, 注意到

$$\left(\overline{E}\right)_x = \{y \in Y : (x, y) \in \overline{E}\} = \{y \in Y : (x, y) \notin E\} = \overline{E_x},$$

$$\left(\bigcup_{n=1}^{\infty} E_n\right)_x = \left\{y \in Y : (x, y) \in \bigcup_{n=1}^{\infty} E_n\right\} = \bigcup_{n=1}^{\infty}\{y \in Y : (x, y) \in E_n\}$$

$$= \bigcup_{n=1}^{\infty}(E_n)_x,$$

因此一个集合的补集的 $x$-截面等于其 $x$-截面的补集, 可列个集合的并的 $x$-截面等于这些集合的 $x$-截面的并集, 对 $y$-截面也有同样的性质. 现在令

$$\mathcal{M} = \{E \subseteq X \times Y : E_x \in \mathcal{G}, E^y \in \mathcal{F}, \forall x \in X, y \in Y\},$$

则 $\mathcal{M}$ 包含所有形如 $A \times B$, $A \in \mathcal{F}, B \in \mathcal{G}$ 的集合, 且对取补及可列并运算封闭, 因此构成一个 $\sigma$-代数, 既然 $\mathcal{F} \otimes \mathcal{G}$ 是包含所有形如 $A \times B, A \in \mathcal{F}, B \in \mathcal{G}$ 的集合的最小 $\sigma$-代数, 因此必有 $\mathcal{F} \otimes \mathcal{G} \subseteq \mathcal{M}$, 证明完毕.

命题 4.5　用 $\mathcal{B}^n$ 表示 $\mathbb{R}^n$ 上的 Borel 代数, 则

$$\mathcal{B}^{m+n} = \mathcal{B}^m \otimes \mathcal{B}^n. \tag{4.59}$$

证明　用 $\mathcal{R}^n$ 表示 $\mathbb{R}^n$ 中的长方体所构成的集族, 由于 $\mathbb{R}^{m+n}$ 中每一个长方体都可表示为 $\mathbb{R}^m$ 中的长方体与 $\mathbb{R}^n$ 中的长方体的笛卡尔直积, 且 $\mathcal{B}^{m+n}$ 是由 $\mathcal{R}^{m+n}$ 生成的 $\sigma$-代数, 因此

$$\mathcal{B}^m \otimes \mathcal{B}^n \supseteq \mathcal{B}^{m+m}. \tag{4.60}$$

为了证明反向包含关系, 令

$$\mathcal{M} = \{A \subseteq \mathbb{R}^m : A \times \mathbb{R}^n \in \mathcal{B}^{m+n}\},$$

不难验证 $\mathcal{M}$ 构成一个 $\sigma$-代数, 而且 $\mathcal{M}$ 包含 $\mathbb{R}^m$ 中所有开集, 因此 $\mathcal{M} \supseteq \mathcal{B}^m$, 这样, 我们就证明了

$$\mathcal{B}^{m+n} \supseteq \{A \times \mathbb{R}^n : A \in \mathcal{B}^m\}, \tag{4.61}$$

同理可证

$$\mathcal{B}^{m+n} \supseteq \{\mathbb{R}^m \times B : B \in \mathcal{B}^n\}, \tag{4.62}$$

再注意到

$$A \times B = (A \times \mathbb{R}^n) \cap (\mathbb{R}^m \times B), \qquad \forall A \in \mathcal{B}^m, B \in \mathcal{B}^n, \tag{4.63}$$

联合 (4.61)、(4.62) 和 (4.63) 便得到

$$\mathcal{B}^{m+n} \supseteq \mathcal{B}^m \otimes \mathcal{B}^n. \tag{4.64}$$

联合 (4.60) 和 (4.64), 命题得证.

推论 4.4　用 $\mathcal{B}^n$ 表示 $\mathbb{R}^n$ 上的 Borel 代数, 则

$$\mathcal{B}^n = \underbrace{\mathcal{B}^1 \otimes \mathcal{B}^1 \otimes \cdots \otimes \mathcal{B}^1}_{n \text{个}}. \tag{4.65}$$

接下来我们考虑如何在乘积空间 $(X \times Y, \mathcal{F} \otimes \mathcal{G})$ 上定义测度. 为了方便, 我们把形如 $A \times B$, $A \in \mathcal{F}$, $B \in \mathcal{G}$ 的集合称为 "可测矩形", 记所有可测矩形所构成的集族为 $\mathcal{R}$, 则可以证明 $\mathcal{R}$ 是一个半环, 这就是下面的命题.

命题 4.6　设 $(X, \mathcal{F})$ 和 $(Y, \mathcal{G})$ 是可测空间, $\mathcal{R}$ 是所有形如 $A \times B$, $A \in \mathcal{F}$, $B \in \mathcal{G}$ 的可测矩形所构成的集族, 则 $\mathcal{R}$ 是一个半环.

证明　显然 $\varnothing \in \mathcal{R}$, 且

$$(A_1 \times B_1) \cap (A_2 \times B_2) = (A_1 \cap A_2) \times (B_1 \cap B_2), \tag{4.66}$$

因此$\mathcal{R}$对有限交运算封闭; 再注意到

$$(A_1 \times B_1) \setminus (A_2 \times B_2) = [(A_1 \setminus A_2) \times B_1] \bigcup [A_1 \times (B_1 \setminus B_2)],\tag{4.67}$$

因此$\mathcal{R}$满足半环定义的条件iii), 这就证明了$\mathcal{R}$是半环.

接下来在$\mathcal{R}$上定义

$$\lambda(A \times B) = \mu(A)\nu(B), \qquad \forall A \in \mathcal{F},\, B \in \mathcal{G},\tag{4.68}$$

可以证明$\lambda$是$\mathcal{R}$上的预测度, 这就是下列命题.

**命题** 4.7  设$\lambda : \mathcal{R} \to [0, \infty]$由(4.68)定义, 则$\lambda$是$\mathcal{R}$上的预测度.

**证明**  显然有$\lambda(\varnothing) = 0$, 关键是证明可数可加性. 即如果可测矩形$Q = A \times B$可以划分成一列可测矩形$\{Q_i = A_i \times B_i\}$的无交并, 是否有

$$\lambda(Q) = \sum_{i=1}^{\infty} \lambda(Q_i).\tag{4.69}$$

下面我们证明(4.69)确实成立. 为清楚起见, 我们把$X$和$Y$上的积分分别表示为

$$\int_X f\mathrm{d}\mu = \int_X f(x)\mathrm{d}\mu(x), \qquad \int_Y g\mathrm{d}\nu = \int_Y g(y)\mathrm{d}\nu(y),$$

则有

$$
\begin{aligned}
\sum_{i=1}^{\infty} \lambda(Q_i) &= \sum_{i=1}^{\infty} \mu(A_i)\nu(B_i) = \sum_{i=1}^{\infty} \int_X \chi_{A_i}(x)\mathrm{d}\mu(x) \int_Y \chi_{B_i}(y)\mathrm{d}\nu(y) \\
&= \sum_{i=1}^{\infty} \int_X \left( \int_Y \chi_{A_i}(x)\chi_{B_i}(y)\mathrm{d}\nu(y) \right) \mathrm{d}\mu(x) \\
&= \int_X \left( \int_Y \sum_{i=1}^{\infty} \chi_{A_i}(x)\chi_{B_i}(y)\mathrm{d}\nu(y) \right) \mathrm{d}\mu(x) \quad \text{(逐项积分公式)} \\
&= \int_X \left( \int_Y \chi_A(x)\chi_B(y)\mathrm{d}\nu(y) \right) \mathrm{d}\mu(x) \\
&= \mu(A)\nu(B) = \lambda(Q),
\end{aligned}\tag{4.70}
$$

其中倒数第二个等号用到了下列等式:

$$\sum_{i=1}^{\infty} \chi_{A_i}(x)\chi_{B_i}(y) = \chi_A(x)\chi_B(y),$$

上式之所以成立是因为$\{Q_i : i = 1, 2, \cdots\}$是$Q$的分割.

现在利用测度扩张定理2.6将$\lambda$扩张为$\sigma(\mathcal{R}) = \mathcal{F} \otimes \mathcal{G}$上的测度, 记此测度为$\mu \otimes \nu$, 称为$\mu$与$\nu$的**乘积测度**, 并称$(X \times Y, \mathcal{F} \otimes \mathcal{G}, \mu \otimes \nu)$为$(X, \mathcal{F}, \mu)$与$(Y, \mathcal{G}, \nu)$的**乘积测度空间**.

如果$\mu$和$\nu$都是$\sigma$-有限测度, 则$\mu \otimes \nu$是$\mathcal{F} \otimes \mathcal{G}$上唯一满足条件

$$\gamma(A \times B) = \mu(A)\nu(B), \qquad \forall A \in \mathcal{F}, B \in \mathcal{G}$$

的测度.

我们考虑Lebesgue测度空间$(\mathbb{R}, \mathcal{L}^1, \mu^1)$, 其中$\mathcal{L}^1$表示实数集$\mathbb{R}$上的Lebesgue可测集所构成的$\sigma$-代数, $\mu^1$表示实数集$\mathbb{R}$上的Lebesgue 测度. 如前所述, 我们可以定义乘积代数$\mathcal{L}^1 \otimes \mathcal{L}^1$和乘积测度$\mu^1 \otimes \mu^1$, 但是$\mathcal{L}^1 \otimes \mathcal{L}^1$与$\mathbb{R}^2$中的Lebesgue可测集类$\mathcal{L}^2$并不完全一样, 为了说明这一点, 取$\mathbb{R}$的一个不可测子集$N \notin \mathcal{L}^1$, 并令$A = N \times \{0\}$, 则$A$是$\mathbb{R}^2$中的零测集, 因此$A \in \mathcal{L}^2$, 但$A \notin \mathcal{L}^1 \otimes \mathcal{L}^1$.

我们称一个测度空间$(\Omega, \mathcal{F}, \mu)$是**完备的**, 如果对于任意$E \in \mathcal{F}$, 只要$\mu(E) = 0$, 就对$E$的任意一个子集$A$皆有$A \in \mathcal{F}, \mu(A) = 0$. 简单地说, 一个完备的测度空间的任何一个零测集的任何一个子集皆是可测的, 并且测度为零. Lebesgue测度空间$(\mathbb{R}^2, \mathcal{L}^2, \mu^2)$就是完备的测度空间, 但$(\mathbb{R}^2, \mathcal{L}^1 \otimes \mathcal{L}^1, \mu^1 \otimes \mu^1)$不是完备的测度空间, 因为$A = N \times \{0\} \subseteq E = \mathbb{R} \times \{0\}, (\mu^1 \otimes \mu^1)(E) = 0$, 但$A \notin \mathcal{L}^1 \otimes \mathcal{L}^1$.

对于一个不完备的测度空间$(\Omega, \mathcal{F}, \mu)$, 如何将其完备化呢? 我们先把那些零测集的不可测子集挑出来作成一个集族:

$$\mathcal{N} = \{N \notin \mathcal{F} : \exists Z \in \mathcal{F}, \mu(Z) = 0 \text{ 使得 } N \subseteq Z\},$$

然后令$\mathcal{F}_c = \sigma(\mathcal{F} \cup \mathcal{N})$, 再将$\mu$的定义域扩张到$\mathcal{F}_c$上去, 定义$\mu_c$如下:

$$\mu_c(E) = \inf \{\mu(F) : E \subseteq F \in \mathcal{F}\}, \quad \forall E \in \mathcal{F}_c. \tag{4.71}$$

不难验证$\mu_c$是$\mathcal{F}_c$上的测度, $\mu_c(F) = \mu(F), \forall F \in \mathcal{F}$, 而且$(\Omega, \mathcal{F}_c, \mu_c)$是一个完备的测度空间, 称为$(\Omega, \mathcal{F}, \mu)$的**完备化**.

可以证明$(\mathbb{R}^2, \mathcal{L}^1 \otimes \mathcal{L}^1, \mu^1 \otimes \mu^1)$的完备化空间就是$(\mathbb{R}^2, \mathcal{L}^2, \mu^2)$.

# §4.6 Fubini定理

## 4.6.1 乘积空间上的可测函数

这一节我们假定$(X, \mathcal{F}, \mu)$和$(Y, \mathcal{G}, \nu)$都是$\sigma$-有限的测度空间, 因而乘积测度$\mu \otimes \nu$是唯一的. 考虑$X \times Y$上的函数

$$f : X \times Y \to \mathbb{R}, \quad (x, y) \mapsto f(x, y). \tag{4.72}$$

如果对$\mathbb{R}$中每一个Borel可测集$B$, 其原像$f^{-1}(B) \in \mathcal{F} \otimes \mathcal{G}$, 则称$f$是$X \times Y$上的可测函数.

对于给定的$y \in Y$, 定义$f$的$y$-**截面**$f^y : X \to \mathbb{R}$如下:

$$f^y(x) = f(x, y), \qquad \forall x \in X, \tag{4.73}$$

类似地, 定义$f$的$x$-**截面**$f_x : Y \to \mathbb{R}$如下:

$$f_x(y) = f(x, y), \qquad \forall y \in Y. \tag{4.74}$$

为清楚起见, 以后我们把$\int_A f^y \mathrm{d}\mu$记作$\int_A f(x, y) \mathrm{d}\mu(x)$, 把$\int_B f_x \mathrm{d}\nu$记作$\int_B f(x, y)\mathrm{d}\nu(y)$, 把$f$在$E \in \mathcal{F} \otimes \mathcal{G}$上关于测度$\mu \otimes \nu$的积分记作

$$\iint\limits_E f(x, y)\mathrm{d}\mu(x)\mathrm{d}\nu(y). \tag{4.75}$$

**命题 4.8**　设$f$是乘积空间$X \times Y$上的可测函数, 则对任意$x \in X$及$y \in Y$, 截面$f_x$及$f^y$分别是$Y$和$X$上的可测函数.

**证明**　对任意$x \in X$及任意$\mathbb{R}$的Borel可测子集$V$皆有

$$f_x^{-1}(V) = \{y \in Y : f(x, y) \in V\} = \{y \in Y : (x, y) \in f^{-1}(V)\} = \left(f^{-1}(V)\right)_x,$$

由于$f$是$X \times Y$上的可测函数, 因此$U = f^{-1}(V) \in \mathcal{F} \otimes \mathcal{G}$, 从而由命题4.4知它的$x$-截面$U_x \in \mathcal{G}$, 所以$f_x$是$Y$上的可测函数; 同理可证$f^y$是$X$上的可测函数.

**命题 4.9**　对$E \in \mathcal{F} \otimes \mathcal{G}$, 函数

$$g(x) = \nu(E_x), \qquad h(y) = \mu(E^y) \tag{4.76}$$

分别是$X$和$Y$上的可测函数, 并且

$$(\mu \otimes \nu)(E) = \int_X g(x)\mathrm{d}\mu(x) = \int_Y h(y)\mathrm{d}\nu(y). \tag{4.77}$$

证明  我们先对$\mu,\nu$都是有限测度的情形证明此命题. 如果$E = A \times B, A \in \mathcal{F}, B \in \mathcal{G}$, 则

$$g(x) = \nu(E_x) = \begin{cases} \nu(B), & x \in A, \\ 0, & x \in X \setminus A, \end{cases}$$

因此$g(x)$是$X$上的可测函数, 且

$$(\mu \otimes \nu)(E) = \mu(A)\nu(B) = \int_X g(x)\mathrm{d}\mu(x).$$

同理可证$h(y) = \mu(E^y)$是$Y$上的可测函数且满足(4.77). 令

$$\mathcal{M} = \{E \subseteq X \times Y : E \text{ 使得}\nu(E_x), \mu(E^y)\text{可测, 且}(4.77)\text{成立}\},$$

则$\mathcal{M}$包含所有可测矩形所构成的集族$\mathcal{R}$, $\mathcal{R}$显然是一个$\pi$-系, 且$\mathcal{F} \otimes \mathcal{G} = \sigma(\mathcal{R})$. 接下来我们将证明$\mathcal{M}$是一个$\lambda$-系, 从而根据Dynkin $\pi$-$\lambda$定理（定理2.4）得到$\mathcal{M} \supseteq \mathcal{F} \otimes \mathcal{G}$.

显然$X \times Y \in \mathcal{M}$, 且当$A, B \in \mathcal{M}$, $A \subseteq B$时有

$$\nu((B \setminus A)_x) = \nu(B_x \setminus A_x) = \nu(B_x) - \nu(A_x),$$

由于$\nu(B_x)$和$\nu(A_x)$都是$X$上的可测函数, 因此$\nu((B \setminus A)_x)$也是$X$上的可测函数, 且

$$\begin{aligned} \int_X \nu((B \setminus A)_x)\mathrm{d}\mu(x) &= \int_X \nu(B_x)\mathrm{d}\mu(x) - \int_X \nu(A_x)\mathrm{d}\mu(x) \\ &= (\mu \otimes \nu)(B) - (\mu \otimes \nu)(A) = (\mu \otimes \nu)(B \setminus A), \end{aligned}$$

同理可证$\nu((B \setminus A)^y)$是$Y$上的可测函数且

$$\int_Y \mu((B \setminus A)^y)\mathrm{d}\nu(y) = (\mu \otimes \nu)(B \setminus A),$$

因此$B \setminus A \in \mathcal{M}$. 特别地, 当$A \in \mathcal{M}$时, $\overline{A} \in \mathcal{M}$.

如果$A_1, A_2, \cdots \in \mathcal{M}$且两两不交, 则

$$\nu\left((\cup_{n=1}^\infty A_n)_x\right) = \nu\left(\cup_{n=1}^\infty (A_n)_x\right) = \sum_{n=1}^\infty \nu((A_n)_x),$$

由于每一个$g_n(x) = \nu((A_n)_x)$都是$X$上的非负可测函数, 因此$\nu\left((\cup_{n=1}^\infty A_n)_x\right) = \sum_{n=1}^\infty g_n(x)$也是$X$上的非负可测函数, 且由逐项积分定理得

$$\begin{aligned} \int_X \nu\left((\cup_{n=1}^\infty A_n)_x\right)\mathrm{d}\mu(x) &= \sum_{n=1}^\infty \int_X \nu((A_n)_x)\mathrm{d}\mu(x) = \sum_{n=1}^\infty (\mu \otimes \nu)(A_n) \\ &= (\mu \otimes \nu)\left(\cup_{n=1}^\infty A_n\right), \end{aligned}$$

因此$\cup_{n=1}^\infty A_n \in \mathcal{M}$. 综上所述, $M$是一个$\lambda$-系, 根据$\pi$-$\lambda$定理得$\mathcal{M} \supseteq \mathcal{F} \otimes \mathcal{G}$, 当$\mu$和$\nu$是有限测度的情形证明完毕.

如果$\mu$和$\nu$是$\sigma$-有限的, 则存在渐升可测集列$\{X_n\}$和$\{Y_n\}$使得

$$X = \cup_{n=1}^{\infty} X_n, \qquad Y = \cup_{n=1}^{\infty} Y_n, \quad \mu(X_n), \nu(Y_n) < +\infty, \ n = 1, 2, \cdots.$$

令

$$\mu_n(A) = \mu(A \cap X_n), \quad \nu_n(B) = \nu(B \cap Y_n), \quad \forall A \in \mathcal{F}, \ B \in \mathcal{G}, \ n = 1, 2, \cdots,$$

则$\mu_n$和$\nu_n$分别是$(X, \mathcal{F})$和$(Y, \mathcal{G})$上的有限测度, 且

$$\mu(A) = \lim_{n \to \infty} \mu_n(A), \qquad \nu(B) = \lim_{n \to \infty} \nu_n(B), \quad \forall A \in \mathcal{F}, \ B \in \mathcal{G},$$

$$(\mu \otimes \nu)(E) = \lim_{n \to \infty} (\mu_n \otimes \nu_n)(E), \qquad \forall E \in \mathcal{F} \otimes \mathcal{G}.$$

于是对任意$E \in \mathcal{F} \otimes \mathcal{G}$,

$$\nu(E_x) = \lim_{n \to \infty} \nu_n(E_x), \qquad \mu(E^y) = \lim_{n \to \infty} \mu_n(E^y)$$

分别是$X$和$Y$上的可测函数, 且

$$(\mu \otimes \nu)(E) = \lim_{n \to \infty} (\mu_n \otimes \nu_n)(E) = \lim_{n \to \infty} \int_X \nu_n(E_x) \mathrm{d}\mu_n(x) = \int_X \nu(E_x) \mathrm{d}\mu(x),$$

$$(\mu \otimes \nu)(E) = \lim_{n \to \infty} (\mu_n \otimes \nu_n)(E) = \lim_{n \to \infty} \int_Y \mu_n(E^y) \mathrm{d}\nu_n(y) = \int_Y \mu(E^y) \mathrm{d}\nu(y),$$

命题得证.

### 4.6.2 Fubini定理

在高等数学中我们学过化矩形区域上的二重积分为二次定积分的公式: 设$I = [a, b] \times [c, d]$, $f(x, y)$是$I$上的Riemann可积函数, 则

$$\iint\limits_I f(x, y) \mathrm{d}x \mathrm{d}y = \int_a^b \left( \int_c^d f(x, y) \mathrm{d}y \right) \mathrm{d}x = \int_c^d \left( \int_a^b f(x, y) \mathrm{d}x \right) \mathrm{d}y, \tag{4.78}$$

将其推广至一般的测度空间上, 就是Fubini定理.

我们先证明非负可测函数化重积分为累次积分定理, 即Tonelli定理, 然后再证明一般可积函数的Fubini定理.

**定理** 4.10 **(Tonelli定理)** 设$(X, \mathcal{F}, \mu)$和$(Y, \mathcal{G}, \nu)$是$\sigma$-有限的测度空间, $h: X \times Y \to \mathbb{R}$是乘积空间上的非负可测函数, 则

$$a(x) = \int_Y h(x, y) \mathrm{d}\nu(y) \qquad \text{和} \qquad b(y) = \int_X h(x, y) \mathrm{d}\mu(x) \tag{4.79}$$

分别是$X$和$Y$上的可测函数, 并且

$$\iint_{X\times Y} h(x,y)\mathrm{d}\mu(x)\mathrm{d}\nu(y) = \int_X a(x)\mathrm{d}\mu(x) = \int_Y b(y)\mathrm{d}\nu(y). \tag{4.80}$$

**证明** 先设$h$是简单函数$h = \sum_{i=1}^n c_i \chi_{A_i}$, 则

$$
\begin{aligned}
\iint_{X\times Y} h\mathrm{d}\mu(x)\mathrm{d}\nu(y) &= \sum_{i=1}^n c_i \iint_{X\times Y} \chi_{A_i}\mathrm{d}\mu(x)\mathrm{d}\nu(y) = \sum_{i=1}^n c_i(\mu\otimes\nu)(A_i)\\
&= \sum_{i=1}^n c_i \int_X \nu((A_i)_x)\mathrm{d}\mu(x) \qquad (\text{命题4.9})\\
&= \int_X \left(\sum_{i=1}^n c_i \nu((A_i)_x)\right)\mathrm{d}\mu(x)\\
&= \int_X \left(\sum_{i=1}^n c_i \int_Y \chi_{A_i}(x,y)\mathrm{d}\nu(y)\right)\mathrm{d}\mu(x)\\
&= \int_X \left(\int_Y \sum_{i=1}^n c_i\chi_{A_i}(x,y)\mathrm{d}\nu(y)\right)\mathrm{d}\mu(x)\\
&= \int_X \left(\int_Y h(x,y)\mathrm{d}\nu(y)\right)\mathrm{d}\mu(x) = \int_X a(x)\mathrm{d}\mu(x),
\end{aligned}
$$

另一个等式可以类似地证明.

如果$h$是非负可测函数, 则存在渐升非负可测函数序列$\phi_n(x,y) \to h(x,y), \forall (x,y) \in X\times Y$, 由单调收敛定理得

$$
\begin{aligned}
\iint_{X\times Y} h(x,y)\mathrm{d}\mu(x)\mathrm{d}\nu(y) &= \lim_{n\to\infty} \iint_{X\times Y} \phi_n(x,y)\mathrm{d}\mu(x)\mathrm{d}\nu(y)\\
&= \lim_{n\to\infty} \int_X a_n(x)\mathrm{d}\mu(x)\\
&= \int_X \left(\lim_{n\to\infty} a_n(x)\right)\mathrm{d}\mu(x)\\
&= \int_X a(x)\mathrm{d}\mu(x),
\end{aligned}
$$

其中

$$a_n(x) = \int_Y \phi_n(x,y)\mathrm{d}\nu(y),$$

$$\lim_{n\to\infty} a_n(x) = \int_Y \lim_{n\to\infty} \phi_n(x,y)\mathrm{d}\nu(y) = \int_Y h(x,y)\mathrm{d}\nu(y) = a(x).$$

另一个等式的证明完全类似, 不再赘述.

下面我们给出Fubini定理.

**定理 4.11** (**Fubini定理**) 设$(X,\mathcal{F},\mu)$和$(Y,\mathcal{G},\nu)$是$\sigma$-有限的测度空间, $f: X\times Y \to \mathbb{R}$是乘积空间上的可积函数, 则

$$a(x) = \int_Y f(x,y)\mathrm{d}\nu(y) \qquad 和 \qquad b(y) = \int_X f(x,y)\mathrm{d}\mu(x) \tag{4.81}$$

分别是$X$和$Y$上的可积函数, 并且

$$\iint_{X\times Y} f(x,y)\mathrm{d}\mu(x)\mathrm{d}\nu(y) = \int_X a(x)\mathrm{d}\mu(x) = \int_Y b(y)\mathrm{d}\nu(y). \tag{4.82}$$

**证明** 将$f$分解为$f = f^+ - f^-$, 然后对$f^+$和$f^-$分别利用Tonelli定理, 得

$$\int_{X\times Y} f^+\mathrm{d}\mu(x)\mathrm{d}\nu(y) = \int_X a_+(x)\mathrm{d}\mu(x),$$

$$\int_{X\times Y} f^-\mathrm{d}\mu(x)\mathrm{d}\nu(y) = \int_X a_-(x)\mathrm{d}\mu(x),$$

其中

$$a_+(x) := \int_Y f^+(x,y)\mathrm{d}\nu(y), \qquad a_-(x) := \int_Y f^-(x,y)\mathrm{d}\nu(y).$$

于是

$$
\begin{aligned}
\int_{X\times Y} f\mathrm{d}\mu(x)\mathrm{d}\nu(y) &= \int_{X\times Y} f^+\mathrm{d}\mu(x)\mathrm{d}\nu(y) - \int_{X\times Y} f^-\mathrm{d}\mu(x)\mathrm{d}\nu(y) \\
&= \int_X a_+(x)\mathrm{d}\mu(x) - \int_X a_-(x)\mathrm{d}\mu(x) \\
&= \int_X a(x)\mathrm{d}\mu(x).
\end{aligned}
$$

另一个等式的证明完全类似.

**例 4.3** 计算积分

$$\int_{-\infty}^{+\infty} \mathrm{e}^{-x^2}\mathrm{d}x.$$

解　令$f(x,y)=y\mathrm{e}^{-(1+x^2)y^2}$, 则$f$是$[0,+\infty)\times[0,+\infty)$上的非负可测函数, 由Tonelli定理得

$$\int_0^{+\infty}\left(\int_0^{+\infty}f(x,y)\mathrm{d}y\right)\mathrm{d}x=\int_0^{+\infty}\left(\int_0^{+\infty}f(x,y)\mathrm{d}x\right)\mathrm{d}y, \tag{4.83}$$

(4.83)的左边为

$$\int_0^{+\infty}\left(\int_0^{+\infty}f(x,y)\mathrm{d}y\right)\mathrm{d}x=\int_0^{+\infty}\frac{1}{2(1+x^2)}\mathrm{d}x=\frac{\pi}{4},$$

(4.83)的右边为

$$\begin{aligned}
\int_0^{+\infty}\left(\int_0^{+\infty}f(x,y)\mathrm{d}x\right)\mathrm{d}y &= \int_0^{+\infty}\mathrm{d}y\mathrm{e}^{-y^2}\int_0^{+\infty}y\mathrm{e}^{-(xy)^2}\mathrm{d}x\\
&= \left(\int_0^{+\infty}\mathrm{e}^{-y^2}\mathrm{d}y\right)\left(\int_0^{+\infty}\mathrm{e}^{-y'^2}\mathrm{d}y'\right)\\
&= \left(\int_0^{+\infty}\mathrm{e}^{-y^2}\mathrm{d}y\right)^2,
\end{aligned}$$

因此

$$\int_{-\infty}^{\infty}\mathrm{e}^{-x^2}\mathrm{d}x=2\int_0^{\infty}\mathrm{e}^{-x^2}\mathrm{d}x=2\sqrt{\frac{\pi}{4}}=\sqrt{\pi}.$$

例 4.4　计算$\mathbb{R}^n$中的单位球的体积.

解　作球极坐标变换：

$$x_1=r\cos\theta_1,\ x_2=r\sin\theta_1\cos\theta_2,\ \cdots,\ x_{n-1}=r\sin\theta_1\sin\theta_2\cdots\sin\theta_{n-2}\cos\theta_{n-1},$$

$$x_n=r\sin\theta_1\sin\theta_2\cdots\sin\theta_{n-1},\quad 0\leqslant r<+\infty,\ 0\leqslant\theta_j\leqslant\pi, j=1,2,\cdots,n-2,$$

$$0\leqslant\theta_{n-1}\leqslant 2\pi.$$

上述变换的Jacobi行列式为

$$J=r^{n-1}\sin^{n-2}\theta_1\sin^{n-3}\theta_2\cdots\sin\theta_{n-2},$$

计算过程放在本书的附录B中. 对于$\mathbb{R}^n$上的可积函数$f$有

$$\begin{aligned}
\int_{\mathbb{R}^n}f(x)\mathrm{d}x &= \int_0^{+\infty}\int_0^{\pi}\cdots\int_0^{\pi}\int_0^{2\pi}r^{n-1}f(r\omega)\\
&\quad\times\sin^{n-2}\theta_1\sin^{n-3}\theta_2\cdots\sin\theta_{n-2}\mathrm{d}r\mathrm{d}\theta_1\mathrm{d}\theta_2\cdots\mathrm{d}\theta_{n-1},
\end{aligned}$$

其中$\omega = (\theta_1, \theta_2, \cdots, \theta_{n-1})$, 令

$$\Omega = \{\omega = (\theta_1, \theta_2, \cdots, \theta_{n-1}) : 0 \leqslant \theta_j \leqslant \pi, j = 1, 2, \cdots, n-2,\ 0 \leqslant \theta_{n-1} \leqslant 2\pi\},$$

在$\Omega$上定义一个测度$\nu$如下：

$$\nu(A) = \int_{\Omega} \chi_A(\omega) \sin^{n-2}\theta_1 \sin^{n-3}\theta_2 \cdots \sin\theta_{n-2} \mathrm{d}\omega, \quad \forall A \in \mathcal{B}(\Omega),$$

其中$\mathcal{B}(\Omega)$是$\Omega$上的Borel代数, 我们称$\nu$为$n-1$**维球面测度**.

有了球面测度, 我们可以把$\mathbb{R}^n$上的积分重新表示为

$$\int_{\mathbb{R}^n} f(x)\mathrm{d}x = \int_0^{+\infty} \mathrm{d}r \int_{\Omega} r^{n-1} f(r\omega) \mathrm{d}\nu(\omega),$$

于是$n$维单位球的体积为

$$\mathrm{Vol}(B) = \int_{\|x\| \leqslant 1} \mathrm{d}x = \int_0^1 \mathrm{d}r \int_{\Omega} r^{n-1} \mathrm{d}\nu(\omega) = \frac{1}{n}\nu(\Omega), \tag{4.85}$$

其中$\nu(\Omega)$是$n-1$维单位球面的面积. 如何求$\nu(\Omega)$呢？令$f(x) = \mathrm{e}^{-|x|^2}$, 则一方面

$$\int_{\mathbb{R}^n} f(x)\mathrm{d}x = \int_{-\infty}^{\infty} \cdots \int_{-\infty}^{+\infty} \mathrm{e}^{-x_1^2 - x_2^2 - \cdots - x_n^2} \mathrm{d}x_1 \cdots \mathrm{d}x_n = \left( \int_{-\infty}^{+\infty} \mathrm{e}^{-u^2} \mathrm{d}u \right)^n = \pi^{n/2},$$

另一方面

$$\begin{aligned} \int_{\mathbb{R}^n} f(x)\mathrm{d}x &= \int_0^{+\infty} \mathrm{d}r \int_{\Omega} r^{n-1} \mathrm{e}^{-r^2} \mathrm{d}\nu(\omega) = \nu(\Omega) \int_0^{+\infty} t^{(n-1)/2} \mathrm{e}^{-t} \frac{\mathrm{d}t}{2\sqrt{t}} \\ &= \nu(\Omega) \frac{1}{2} \int_0^{+\infty} t^{n/2-1} \mathrm{e}^{-t} \mathrm{d}t = \frac{1}{2}\Gamma\left(\frac{n}{2}\right)\nu(\Omega), \end{aligned}$$

因此

$$\nu(\Omega) = 2\pi^{n/2}\Gamma\left(\frac{n}{2}\right)^{-1},$$

从而$n$维单位球的体积为

$$\mathrm{Vol}(B) = \frac{1}{n}\nu(\Omega) = \frac{2}{n}\pi^{n/2}\Gamma\left(\frac{n}{2}\right)^{-1}. \tag{4.86}$$

# §4.7 可积函数与连续函数的关系

在证明许多与$\mathbb{R}^n$上的可积函数有关的命题时, 常常需要用连续函数来逼近可积函数, 因此有必要弄清$\mathbb{R}^n$上的可积函数与连续函数之间的关系.

设$f(x)$是定义在$\mathbb{R}^n$上的函数, 我们称

$$\text{supp}(f) = \{x \in \mathbb{R}^n : f(x) \neq 0\}^{\text{cl}} \tag{4.87}$$

为$f(x)$的**支撑集**或**支集**, 如果$\text{supp}(f)$是有界闭集, 则称$f(x)$**具有紧支集**.

**命题 4.10** 如果$f(x)$是$E \subseteq \mathbb{R}^n$上的几乎处处有限的可测函数, 则对任意$\delta > 0$, 存在$\mathbb{R}^n$上的连续函数$g(x)$, 使得

$$\mu(\{x \in E : f(x) \neq g(x)\}) < \delta, \tag{4.88}$$

且如果$|f(x)| \leqslant M, \forall x \in \mathbb{R}^n$, 则$|g(x)| \leqslant M, \forall x \in \mathbb{R}^n$; 如果$f(x)$具有紧支集, 则还可使$g(x)$具有紧支集.

**证明** 根据Lusin定理（定理3.10）, 对任意$\delta > 0$, 存在闭集$F \subseteq E$, $\mu(E \setminus F) < \delta$, 使得$f(x)$在$F$上连续, 再根据连续延拓定理（定理1.12）, 存在$\mathbb{R}^n$上的连续函数$g(x)$使得

$$g(x) = f(x), \qquad \forall x \in F,$$

且当$|f(x)| \leqslant M$时$|g(x)| \leqslant M$, 并且此$g(x)$显然满足(4.88).

如果$f(x)$具有紧支集$K$, 取$R$充分大使得开球$B(0, R) \supseteq K$, 根据Lusin定理（定理3.10）, 存在闭集$F \subseteq E_R := B(0, R) \cap E$及$F$上的连续函数$g_1(x)$使得$\mu(E_R \setminus F) < \delta$且$g_1(x) = f(x), \forall x \in F$, 再补充定义$g_1(x) = 0, \forall |x| \geqslant R$, 则$g_1(x)$是定义在闭集$F \cup \{x \in \mathbb{R}^n : |x| \geqslant R\}$上的连续函数, 根据连续延拓定理, $g_1(x)$可延拓为$\mathbb{R}^n$上的连续函数$g(x)$, 它显然具有紧支集, 且

$$\mu(\{x \in E : g(x) \neq f(x)\}) \leqslant \mu(E_R \setminus F) < \delta. \tag{4.89}$$

**定理 4.12**（**连续函数逼近可积函数**）如果$f(x)$是$E \subseteq \mathbb{R}^n$上的可积函数, 则对任意$\varepsilon > 0$, 存在$\mathbb{R}^n$上具有紧支集的连续函数$g(x)$, 使得

$$\int_E |f(x) - g(x)|\mathrm{d}x < \varepsilon. \tag{4.90}$$

**证明**　由于$f(x)$在$E$上可积, 对任意$\varepsilon > 0$, 当$R$充分大时有

$$\int_{E \setminus B(0,R)} f(x)\mathrm{d}x < \frac{\varepsilon}{4},$$

其中$B(0,R)$表示以原点为球心、$R$为半径的开球. 再根据Lebesgue积分的定义, 存在简单函数

$$\phi = \sum_{i=1}^{N} c_i \chi_{A_i}, \qquad \cup_{i=1}^{N} A_i = E \cap B(0,R)$$

使得

$$\int_{E \cap B(0,R)} |f(x) - \phi(x)|\mathrm{d}x < \frac{\varepsilon}{4},$$

由于$\phi(x)$是具有紧支集的简单函数, 必然有界, 不妨设$|\phi(x)| \leqslant M$, 根据命题4.10, 存在$\mathbb{R}^n$上具有紧支集的连续函数$g(x)$, $|g(x)| \leqslant M$使得

$$\mu\left(\{x \in E : g(x) \neq \phi(x)\}\right) < \frac{\varepsilon}{4M},$$

于是

$$
\begin{aligned}
\int_E |f(x) - g(x)|\mathrm{d}x &\leqslant \int_E |f(x) - \phi(x)|\mathrm{d}x + \int_E |\phi(x) - g(x)|\mathrm{d}x \\
&= \int_{E \cap B(0,R)} |f(x) - \phi(x)|\mathrm{d}x + \int_{E \setminus B(0,R)} |f(x)|\mathrm{d}x \\
&\quad + \int_E |\phi(x) - g(x)|\mathrm{d}x \\
&< \frac{\varepsilon}{4} + \frac{\varepsilon}{4} + \int_{\{x \in E:\ g(x) \neq \phi(x)\}} 2M\mathrm{d}x \\
&\leqslant \frac{\varepsilon}{2} + 2M \cdot \mu\left(\{x \in E : g(x) \neq \phi(x)\}\right) \\
&\leqslant \frac{\varepsilon}{2} + 2M \cdot \frac{\varepsilon}{4M} = \varepsilon.
\end{aligned}
$$

# 拓展阅读建议

本章我们学习了Lebesgue积分的定义与性质、单调收敛定理、Fatou引理、Lebesgue控制收敛定理、乘积测度、Tonelli定理和Fubini定理等. 这些知识是进一步学习调和分析、泛函分析、偏微分方程、高等概率论、随机分析等课程所必备的, 希望大家牢固掌握. 关于Lebesgue积分特别是几大定理的应用的例子可参考[15]（第二章）、[2]（第四章）.

# 人物简介：黎曼(Bernhard Riemann)

黎曼(Bernhard Riemann, 1826 ∼ 1866), 德国著名数学家, 在分析、微分几何和数论等领域具有开创性的贡献, 是黎曼几何的开山鼻祖, 也是黎曼猜想的提出人. 1826 年9 月17 日生于德国小镇布列斯伦茨（Breselenz）一个牧师家庭, 后来搬到汉诺威（Hanover）生活及就读中学. 1846年, 黎曼进入哥廷根大学学习哲学和神学. 在此期间他去听了一些数学讲座, 包括高斯（C.F. Gauss）关于最小二乘法的讲座, 逐渐迷上了数学. 在得到父亲的允许后, 他改学数学. 在大学期间有两年去柏林大学就读, 受到雅可比(C.G.J. Jacobi)和狄利克雷(P.G.L. Dirichlet) 等人的影响. 1851年, 黎曼在柏林大学获博士学位, 同年还发表了复变函数可导的充分必要条件( 即柯西-黎曼方程), 阐述了黎曼映照定理, 成为复变函数的几何理论的基础; 1853 年, 定义了黎曼积分并研究了三角级数收敛的准则. 1854年, 黎曼发扬了高斯关于曲面的微分几何研究, 提出用流形的概念理解空间的实质, 用微分弧长度的平方所确定的正定二次型理解度量, 建立了黎曼空间的概念, 把欧氏几何、非欧几何纳入了他提出的体系之中; 同年获得哥廷根大学讲师职位. 1857年, 初次登台作了题为 "论作为几何基础的假设" 的演讲, 开创了黎曼几何, 为后来爱因斯坦的广义相对论提供了数学基础. 这一年他还发表了关于阿贝尔函数的研究论文, 引出黎曼曲面的概念, 将阿贝尔积分与阿贝尔函数的研究带入新的阶段, 其中对黎曼曲面从拓扑、分析、代数几何各角度作了深入研究, 创造了一系列对代数拓扑发展影响深远的概念, 阐述了黎曼-罗赫定理. 1857 年, 升为哥廷根大学的编外教授. 1859年, 接替狄利克雷成为教授, 并发表论文《论小于某给定值的素数的个数》, 提出黎曼猜想. 1866 年, 黎曼病逝于意大利塞拉斯卡（Selasca）.

## 第4章习题

1. 设$E$是$(\Omega, \mathcal{F}, \mu)$的一个可测子集, $X_1, X_2, \cdots, X_m$都是$E$上的非负可积函数, 试证明:

i). $X_{\max} = \max_{1 \leqslant i \leqslant m} X_i$也是$E$上的非负可积函数;

ii). $Y = \sqrt{X_1^2 + X_2^2 + \cdots + X_m^2}$也是$E$上的非负可积函数.

2. 设$X$是$(\Omega, \mathcal{F}, \mu)$上的非负可积函数, 试证明对任意$M > 0$皆有

$$\mu\left(\{X \geqslant M\}\right) \leqslant \frac{1}{M} \int_{\Omega} X \mathrm{d}\mu, \tag{4.91}$$

并由此推出$X$是几乎处处有限的.

3. 设$X$是$(\Omega, \mathcal{F}, \mu)$上的非负可测函数, 试证明如果$\int_{\Omega} X \mathrm{d}\mu = 0$, 则$X(\omega) = 0$, a.e. $\omega \in \Omega$.

4. 试证明

$$\lim_{n \to \infty} \int_{[0,n]} \left(1 + \frac{x}{n}\right)^n \mathrm{e}^{-2x} \mathrm{d}x = \int_{[0,\infty)} \mathrm{e}^{-x} \mathrm{d}x. \tag{4.92}$$

5. 证明Lebesgue积分的性质$(4.27) \sim (4.29)$.

6. 设$X$是有限测度空间$(\Omega, \mathcal{F}, \mu)$上的可测函数, 且$X(\omega) > 0$, $\forall \omega \in \Omega$, $\{E_n\}$是一列可测集, 试证明如果

$$\lim_{n \to \infty} \int_{E_n} f \mathrm{d}\mu = 0, \tag{4.93}$$

则

$$\mu\left(\varliminf_{n \to \infty} E_n\right) = 0. \tag{4.94}$$

7. 设$f(x)$和$g(x)$都是$\mathbb{R}$上的可积函数, 且

$$\int_a^x f(t)\mathrm{d}t = \int_a^x g(t)\mathrm{d}t, \qquad \forall x \in \mathbb{R}, \tag{4.95}$$

试证$f(x) = g(x)$, a.e. $x \in \mathbb{R}$.

8. 设$X$是测度空间$(\Omega, \mathcal{F}, \mu)$上的可积函数, 试证明如果对任意$E \in \mathcal{F}$皆有

$$\int_E X \mathrm{d}\mu = 0, \tag{4.96}$$

则$X(\omega) = 0$, a.e. $\omega \in \Omega$.

9. 设$f$是测度空间$(\Omega, \mathcal{F}, \mu)$上的可积函数, 试证明如果对任意有界可测函数$\varphi$皆有

$$\int_\Omega f\varphi \mathrm{d}\mu = 0, \tag{4.97}$$

则$f(\omega) = 0$, a.e. $\omega \in \Omega$.

10. 设$f(x)$是$[0, +\infty)$上的连续函数, 且$\lim_{x \to \infty} f(x) = l$, 试证明对任意$A > 0$皆有

$$\lim_{n \to \infty} \int_0^A f(nx)\mathrm{d}x = Al. \tag{4.98}$$

**11(积分号下求导)**. 设$E$是$\mathbb{R}$的Lebesgue可测子集, $f(x, y)$是定义在$E \times (a, b)$上的函数, 对于固定的$y \in (a, b)$, $f(x, y)$作为$x$的函数在$E$上可积; 对于固定的$x \in E$, $f(x, y)$作为$y$的函数在$(a, b)$上可微; 试证明如果存在$E$上的可积函数$F$使得

$$\left| \frac{\mathrm{d}}{\mathrm{d}y} f(x, y) \right| \leqslant F(x), \qquad \forall (x, y) \in E \times (a, b), \tag{4.99}$$

则有

$$\frac{\mathrm{d}}{\mathrm{d}y} \int_E f(x, y)\mathrm{d}x = \int_E \frac{\mathrm{d}}{\mathrm{d}y} f(x, y)\mathrm{d}x, \qquad \forall (x, y) \in E \times (a, b). \tag{4.100}$$

12. 设$f$是$\mathbb{R}$上的可积函数, $\{a_n : n = 1, 2, \cdots\}$是一列正数, 且

$$\sum_{n=1}^\infty \frac{1}{a_n} < \infty,$$

试证明

$$\lim_{n \to \infty} f(a_n x) = 0, \qquad \text{a.e. } x \in \mathbb{R}.$$

13. 设$f(x)$是区间$[a, b]$上的有界函数, 试证明存在$[a, b]$的一列不断加细的分划$\Pi^{(1)} \subsetneq \Pi^{(2)} \subsetneq \Pi^{(3)} \subsetneq \cdots$, 使得

$$\lim_{n \to \infty} |\Pi^{(n)}| = 0, \qquad \lim_{n \to \infty} \overline{S}(f, \Pi^{(n)}) = \overline{\int_a^b} f(x)\mathrm{d}x,$$

$$\lim_{n \to \infty} \underline{S}(f, \Pi^{(n)}) = \underline{\int_a^b} f(x)\mathrm{d}x.$$

14. 设$F$是$[0,1]$的闭子集, 且其Lebesgue测度为0, 试证明$\chi_F$是Riemann可积的.

15. 设$f(x)$和$g(x)$都是$[a,b]$上的Riemann可积函数, $E \subseteq [a,b]$, 且$E^{\mathrm{cl}} = [a,b]$, 试证明如果$f$与$g$在$E$上相等, 则有

$$\int_a^b f(x)\mathrm{d}x = \int_a^b g(x)\mathrm{d}x. \tag{4.101}$$

16. 设$\mathrm{sinc}(x) = \sin x / x$, 试证明$\mathrm{sinc}$在$[0, +\infty)$上不是Lebesgue可积的.

17. 计算反常积分:

$$\int_0^1 \frac{\ln x}{1-x}\mathrm{d}x. \tag{4.102}$$

18. 设$f(x,y)$在$[0,1] \times [0,1]$上可积, 试证明

$$\int_0^1 \left( \int_0^x f(x,y)\mathrm{d}y \right) \mathrm{d}x = \int_0^1 \left( \int_y^1 f(x,y)\mathrm{d}x \right) \mathrm{d}y. \tag{4.103}$$

19. 设$A, B$是$\mathbb{R}^n$中的可测集, 试证明

$$\int_{\mathbb{R}^n} \mu\left( (A - \{x\}) \cap B \right) \mathrm{d}x = \mu(A)\mu(B), \tag{4.104}$$

其中$\mu$表示$\mathbb{R}^n$上的Lebesgue测度.

20. 试证明

$$f(x,y) = \frac{xy}{x^2 + y^2}$$

在矩形区域$[0,1] \times [0,1]$上是Lebesgue可积的.

21. 设$\{g_n\}$是$[a,b]$上的一列可测函数, 满足

$$|g_n(x)| \leqslant M, \qquad \forall\, x \in [a,b],\ n = 1, 2, \cdots, \tag{4.105}$$

$$\lim_{n \to \infty} \int_a^c g_n(x)\mathrm{d}x = 0, \qquad \forall\, c \in [a,b], \tag{4.106}$$

则对于$[a, b]$上的任意可积函数$f$皆有

$$\lim_{n \to \infty} \int_a^b f(x) g_n(x) \mathrm{d}x = 0. \tag{4.107}$$

22. 设$[a, b]$是实数区间, $a = x_0 < x_1 < x_2 < \cdots < x_n = b$是它的任意一个分划, 我们称形如

$$f(x) = c_i, \qquad x \in [x_{i-1}, x_i), \ \ i = 1, 2, \cdots, n-1, \tag{4.108}$$

$$f(x) = c_n, \qquad x \in [x_{n-1}, x_n] \tag{4.109}$$

的函数为$[a, b]$上的阶梯函数. 设$f$是闭区间$[a, b]$上的Lebesgue可积函数, 试证明对任意$\varepsilon > 0$, 存在$[a, b]$上的阶梯函数$h$使得

$$\int_a^b |h(x) - f(x)| \mathrm{d}x < \varepsilon. \tag{4.110}$$

23 (Abel引理). 对于数列$\{a_n\}$, $\{b_n\}$, 下列等式成立:

$$\sum_{n=1}^K a_n(b_n - b_{n-1}) = \sum_{n=1}^{K-1} b_n(a_n - a_{n+1}) + a_K b_K - a_1 b_0. \tag{4.111}$$

24 (第二积分中值定理). 设$f$是闭区间$[a, b]$上的Lebesgue可积函数, $g$是$[a, b]$上的单调函数, 则存在$\xi \in [a, b]$使得

$$\int_a^b f(x) g(x) \mathrm{d}x = g(a+0) \int_a^\xi f(x) \mathrm{d}x + g(b-0) \int_\xi^b f(x) \mathrm{d}x, \tag{4.112}$$

其中$g(a+0)$和$g(b-0)$分别是$g(x)$在$a$点的右极限和$b$点的左极限.

25. 试证明

$$\left| \int_a^b \frac{\sin t}{t} \mathrm{d}t \right| \leqslant 5, \qquad \forall\, 0 \leqslant a \leqslant b < \infty. \tag{4.113}$$

# 第5章　Lebesgue微分定理
# 和Radon-Nikodym定理

学习要点

1. 极大函数与Hardy-Littlewood定理.

2. Lebesgue微分定理.

3. 符号测度、Hahn分解定理与Jordan分解定理.

4. Radon-Nikodym定理.

## §5.1　Lebesgue微分定理

在学习定积分的时候, 我们学习了如下变上限积分求导公式:

如果$F(x) = \int_a^x f(t)\mathrm{d}t$, 则$F'(x) = f(x)$.

由于

$$F'(x) = \lim_{r \to 0^+} \frac{F(x+r) - F(x-r)}{2r},$$

因此上述定理等价于

$$\lim_{r \to 0^+} \frac{1}{2r} \int_{x-r}^{x+r} f(x)\mathrm{d}x = f(x). \tag{5.1}$$

将上述定理推广至$\mathbb{R}^n$上就是如下等式:

$$\lim_{r \to 0^+} \frac{1}{|B(x,r)|} \int_{B(x,r)} f(u)\mathrm{d}u = f(x), \tag{5.2}$$

其中$B(x,r)$表示以$x$为中心、$r$为半径的开球, $|B(x,r)|$表示该球的体积. 如果$f(x)$是连续函数, 则由积分中值定理不难证明(5.2) 成立, 但对于更一般的函数(5.2)是否仍然成立呢? 这就是本节要研究的内容.

我们称$\mathbb{R}^n$中的有界闭集为紧集. 设$f$是$\mathbb{R}^n$上的可测函数, 如果对任意紧集$K$, $f$在$K$上都是Lebesgue可积的, 则称$f$是$\mathbb{R}^n$上的**局部可积函数**, $\mathbb{R}^n$上的局部可积函数的全体记作$L_{\mathrm{loc}}(\mathbb{R}^n)$.

如果$f \in L_{\mathrm{loc}}(\mathbb{R}^n)$, 则定义

$$(A_r f)(x) = \frac{1}{|B(x,r)|} \int_{B(x,r)} f(u)\mathrm{d}u, \qquad \forall x \in \mathbb{R}^n,$$

它本质上是$f$的局部平均函数.

现在我们可以叙述本节的主要定理了.

**定理 5.1** (**Lebesgue微分定理**) 如果$f \in L_{\mathrm{loc}}(\mathbb{R}^n)$, 则

$$\lim_{r \to 0^+} (A_r f)(x) = f(x), \qquad \text{a.e. } x \in \mathbb{R}^n. \tag{5.3}$$

为了证明Lebesgue微分定理, 我们需要作一些铺垫, 先证明一个覆盖引理和Hardy-Littlewood定理, 后一个定理本身也在现代调和分析中占有极重要的地位.

**定理 5.2** (**覆盖引理**) 设$\{B_1, B_2, \cdots, B_N\}$是$\mathbb{R}^n$中有限个开球, 则一定可以从其中挑出若干个两两不交的开球$\{B_{i_1}, B_{i_2}, \cdots, B_{i_M}\}$使得

$$\mu\left(\bigcup_{i=1}^N B_i\right) \leqslant 3^n \sum_{j=1}^M |B_{i_j}|,$$

其中$\mu$表示$\mathbb{R}^n$上的Lebesgue测度.

**证明** 设$B$是$\mathbb{R}^n$中的一个开球, 用$\widehat{B}$表示固定$B$的球心将其半径增至原来的3倍所得到的开球, 则

$$\left|\widehat{B}\right| = 3^n |B|,$$

且如果$B_1$与$B_2$相交, 前者的半径大于后者, 则必有$\widehat{B_1} \supseteq B_2$.

现在按如下步骤从$\{B_1, B_2, \cdots, B_N\}$挑出互不相交的开球:

第一步: 从$\{B_1, B_2, \cdots, B_N\}$中选出半径最大的一个球作为$B_{i_1}$, 并剔除所有与$B_{i_1}$相交的球, 将剩下的球重新编号为$\{B_1, B_2, \cdots, B_{N_1}\}$ $(N_1 < N)$;

**111**

第二步：从$\{B_1, B_2, \cdots, B_{N_1}\}$中选出半径最大的一个球作为$B_{i_2}$, 并剔除所有与$B_{i_2}$相交的球, 将剩下的球重新编号为$\{B_1, B_2, \cdots, B_{N_2}\}$ $(N_2 < N_1)$;

第三步：重复以上步骤, 直到没有球剩下为止.

由于每次挑选后剩余的球数都减少, 因此经过有限步后挑选过程必然结束. 设挑出来的球是$\{B_{i_1}, B_{i_2}, \cdots, B_{i_M}\}$, 则这些球两两不交, 且原来的$N$个球必与这$M$个球中的某一个相交, 因此必有

$$\bigcup_{i=1}^{N} B_i \subseteq \bigcup_{j=1}^{M} \widehat{B_{i_j}},$$

于是

$$\mu\left(\bigcup_{i=1}^{N} B_i\right) \leqslant \mu\left(\bigcup_{j=1}^{M} \widehat{B_{i_j}}\right) \leqslant \sum_{j=1}^{M} \left|\widehat{B_{i_j}}\right|$$

$$\leqslant 3^n \sum_{j=1}^{M} |B_{i_j}|,$$

定理证明完毕.

对于$f \in L_{\text{loc}}(\mathbb{R}^n)$, 定义

$$(Mf)(x) = \sup_{r>0}(A_r|f|)(x) = \sup_{r>0} \frac{1}{|B(x,r)|} \int_{B(x,r)} |f(u)|\mathrm{d}u, \qquad \forall x \in \mathbb{R}^n, \tag{5.4}$$

称$Mf$为$f$的**极大函数**, 并称$M$为**Hardy-Littlewood极大算子**.

从上面的定义不难得知如果两个函数几乎处处相等, 则它们的极大函数必然恒等. 如果$f$是连续函数, 则$(Mf)(x) = f(x)$. 如果有间断点又会怎么样呢? 下面我们举一个例子.

**例5.1**  设

$$f(x) = \begin{cases} 1, & x \geqslant 0, \\ 0, & x < 0, \end{cases}$$

则

$$(Mf)(x) = \sup_{r>0} \frac{1}{2r} \int_{x-r}^{x+r} |f(u)|\mathrm{d}u = \begin{cases} 1, & x > 0, \\ \frac{1}{2}, & x = 0, \\ 0, & x < 0. \end{cases}$$

**112**

如果$f(x)$在$\mathbb{R}^n$上可积, 则定义

$$\|f\|_{L^1(\mathbb{R}^n)} = \int_{\mathbb{R}^n} |f(x)|\mathrm{d}x, \tag{5.5}$$

称为$f$的$L^1(\mathbb{R}^n)$-**范数**, 并把所有在$\mathbb{R}^n$上可积的函数所构成的集合记为$L^1(\mathbb{R}^n)$, 称为$\mathbb{R}^n$上的$L^1$-**空间**. 对于一般的测度空间$(\Omega, \mathcal{F}, \mu)$, 可以类似地定义

$$\|f\|_{L^1(\Omega)} = \int_{\Omega} |f|\mathrm{d}\mu \tag{5.6}$$

及函数空间$L^1(\Omega)$. 在明确底空间$\Omega$的情况下, 常常把$\|f\|_{L^1(\Omega)}$简记为$\|f\|_{L^1}$.

**定理 5.3** (**Hardy-Littlewood定理**) 如果$f \in L^1(\mathbb{R}^n)$, 则存在只依赖于维数$n$的常数$C$使得

$$\mu(\{x \in \mathbb{R}^n : (Mf)(x) > t\}) \leqslant \frac{C}{t}\|f\|_{L^1}, \qquad \forall\, t > 0. \tag{5.7}$$

**证明** 先设$f(x)$具有紧支集, 则对任意$t > 0$, 点集

$$E_t = \{x \in \mathbb{R}^n : (Mf)(x) > t\}$$

是有界集, 根据定理3.9, 对任意$\varepsilon > 0$, 存在闭集$F \subset E_t$使得$\mu(E_t \setminus F) < \varepsilon$. 对于每一个$x \in F \subseteq E_t$, 由于$(Mf)(x) = \sup_{r>0}(A_r|f|)(x) > t$, 因此存在以$x$为中心的开球$B(x, r_x)$使得

$$\frac{1}{|B(x, r_x)|} \int_{B(x, r_x)} |f(y)|\mathrm{d}y > t,$$

根据有限覆盖定理, 存在有限个开球$\{B_i = B(x_i, r_{x_i}) : i = 1, 2, \cdots, N\}$覆盖住$F$, 根据覆盖引理（定理5.2）, 可以从这$N$个开球中选出$K$个两两不交的开球$\{B_{i_j} : j = 1, 2, \cdots, K\}$使得

$$\mu\left(\bigcup_{i=1}^{N} B_i\right) \leqslant 3^n \sum_{j=1}^{K} |B_{i_j}|,$$

于是

$$
\begin{aligned}
\mu(E_t) \quad &< \quad \mu(F) + \varepsilon \leqslant \mu\left(\bigcup_{i=1}^{N} B_i\right) + \varepsilon \leqslant 3^n \sum_{j=1}^{K} |B_{i_j}| + \varepsilon \\[2mm]
&< \quad 3^n \sum_{j=1}^{K} \frac{1}{t} \int_{B_{i_j}} |f(y)|\mathrm{d}y + \varepsilon \\[2mm]
&\leqslant \quad \frac{3^n}{t} \int_{\mathbb{R}^n} |f(y)|\mathrm{d}y + \varepsilon = \frac{3^n}{t}\|f\|_{L^1} + \varepsilon,
\end{aligned}
$$

**113**

由 $\varepsilon > 0$ 的任意性得到

$$\mu(E_t) \leqslant \frac{3^n}{t}\|f\|_{L^1}.$$

如果 $f$ 不具有紧支集, 则令 $f_k = f \cdot \chi_{B(0,k)}$, $E_{k,t} = \{x \in \mathbb{R}^n : (Mf_k)(x) > t\}$, $k = 1, 2, \cdots$, 则每一个 $f_k$ 皆有紧支集, 利用前面已证明的结论得

$$\mu(E_{k,t}) \leqslant \frac{3^n}{t}\int_{\mathbb{R}^n} |f_k(x)|\mathrm{d}x, \qquad k = 1, 2, \cdots. \tag{5.8}$$

由于 $\{|f_k|\}$ 是渐升非负可测函数序列, $\{E_{k,t} : k = 1, 2, \cdots\}$ 是渐升的可测集序列, 在(5.8)左右两边令 $k \to \infty$, 根据测度的性质和单调收敛定理得

$$\mu(E_t) \leqslant \frac{3^n}{t}\int_{\mathbb{R}^n} |f(x)|\mathrm{d}x = \frac{3^n}{t}\|f\|_{L^1},$$

定理得证.

**注:** 对于 $\mathbb{R}^n$ 的任何一个子集 $D$, 如果 $f$ 在 $D$ 上可积, 则定义

$$\|f\|_{L^1(D)} = \int_D |f(x)|\mathrm{d}x,$$

用与定理5.3类似的方法可以证明

$$\mu(\{x \in D : |f(x)| > t\}) \leqslant \frac{3^n}{t}\|f\|_{L^1(D)}. \tag{5.9}$$

现在可以给出定理5.1的证明了.

**定理5.1的证明:** 如果 $\varphi(x)$ 是 $\mathbb{R}^n$ 上的连续函数, 则显然有

$$\lim_{r \to 0^+} (A_r\varphi)(x) = \varphi(x), \qquad \forall x \in \mathbb{R}^n.$$

对于一般的可积函数 $f(x)$, 根据定理4.12, 对任意 $\varepsilon > 0$, 存在具有紧支集的连续函数 $\varphi(x)$ 使得

$$\|f - \varphi\|_{L^1} = \int_{\mathbb{R}^n} |f(x) - \varphi(x)|\mathrm{d}x < \varepsilon.$$

由于

$$|(A_r f)(x) - f(x)| = \left|\frac{1}{|B(x,r)|}\int_{B(x,r)} (f(y) - f(x))\mathrm{d}y\right| \leqslant \frac{1}{|B(x,r)|}\int_{B(x,r)} |f(y) - f(x)|\mathrm{d}y,$$

因此我们定义

$$f^*(x) = \varlimsup_{r \to 0^+} \frac{1}{|B(x,r)|}\int_{B(x,r)} |f(y) - f(x)|\mathrm{d}y, \qquad \forall x \in \mathbb{R}^n,$$

如果$\mu(\{x \in \mathbb{R}^n : f^*(x) > 0\}) = 0$, 则定理结论成立, 又因为$\{f^* > 0\} = \cup_{n=1}^{\infty}\{f^* > 1/n\}$, 因此我们只须证明对任意$t > 0$皆有$\mu(\{x \in \mathbb{R}^n : f^*(x) > t\}) = 0$即可.

由于$f$可分解分$f = \varphi + h$, 其中$\varphi$是具有紧支的连续函数, $h = f - \varphi$是残差, 满足$\|h\|_{L^1} < \varepsilon$, 因此

$$
\begin{aligned}
f^*(x) &= (\varphi + h)^*(x) = \varlimsup_{r \to 0^+} \frac{1}{|B(x,r)|} \int_{B(x,r)} |\varphi(y) + h(y) - \varphi(x) - h(x)| \mathrm{d}y \\
&\leqslant \varlimsup_{r \to 0^+} \frac{1}{|B(x,r)|} \int_{B(x,r)} |\varphi(y) - \varphi(x)| \mathrm{d}x + \varlimsup_{r \to 0^+} \frac{1}{|B(x,r)|} \int_{B(x,r)} |h(y) - h(x)| \mathrm{d}y \\
&= h^*(x).
\end{aligned}
$$

再注意到

$$
\begin{aligned}
h^*(x) &= \varlimsup_{r \to 0^+} \frac{1}{|B(x,r)|} \int_{B(x,r)} |h(y) - h(x)| \mathrm{d}y \leqslant \varlimsup_{r \to 0^+} \frac{1}{|B(x,r)|} \int_{B(x,r)} (|h(y)| + |h(x)|) \mathrm{d}y \\
&= \varlimsup_{r \to 0^+} \frac{1}{|B(x,r)|} \int_{B(x,r)} |h(y)| \mathrm{d}y + |h(x)| \\
&\leqslant (Mh)(x) + |h(x)|,
\end{aligned}
$$

因此有

$$
\begin{aligned}
\mu(\{x \in \mathbb{R}^n : f^*(x) > t\}) &\leqslant \mu(\{x \in \mathbb{R}^n : h^*(x) > t\}) \\
&\leqslant \mu\left(\left\{x \in \mathbb{R}^n : (Mh)(x) > \frac{t}{2}\right\}\right) + \mu\left(\left\{x \in \mathbb{R}^n : |h(x)| > \frac{t}{2}\right\}\right) \\
&\leqslant \frac{2 \cdot 3^n}{t} \|h\|_{L^1} + \int_{|h| > t/2} \frac{2|h|}{t} \mathrm{d}x \\
&\leqslant \frac{2 \cdot 3^n}{t} \|h\|_{L^1} + \frac{2}{t} \|h\|_{L^1} < \frac{2 \cdot 3^n + 2}{t} \varepsilon,
\end{aligned}
$$

由$\varepsilon > 0$的任意性立刻得到$\mu(\{x \in \mathbb{R}^n : f^*(x) > t\}) = 0$, 因此当$f \in L^1(\mathbb{R}^n)$时定理结论成立.

如果$f \in L_{\mathrm{loc}}(\mathbb{R}^n)$, 则令$f_k = f \cdot \chi_{B(0,k)}, k = 1, 2, \cdots$, 则每一个$f_k$皆是可积的, 因此

$$
\lim_{r \to 0^+} (A_r f_k)(x) = f_k(x), \qquad \text{a.e. } x \in \mathbb{R}^n,
$$

换言之, 对任意$k$, $(A_r f)(x)$在每一个开球$B(0,k)$内皆几乎处处收敛于$f(x)$, 因此$A_r f(x)$在$\mathbb{R}^n$上几乎处处收敛于$f(x)$, 定理证明完毕.

例 5.2　设$f(x)$是实数集$\mathbb{R}$上的分段连续函数, 则$f \in L_{\mathrm{loc}}(\mathbb{R})$, 因此有

$$\lim_{r \to 0^+} \frac{1}{2r} \int_{x-r}^{x+r} f(y)\mathrm{d}y = f(x), \qquad \text{a.e. } x \in \mathbb{R}.$$

设$F(x) = \int_0^x f(y)\mathrm{d}y$, 如果$f(x)$在点$x_0$处右连续, 则

$$\begin{aligned}
\left| \frac{F(x_0 + r) - F(x_0)}{r} - f(x_0) \right| &= \left| \frac{1}{r} \int_{x_0}^{x_0+r} f(y)\mathrm{d}y - f(x_0) \right| \\
&= \left| \frac{1}{r} \int_{x_0}^{x_0+r} (f(y) - f(x_0))\mathrm{d}y \right| \\
&\leqslant \frac{1}{r} \int_{x_0}^{x_0+r} |f(y) - f(x_0)|\mathrm{d}y,
\end{aligned}$$

对任意$\varepsilon > 0$, 存在$\delta > 0$, 使当$x_0 < y < x_0 + \delta$时必有$|f(y) - f(x_0)| < \varepsilon$, 因此当$0 < r < \delta$时必有

$$\left| \frac{F(x_0 + r) - F(x_0)}{r} - f(x_0) \right| \leqslant \frac{1}{r} \int_{x_0}^{x_0+r} |f(y) - f(x_0)|\mathrm{d}y < \varepsilon,$$

因此有

$$F'_+(x_0) = \lim_{r \to 0^+} \frac{1}{r} \int_{x_0}^{x_0+r} f(y)\mathrm{d}y = f(x_0),$$

如果$f(x)$在点$x_0$处左连续, 则

$$F'_-(x_0) = \lim_{r \to 0^+} \frac{1}{-r} \int_{x_0}^{x_0-r} f(y)\mathrm{d}y = f(x_0),$$

如果$f(x)$在$x_0$处连续, 则$F'(x_0) = f(x_0)$, 且

$$\begin{aligned}
\lim_{r \to 0^+} \frac{1}{2r} \int_{x_0-r}^{x_0+r} f(y)\mathrm{d}y &= \lim_{r \to 0^+} \frac{1}{2r} \int_{x_0-r}^{x_0} f(y)\mathrm{d}y + \lim_{r \to 0^+} \frac{1}{2r} \int_{x_0}^{x_0+r} f(y)\mathrm{d}y \\
&= \frac{1}{2} F'_-(x_0) + \frac{1}{2} F'_+(x_0) \\
&= f(x_0).
\end{aligned}$$

## §5.2 符号测度

测度是取非负值(含+∞)、具有完全可加性的集函数,现在我们要对这一概念稍作推广,允许它取负值,就得到了**符号测度**,下面我们给出正式定义.

定义 5.1  设$(\Omega, \mathcal{F})$是一个可测空间,我们称$\mu: \mathcal{F} \to [-\infty, +\infty]$是一个**符号测度**,如果它满足如下三个条件:

i). $\mu(\varnothing) = 0$;

ii). $\mu$至多取到$-\infty, +\infty$中的一个;

iii). 如果$A_1, A_2, \cdots \in \mathcal{F}$且两两不相交,则

$$\mu\left(\bigcup_{n=1}^{\infty} A_n\right) = \sum_{n=1}^{\infty} \mu(A_n).$$

**注:**  由于可数多个集合取并集是可以任意交换次序的,因此iii)中的级数如果收敛到有限数则是无条件收敛的(对于$\mathbb{R}^n$中的级数而言,无条件收敛与绝对收敛是等价的),换言之,任意改变级数中各项的次序,级数的和不变.

性质 5.1  设$\mu$是$(\Omega, \mathcal{F})$上的符号测度,$A_1, A_2, \cdots \in \mathcal{F}$是一列单调增大的集合,则

$$\mu\left(\bigcup_{n=1}^{\infty} A_n\right) = \lim_{n \to \infty} \mu(A_n); \tag{5.10}$$

如果$A_1, A_2, \cdots \in \mathcal{F}$是一列单调减小的集合,且$|\mu(A_1)| < \infty$,则

$$\mu\left(\bigcap_{n=1}^{\infty} A_n\right) = \lim_{n \to \infty} \mu(A_n). \tag{5.11}$$

这一性质的证明方法与测度类似性质完全相同,在此从略.

例 5.3  设$f$是测度空间$(\Omega, \mathcal{F}, \nu)$上的可测函数,且$\int_{\Omega} f \mathrm{d}\nu$存在,则

$$\mu(A) = \int_A f \mathrm{d}\nu, \qquad \forall A \in \mathcal{F}$$

是$\Omega$上的一个符号测度;如果$f^+$和$f^-$分别是$f$的正部和负部,则

$$\mu^+(A) = \int_A f^+ \mathrm{d}\nu, \qquad \mu^-(A) = \int_A f^- \mathrm{d}\mu$$

**117**

分别定义了$\Omega$上的两个（非负）测度, 并且

$$\mu = \mu^+ - \mu^-.$$

**定义 5.2** 设$\mu$是可测空间$(\Omega, \mathcal{F})$上的一个符号测度, $A \in \mathcal{F}$, 如果

$$\mu(E) \geqslant 0, \qquad \forall E \in \mathcal{F}, E \subseteq A, \tag{5.12}$$

则称$A$是关于符号测度$\mu$的**正子集**; 如果

$$\mu(E) \leqslant 0, \qquad \forall E \in \mathcal{F}, E \subseteq A, \tag{5.13}$$

则称$A$是关于符号测度$\mu$的**负子集**; 如果

$$\mu(E) = 0, \qquad \forall E \in \mathcal{F}, E \subseteq A, \tag{5.14}$$

则称$A$是关于符号测度$\mu$的**零子集**.

**引理 5.1** 设$\mu$是定义在可测空间$(\Omega, \mathcal{F})$上的符号测度, 如果$A \in \mathcal{F}$且$0 < \mu(A) < +\infty$, 则存在一个关于$\mu$的正子集$P \subseteq A$, 且$\mu(P) > 0$.

**证明** 我们先证明如果$A \supseteq B \in \mathcal{F}$, 则$|\mu(B)| < +\infty$. 这是因为符号测度$\mu$不能同时取到$\pm\infty$, 不妨设$\mu$不能取到$+\infty$, 则由$\sigma$- 可加性, 得

$$\mu(B) = \mu(A) - \mu(A \setminus B) > -\infty,$$

因此$-\infty < \mu(B) < +\infty$, 即$|\mu(B)| < +\infty$.

现在令

$$\delta_1 = \inf\{\mu(B) : B \in \mathcal{F}, B \subseteq A\},$$

则由于$\varnothing \subseteq A$, 因此$\delta_1 \leqslant 0$; 取$A_1 \subseteq A, A_1 \in \mathcal{F}$使得$\mu(A_1) \leqslant \max\{\delta_1/2, -1\}$; 得到$A_1$之后, 令

$$\delta_2 = \inf\{\mu(B) : B \in \mathcal{F}, B \subseteq (A \setminus A_1)\},$$

取$A_2 \subseteq A \setminus A_1, A_2 \in \mathcal{F}$使得$\mu(A_2) \leqslant \max\{\delta_2/2, -1\}$; 一直这样做下去, 我们可以得到$A_1, A_2, \cdots \in \mathcal{F}$使得

$$A_i \subseteq A \setminus \left(\cup_{n=1}^{i-1} A_n\right), \quad \mu(A_i) \leqslant \max\left\{\frac{1}{2}\delta_i, -1\right\}, \quad \delta_i \leqslant 0, \quad i = 1, 2, \cdots.$$

令$B = \cup_{i=1}^{\infty} A_i$, 则

$$\mu(B) = \sum_{i=1}^{\infty} \mu(A_i) \leqslant \sum_{i=1}^{\infty} \max\left\{\frac{1}{2}\delta_i, -1\right\},$$

由于 $\mu(B) > -\infty$, 因此级数 $\sum_{i=1}^{\infty} \max\{\delta_i/2, -1\}$ 收敛, 从而 $\lim_{i \to \infty} \delta_i = 0$.

现在令 $P = A \setminus B$, 对任意可测集 $E \subseteq P$, 由于 $E \subseteq A \setminus (\cup_{n=1}^{i} A_n), \forall i = 1, 2, \cdots$, 因此

$$\mu(E) \geqslant \delta_{i+1}, \qquad \forall i = 1, 2, \cdots,$$

从而必有 $\mu(E) \geqslant 0$, 这就证明了 $P$ 是关于 $\mu$ 的正子集; 此外由于

$$\mu(B) \leqslant \sum_{i=1}^{\infty} \max\left\{\frac{1}{2}\delta_i, -1\right\} \leqslant 0,$$

因此

$$\mu(P) = \mu(A) - \mu(B) \geqslant \mu(A) > 0,$$

引理得证.

接下来我们介绍 Hahn 分解定理.

**定理 5.4 (Hahn 分解定理)** 设 $\mu$ 是可测空间 $(\Omega, \mathcal{F})$ 上的一个符号测度, 则存在关于 $\mu$ 的正子集 $P$ 和负子集 $N$ 使得 $\Omega = P \cup N, P \cap N = \varnothing$, 并且在模零子集的意义下这种分解是唯一的.

**证明** 不失一般性, 我们设 $\mu(A) < +\infty, \forall A \in \mathcal{F}$, 令

$$m = \sup\{\mu(B) : B \in \mathcal{F}, B \text{ 是正子集}\},$$

则 $m \geqslant 0$, 由上确界的定义, 存在一列正子集 $A_1, A_2, \cdots \in \mathcal{F}$ 使得

$$\lim_{n \to \infty} \mu(A_n) = m,$$

令 $P = \cup_{n=1}^{\infty} A_n$, 则 $P$ 也是正子集, 因此

$$m \geqslant \mu(P) \geqslant \lim_{n \to \infty} \mu(A_n) = m,$$

从而 $m = \mu(P) < +\infty$.

现在令 $N = \Omega \setminus P$, 则 $N$ 一定是关于 $\mu$ 的负子集. 事实上, 如果存在可测子集 $B \subseteq N$ 使得 $\mu(B) > 0$, 则根据引理 5.1, 存在正子集 $A \subseteq B$ 使得 $\mu(A) > 0$, 于是 $P \cup A$ 也是正子集, 且 $\mu(P \cup A) = \mu(P) + \mu(A) > m$, 但这与 $m$ 的定义矛盾.

接下来我们证明 Hahn 分解在模零子集意义下的唯一性. 如果 $(P', N')$ 也是 $\Omega$ 的 Hahn 分解, 则 $P \setminus P'$ 和 $P' \setminus P$ 都是正子集, 如果 $\mu(P \setminus P') > 0$, 则 $N' = \Omega \setminus P'$ 必不是负子集, 因为 $P \setminus P'$ 就是 $N'$ 的测度大于零的子集; 如果 $\mu(P' \setminus P) > 0$, 则 $N = \Omega \setminus P$ 必不是负子集, 因为 $P' \setminus P$ 就是 $N$ 的测度大于零的子集; 无论哪一种情况都会导致矛盾, 因此必有

$$\mu(P \setminus P') = 0, \qquad \mu(P' \setminus P) = 0,$$

这就证明了Hahn分解在模零子集意义下的唯一性.

有了Hahn分解定理后, 我们便可以将符号测度$\mu$分解为两个（非负）测度之差: $\mu = \mu^+ - \mu^-$. 事实上, 设$(P, N)$是$\Omega$的Hahn分解, 则可定义

$$\mu^+(E) = \mu(E \cap P), \qquad \mu^-(E) = -\mu(E \cap N), \qquad \forall E \in \mathcal{F},$$

则

$$\mu(E) = \mu(E \cap P) + \mu(E \cap N) = \mu^+(E) - \mu^-(E), \qquad \forall E \in \mathcal{F}.$$

**定义 5.3**　设$\mu$和$\nu$是可测空间$(\Omega, \mathcal{F})$上的两个测度, 如果存在$M, N \in \mathcal{F}$使得$\Omega = M \cup N, M \cap N = \varnothing, \mu(M) = 0, \nu(N) = 0$, 则称测度$\mu$和$\nu$是**相互奇异**的, 记作$\mu \perp \nu$.

我们有如下Jordan分解定理.

**定理 5.5**　(**Jordan分解定理**) 设$\mu$是可测空间$(\Omega, \mathcal{F})$上的一个符号测度, 则存在唯一的分解

$$\mu = \mu^+ - \mu^-, \tag{5.15}$$

其中$\mu^+$和$\mu^-$是相互奇异的（非负）测度, 且至少有一个是有限测度.

这个定理的证明方法实际上已经在前面的讨论中给出, 详细证明请读者自己完成.

# §5.3 Radon-Nikodym 定理

在微积分课程中我们学习了如下结果: 如果实数集 $\mathbb{R}$ 上的函数 $F(x)$ 可微, 则 $F(x)$ 可以表示成不定积分的形式:

$$F(x) = F(x_0) + \int_{x_0}^{x} f(t)\mathrm{d}t, \tag{5.16}$$

其中 $f(x)$ 就是 $F(x)$ 的导数, 即 $f(x) = dF(x)/\mathrm{d}x$. 将 (5.16) 变形, 得

$$F(x) - F(x_0) = \int_{x_0}^{x} f(t)\mathrm{d}t, \tag{5.17}$$

这就是 Newton-Leibniz 公式.

当 $F$ 是单调递增的函数时我们也可以换一个角度来看公式 (5.17), 令 $\mu$ 是实数集 $\mathbb{R}$ 上的 Lebesgue 测度, 同时由 $F$ 定义了 $\mathbb{R}$ 上的 Lebesgue-Stieltjes 测度 $\nu_F$, 这两个测度都在 Borel 可测空间 $(\mathbb{R}, \mathcal{B})$ 上有定义. 现在 (5.17) 可以重新表示为

$$\nu_F([x_0, x]) = \int_{[x_0, x]} f(t)\mathrm{d}\mu(t). \tag{5.18}$$

一般地, 设在可测空间 $(\Omega, \mathcal{F})$ 上有两个测度 $\mu$ 和 $\nu$, 如果存在可测函数 $f$ 使得

$$\nu(A) = \int_A f\mathrm{d}\mu, \qquad \forall A \in \mathcal{F}, \tag{5.19}$$

则称 $f$ 是 $\nu$ 对 $\mu$ 的 **Radon-Nikodym 导数**, 记作

$$f = \frac{\mathrm{d}\nu}{\mathrm{d}\mu}.$$

那么 Radon-Nikodym 导数存在的条件是什么呢? 为了弄清楚这个问题, 我们先引进一个概念.

设 $\nu$ 和 $\mu$ 是定义在可测空间 $(\Omega, \mathcal{F})$ 上的两个测度, 如果对任意使得 $\mu(A) = 0$ 的 $A \in \mathcal{F}$ 皆有 $\nu(A) = 0$, 则称 $\nu$ 是**对于 $\mu$ 绝对连续**的, 并记作 $\nu \ll \mu$.

例 5.4 设 $f$ 是 $(\mathbb{R}^n, \mathcal{L}^n, \mu)$ 上的非负可测函数, 定义

$$\nu(A) = \int_A f\mathrm{d}\mu, \qquad \forall A \in \mathcal{L}^n,$$

则 $\nu$ 也是 $(\mathbb{R}^n, \mathcal{L}^n)$ 上的测度, 并且 $\nu \ll \mu$.

**121**

**命题 5.1** 设 $\nu$ 和 $\mu$ 是定义在可测空间 $(\Omega, \mathcal{F})$ 上的两个测度, 则 $\nu \ll \mu$ 当且仅当对任意 $\varepsilon > 0$, 存在 $\delta > 0$, 使得当 $\mu(A) < \delta$ 时就有 $\nu(A) < \varepsilon$.

**证明** 先证充分性. 如果所给条件成立, 则对于满足 $\mu(A) = 0$ 的 $A \in \mathcal{F}$, 对所有 $\delta > 0$ 皆满足 $\mu(A) < \delta$, 因此对任意 $\varepsilon > 0$ 都有 $\nu(A) < \varepsilon$, 从而必有 $\nu(A) = 0$.

再证必要性, 用反证法. 如果存在 $\varepsilon_0 > 0$ 使得对任意自然数 $n$, 皆存在 $A_n \in \mathcal{F}$ 使得 $\mu(A_n) < 1/2^n$ 但 $\nu(A_n) > \varepsilon_0$, 令

$$A = \bigcap_{n \geqslant 1} \bigcup_{k \geqslant n} A_k,$$

则

$$\mu(A) \leqslant \mu\left(\bigcup_{k \geqslant n} A_k\right) \leqslant \sum_{k \geqslant n} \mu(A_k) < \sum_{k \geqslant n} \frac{1}{2^k} = \frac{1}{2^{n-1}}, \quad \forall n = 1, 2, \cdots,$$

因此 $\mu(A) = 0$, 但

$$\nu(A) = \lim_{n \to \infty} \nu\left(\bigcup_{k \geqslant n} A_k\right) \geqslant \limsup_{n \to \infty} \nu(A_k) \geqslant \varepsilon_0,$$

这与 $\nu \ll \mu$ 矛盾, 命题得证.

**引理 5.2** 设 $\mu$ 和 $\nu$ 是可测空间 $(\Omega, \mathcal{F})$ 上的两个有限测度, 则或者 $\mu \perp \nu$, 或者存在 $\varepsilon > 0$ 及可测集 $P$, 使得 $\mu(P) > 0$ 且 $P$ 是关于符号测度 $\nu - \varepsilon\mu$ 的正子集.

**证明** 对任意自然数 $k$, 设 $\Omega = P_k \cup N_k$ 是关于符号测度 $\nu - \frac{1}{k}\mu$ 的 Hahn 分解, 并令

$$P = \bigcup_{k=1}^{\infty} P_k, \qquad N = \bigcap_{k=1}^{\infty} N_k,$$

则 $\Omega = P \cup N$ 是无交并, 且

$$0 \leqslant \nu(N) \leqslant \frac{1}{k}\mu(N), \qquad \forall k = 1, 2, \cdots,$$

因此 $\nu(N) = 0$. 接下来就只有两种可能了, 如果 $\mu(P) = 0$, 则 $\mu \perp \nu$, 如果 $\mu(P) > 0$, 则存在 $k$ 使得 $\mu(P_k) > 0$, 取 $\varepsilon = 1/k$, 则 $P_k$ 是关于 $\nu - \varepsilon\mu$ 的正子集, 引理得证.

现在我们可以给出 Radon-Nikodym 导数存在的条件了.

**定理** 5.6 **(Radon-Nikodym定理I)** 设 $\nu$ 和 $\mu$ 是定义在可测空间 $(\Omega, \mathcal{F})$ 上的两个 $\sigma$-有限的测度, 如果 $\nu \ll \mu$, 则存在 $\Omega$ 上的非负可测函数 $g$ 使得

$$\nu(A) = \int_A g\mathrm{d}\mu, \qquad \forall A \in \mathcal{F}, \tag{5.20}$$

而且上述 $g$ 在几乎处处相等的意义下是唯一的.

**证明** 我们只证存在性, 唯一性留作练习. 先假设 $\mu$ 和 $\nu$ 都是有限测度. 用 $\mathcal{H}$ 表示 $\Omega$ 上所有满足

$$\int_A g\mathrm{d}\mu \leqslant \nu(A), \qquad \forall A \in \mathcal{F}$$

的非负可测函数 $g$ 的集合, 则 $\mathcal{H}$ 显然非空, 并且

$$g_1, g_2 \in \mathcal{H} \quad \Rightarrow \quad \max\{g_1, g_2\} \in \mathcal{H}. \tag{5.21}$$

接下来我们要找 $\mathcal{H}$ 中的最大元素, 直观上可以取 $f(\omega) = \sup\{g(\omega) : g \in \mathcal{H}\}$, 但是 $\mathcal{H}$ 中有不可数多个元素, 会给我们后面的推理带来麻烦, 因此这样取最大元不妥. 为此我们令

$$U = \sup_{g \in \mathcal{H}} \int_\Omega g\mathrm{d}\mu,$$

则 $U \leqslant \nu(\Omega) < \infty$. 根据上确界的定义, 存在 $\{g_n : n = 1, 2, \cdots\} \subseteq \mathcal{H}$ 使得

$$\lim_{n \to \infty} \int_\Omega g_n\mathrm{d}\mu = U. \tag{5.22}$$

现在令

$$h_1 = g_1, \ \ h_2 = \max\{g_1, g_2\}, \ \ h_3 = \max\{g_1, g_2, g_3\}, \ \cdots,$$

则 $\{h_n : n = 1, 2, \cdots\}$ 是 $\mathcal{H}$ 中的渐升函数序列, 且

$$\int_\Omega h_n\mathrm{d}\mu \geqslant \int_\Omega g_n\mathrm{d}\mu, \qquad \forall n = 1, 2, \cdots. \tag{5.23}$$

令 $g = \lim_{n\to\infty} h_n$, 则根据单调收敛定理得

$$\int_A g\mathrm{d}\mu = \lim_{n\to\infty} \int_A h_n\mathrm{d}\mu \leqslant \nu(A), \qquad \forall A \in \mathcal{F}, \tag{5.24}$$

因此 $g \in \mathcal{H}$, 再根据(5.22)和(5.23)得

$$\int_\Omega g\mathrm{d}\mu = U.$$

现在定义测度 $\nu_s$ 如下:

$$\nu_s(A) = \nu(A) - \int_A g\mathrm{d}\mu, \qquad \forall A \in \mathcal{F},$$

**123**

则 $\nu_s \perp \mu$. 这一点可以用反证法证明如下: 如果结论不成立, 则根据引理5.2, 存在可测集 $P$ 及 $\varepsilon > 0$ 使得 $\mu(P) > 0$ 且 $P$ 是关于 $\nu_s - \varepsilon\mu$ 的正子集, 于是对任意 $A \in \mathcal{F}$ 皆有

$$
\begin{aligned}
\nu(A) & = \int_A g\mathrm{d}\mu + \nu_s(A) \geqslant \int_A g\mathrm{d}\mu + \nu_s(A \cap P) \\
& \geqslant \int_A g\mathrm{d}\mu + \varepsilon\mu(A \cap P) \\
& = \int_A (g + \varepsilon\chi_P)\,\mathrm{d}\mu,
\end{aligned}
$$

因此 $g + \varepsilon\chi_P \in \mathcal{H}$, 但是

$$
\int_\Omega (g + \varepsilon\chi_P)\,\mathrm{d}\mu = \int_\Omega g\mathrm{d}\mu + \varepsilon\mu(P) > U,
$$

这与 $U$ 的定义矛盾.

由于 $\nu_s \perp \mu$, 因此存在 $M \in \mathcal{F}$ 使得

$$
\mu(M) = 0, \qquad \nu_s(\overline{M}) = 0, \qquad \overline{M} = \Omega \setminus M,
$$

又因为 $\nu_s \ll \mu$, 对任意 $A \in \mathcal{F}$, 由于 $\mu(A \cap M) \leqslant \mu(M) = 0$, 所以 $\nu_s(A \cap \dot{M}) = 0$, 从而有

$$
\nu_s(A) = \nu_s(A \cap M) + \nu_s(A \cap \overline{M}) = 0,
$$

由 $A \in \mathcal{F}$ 的任意性得 $\nu_s = 0$, 即(5.20)成立.

如果 $\mu$ 和 $\nu$ 是 $\sigma$-有限测度, 则可以将 $\Omega$ 分解为

$$
\Omega = \bigcup_{n=1}^{\infty} X_n,
$$

其中 $X_1, X_2, \cdots$ 两两不交, 且 $\mu(X_n) < \infty, \nu(X_n) < \infty, n = 1, 2, \cdots$, 令

$$
\mu_n(A) = \mu(A \cap X_n), \qquad \nu_n(A) = \nu(A \cap X_n), \qquad \forall A \in \mathcal{F},
$$

则存在非负可测函数 $g_n$ 使得

$$
\nu_n(A) = \int_A g_n\mathrm{d}\mu_n = \int_A g_n\chi_{X_n}\mathrm{d}\mu, \qquad \forall A \in \mathcal{F}, \ n = 1, 2, \cdots,
$$

根据非负可测函数的逐项积分公式得

$$
\nu(A) = \sum_{n=1}^{\infty} \nu_n(A) = \int_A \sum_{n=1}^{\infty} g_n\chi_{X_n}\mathrm{d}\mu := \int_A g\mathrm{d}\mu, \qquad \forall A \in \mathcal{F},
$$

定理得证.

对于符号测度, 我们也有类似的定理.

定理 5.7 **(Radon-Nikodym定理II)** 设 $\nu$ 和 $\mu$ 分别是定义在可测空间 $(\Omega, \mathcal{F})$ 上的 $\sigma$-有限的符号测度和测度, 如果 $\nu \ll \mu$, 则存在 $\Omega$ 上的唯一的可测函数 $g$ 使得

$$\nu(A) = \int_A g \mathrm{d}\mu, \qquad \forall A \in \mathcal{F}. \tag{5.25}$$

**证明** 根据符号测度的Jordan分解定理, $\nu$ 可以唯一地分解为两个互相奇异的测度之差:

$$\nu = \nu^+ - \nu^-,$$

如果 $\nu \ll \mu$, 则 $\nu^+, \nu^- \ll \mu$, 利用测度的Radon-Nikodym定理得

$$\nu^+(A) = \int_A g^+ \mathrm{d}\mu, \qquad \forall A \in \mathcal{F},$$

$$\nu^-(A) = \int_A g^- \mathrm{d}\mu, \qquad \forall A \in \mathcal{F},$$

将以上两式相减, 得

$$\nu(A) = \nu^+(A) - \nu^-(A) = \int_A (g^+ - g^-) \mathrm{d}\mu := \int_A g \mathrm{d}\mu.$$

如果符号测度 $\nu$ 对于测度 $\mu$ 不是绝对连续的, 则可以将 $\nu$ 分解为

$$\nu = \nu_a + \nu_s, \tag{5.26}$$

其中 $\nu_a \ll \mu, \nu_s \perp \mu$, 而且这种分解是唯一的.

定理 5.8 **(积分换元公式)** 设 $\nu$ 和 $\mu$ 分别是定义在可测空间 $(\Omega, \mathcal{F})$ 上的 $\sigma$-有限的测度, 如果 $\nu \ll \mu$, 则存在 $\Omega$ 上的唯一的可测函数 $g$ 使得对于任意非负可测函数 (或一般的积分存在的函数) $f$ 皆有

$$\int_\Omega f \mathrm{d}\nu = \int_\Omega f g \mathrm{d}\mu = \int_\Omega f \frac{\mathrm{d}\nu}{\mathrm{d}\mu} \mathrm{d}\mu. \tag{5.27}$$

这个定理的证明留作练习.

**125**

# 拓展阅读建议

本章我们学习了极大函数的概念与性质、Hardy-Littlewood定理、Lebesgue微分定理、符号测度的概念与性质、符号测度的分解定理、Radon-Nikodym定理和积分换元定理. 这些知识是学习高等概率论、随机分析、调和分析、泛函分析等课程所必备的, 希望大家牢固掌握. 关于Lebesgue微分定理和极大函数的进一步拓展可参考[17]（第二章）、[18]（第一章）或者[15]（第三章）；关于符号测度及其分解定理的进一步拓展可参考[15]（第六章6.4节）或[16]（第17章）；关于Radon-Nikodym定理的其他版本及证明可参考[16]（第18章）.

# 人物简介：拉冬(Johann Karl August Radon)

拉冬(Johann Karl August Radon, 1887 ～ 1956), 奥地利著名数学家, 在测度论、积分几何、变分法等领域都有原创贡献. 1887年12月16日生于奥匈帝国波西米亚杰钦（Tetschen）, 1910年获得维也纳大学的博士学位, 随后在哥廷根大学度过了一个冬季学期, 1912 ～ 1919年执教于维也纳科技大学. 1919年拉冬成为汉堡大学的副教授, 1922年成为格赖夫斯瓦尔德大学正式教授, 1925年成为埃尔朗根大学教授, 1928 ～ 1945年为布雷斯劳大学教授, 1946年10月受聘为维也纳大学数学研究所教授. 1939年拉冬成为奥地利科学院通信会员, 1947年成为正式会员, 1952 ～ 1956年担任数学与科学委员会秘书, 1948 ～ 1950年期间担任奥地利数学协会主席. 1913年拉冬证明了$\mathbb{R}^n$上的测度的一个表示定理, 后来被Nikodym推广至一般测度空间, 这就是著名的Radon-Nikodym定理, 是测度论中最重要的定理之一. 1917年拉冬提出了著名的Radon变换, 后来被广泛用于医学成像和地质勘探.

# 第5章习题

1. 设 $f$ 是 $(\Omega, \mathcal{F}, \mu)$ 上的可积函数, 试证明对任意 $\lambda > 0$ 皆有

$$\mu\left(\{|f| > \lambda\}\right) \leqslant \frac{1}{\lambda} \int_{\{|f| > \lambda\}} |f| \mathrm{d}\mu \leqslant \frac{1}{\lambda} \|f\|_{L^1}. \tag{5.28}$$

2. 设 $M$ 是 Hardy-Littlewood 极大算子, $f, g$ 是 $\mathbb{R}^n$ 上的局部可积函数, $\alpha$ 是常数, 试证明:

i). $M(f + g)(x) \leqslant Mf(x) + Mg(x), \quad \forall\, x \in \mathbb{R}^n$;

ii). $M(\alpha f)(x) = |\alpha| Mf(x), \quad \forall\, x \in \mathbb{R}^n$.

3. 试证明 $\mathbb{R}$ 上的单调函数是几乎处处连续的.

4(分部积分公式). 设 $f$ 和 $g$ 都是 $[a, b]$ 上的 Lebesgue 可积函数, 令

$$F(x) = \alpha + \int_a^x f(t)\mathrm{d}t, \qquad G(x) = \beta + \int_a^x g(t)\mathrm{d}t, \qquad a \leqslant x \leqslant b, \tag{5.29}$$

其中 $\alpha$ 和 $\beta$ 是常数. 试证明:

i). $F(x), G(x)$ 几乎处处可微, 且有

$$F'(x) = f(x), \qquad \text{a.e. } x \in (a, b), \tag{5.30}$$

$$G'(x) = g(x), \qquad \text{a.e. } x \in (a, b). \tag{5.31}$$

ii). 有下列分部积分公式:

$$\int_a^b f(x)G(x)\mathrm{d}x = F(x)G(x)\big|_a^b - \int_a^b g(x)F(x)\mathrm{d}x. \tag{5.32}$$

5. 试证明性质 5.1.

6. 设 $\nu$ 是可测空间 $(\Omega, \mathcal{F})$ 上的符号测度, $P_i, i = 1, 2, \cdots$ 是 $\nu$ 的正子集, 试证明 $\cup_{i=1}^\infty P_i$ 也是 $\nu$ 的正子集.

7. 请给出定理 5.5 的详细证明.

8. 请给出定理5.6中分解的唯一性的证明.

9. 请给出定理5.8的证明.

10. （**泛函形式的单调类定理**） 设$\Omega$是一个非空集合, $\mathcal{A}$是$\Omega$上的$\pi$-系, 且$\Omega \in \mathcal{A}$. 设$\mathcal{H}$是由$\Omega$上的某些实值函数所组成的函数族, 如果$\mathcal{H}$满足下列条件:

i). 如果$A \in \mathcal{A}$, 则$\chi_A \in \mathcal{H}$;

ii). 如果$f, g \in \mathcal{H}$, $c \in \mathbb{R}$, 则$f + g, cf \in \mathcal{H}$;

iii). 如果$\{f_n : n = 1, 2, \cdots\} \subseteq \mathcal{H}$是非负的渐升函数列, 且$\lim_{n \to \infty} f_n(x) = f(x)$, $\forall x \in \Omega$, 则$f \in \mathcal{H}$.

则$\mathcal{H}$包含$\Omega$上所有$\sigma(\mathcal{A})$-可测的函数.

11. 利用第10题的结论证明定理5.8.

12. 设$(\Omega, \mathcal{F})$是一个可测空间, $P$是定义在其上的一个测度, 如果$P(\Omega) = 1$, 则称$P$是一个**概率测度**, 并称$(\Omega, \mathcal{F}, P)$是一个**概率空间**. 我们称概率空间$(\Omega, \mathcal{F}, P)$上的可测函数为**随机变量**. 对于随机变量$X$, 称

$$F_X(x) = P(\{X \leqslant x\}) \tag{5.33}$$

为$X$的**分布函数**. 称

$$EX := \int_\Omega X \mathrm{d}P \tag{5.34}$$

为$X$的**数学期望**.

i). 证明分布函数$F_X$是单调非减的, 且满足$\lim\limits_{u \to -\infty} F(u) = 0$, $\lim\limits_{u \to +\infty} F(u) = 1$;

ii). 证明$F_X$是右连续的, 即对任意$u_0 \in \mathbb{R}$皆有$\lim\limits_{u \to u_0^+} F(u) = F(u_0)$.

iii). 证明存在$\mathbb{R}$上的Borel测度$\nu_X$使得

$$P(\{X \in B\}) = \nu_X(B), \qquad \forall B \in \mathcal{B}, \tag{5.35}$$

其中$\mathcal{B}$是$\mathbb{R}$上的Borel代数.

**128**

iv). 设$X$是随机变量, $g$是$\mathbb{R}$上的Borel可测函数, 且$E[g(X)]$存在, 证明

$$E[g(X)] = \int_{\mathbb{R}} g(x)\mathrm{d}\nu_X(x), \tag{5.36}$$

其中$\nu_X$是iii)中定义的Borel测度.

v). 我们称一个定义在实数集$\mathbb{R}$上的函数$\phi$是**绝对连续的**, 如果对任意$\varepsilon > 0$, 存在$\delta > 0$使得对任意有限个不相交的区间$[x_i, y_i], i = 1, 2, \cdots, n$, 只要其长度之和

$$\sum_{i=1}^{n}(y_i - x_i) < \delta, \tag{5.37}$$

就有

$$\sum_{i=1}^{n}|\phi(y_i) - \phi(x_i)| < \varepsilon. \tag{5.38}$$

试证明如果$F_X$是绝对连续的, 则存在$\mathbb{R}$上的Borel可测函数$f_X$使得

$$EX = \int_{\mathbb{R}} x f_X(x)\mathrm{d}x, \tag{5.39}$$

而且这样的$f_X$在几乎处处相等的意义下是唯一的.

13. 设$(\Omega, \mathcal{F}, P)$是概率空间, $X, Y$是定义在其上的两个随机变量, $F_X, F_Y$分别是其分布函数, 记

$$F(x, y) = P(\{X \leqslant x, Y \leqslant y\}), \qquad \forall x, y \in \mathbb{R}, \tag{5.40}$$

称之为$X$与$Y$的**联合分布函数**. 如果

$$F(x, y) = F_X(x)F_Y(y), \qquad \forall x, y \in \mathbb{R}, \tag{5.41}$$

则称$X$与$Y$是独立的.

i). 证明如果$X, Y$是独立的, 则

$$P(X \in A, Y \in B) = P(X \in A)P(Y \in B), \qquad \forall A, B \in \mathcal{B}. \tag{5.42}$$

ii). 设$f, g$是实数集$\mathbb{R}$上的Borel可测函数, 证明如果$X, Y$是独立的, 则$f(X), g(Y)$也是独立的.

iii). 证明如果$X, Y$是独立的, 且$E(|X|), E(|Y|), E(|XY|)$有限, 则

$$E(XY) = EXEY. \tag{5.43}$$

**129**

14. 设$X,Y$是概率测度空间$(\Omega,\mathcal{F},P)$上的两个随机变量, 记

$$\sigma(Y) = \{Y^{-1}(B) : B \in \mathcal{B}\}, \tag{5.44}$$

其中$\mathcal{B}$是$\mathbb{R}$上的Borel代数.

i). 试证明$\sigma(Y)$是一个$\sigma$-代数（通常称为由$Y$生成的$\sigma$-代数）.

ii). 如果

$$X^{-1}(B) \in \sigma(Y), \qquad \forall B \in \mathcal{B}, \tag{5.45}$$

则称$X$是$\sigma(Y)$-**可测的**. 试证明$X$是$\sigma(Y)$-可测的当且仅当存在$\mathbb{R}$上的可测函数$f$使得

$$X(\omega) = f(Y(\omega)), \qquad \forall \omega \in \Omega. \tag{5.46}$$

iii). 设$E(|X|) < \infty$, 如果$Z$满足下面两个条件, 则称$Z$是$X$对$Y$的**条件期望**（通常记作$Z = E[X|Y]$）：

a. $Z$是$\sigma(Y)$可测的；

b. 对任意$A \in \sigma(Y)$皆有

$$\int_A X\mathrm{d}P = \int_A Z\mathrm{d}P. \tag{5.47}$$

试证明$X$对$Y$的条件期望是存在的, 而且在几乎处处相等的意义下是唯一的.

# 第6章 $L^p$-空间和Fourier变换

## §6.1 $L^p$-范数

设$(\Omega, \mathcal{F}, \mu)$是一个测度空间, $f$是定义在其上的可测函数, 对于$1 \leqslant p < \infty$, 定义

$$\|f\|_{L^p} = \left( \int_\Omega |f|^p \mathrm{d}\mu \right)^{1/p}, \tag{6.1}$$

称为$f$的$L^p$-**范数**, $\Omega$上所有满足$\|f\|_{L^p} < \infty$的可测函数$f$所构成的集合记作$L^p(\Omega)$, 称为$\Omega$上的$L^p$- **空间**.

如果$(\Omega, \mathcal{F}, \mu)$上的可测函数$f$满足

$$|f(x)| \leqslant M, \quad \text{a.e. } x \in \Omega,$$

则称$f$是$\Omega$上的**本性有界函数**, 并定义

$$\|f\|_{L^\infty} = \inf\{M : |f(x)| \leqslant M \quad \text{a.e. } x \in \Omega\}, \tag{6.2}$$

**131**

称之为$f$的$L^\infty$-**范数**, 并将$\Omega$上所有本性有界的函数所构成的集合记为$L^\infty(\Omega)$, 称为$\Omega$上的$L^\infty$-**空间**.

大家第一眼看到$L^\infty$-范数的定义时感到有些诧异, 这个古怪的定义似乎与当$p < \infty$时的$L^p$-范数定义不协调, 但可以证明当$\mu(\Omega) < \infty$时有

$$\|f\|_{L^\infty} = \lim_{p\to\infty} \|f\|_{L^p}. \tag{6.3}$$

不妨设$\|f\|_{L^\infty} = M < \infty$, 则对任意$M' < M$, 集合

$$E_{M'} = \{x \in \Omega : |f(x)| \geqslant M'\}$$

皆具有正的有限测度, 于是当$1 \leqslant p < \infty$时有

$$\begin{aligned}
\|f\|_{L^p} &= \left(\int_\Omega |f|^p \mathrm{d}\mu\right)^{1/p} \geqslant \left(\int_{E_{M'}} |f|^p \mathrm{d}\mu\right)^{1/p} \geqslant \left(\int_{E_{M'}} M'^p \mathrm{d}\mu\right)^{1/p} \\
&= M'\mu(E_{M'})^{1/p},
\end{aligned}$$

令$p \to \infty$, 得

$$\varliminf_{p\to\infty} \|f\|_{L^p} \geqslant M',$$

由$M' < M$的任意性得

$$\varliminf_{p\to\infty} \|f\|_{L^p} \geqslant M, \tag{6.4}$$

又因为

$$\|f\|_{L^p} \leqslant \left(\int_\Omega M^p \mathrm{d}\mu\right)^{1/p} = M\mu(\Omega)^{1/p},$$

令$p \to \infty$得

$$\varlimsup_{p\to\infty} \|f\|_{L^p} \leqslant M, \tag{6.5}$$

联合(6.4)与(6.5), 立刻推得(6.3).

接下来我们研究$L^p$-范数的性质, 需要证明两个重要的不等式, 即Hölder不等式和Minkowski不等式. 设$1 < p, q < \infty$, 如果

$$\frac{1}{p} + \frac{1}{q} = 1,$$

则称$p$与$q$是**共轭指标**, 此外还规定1的共轭指标是$\infty$.

引理 6.1 (**Young不等式**) 设$p > 1, q$是$p$的共轭指标, $a, b > 0$, 则

$$ab \leqslant \frac{a^p}{p} + \frac{b^q}{q}. \tag{6.6}$$

**证明** 由于函数$\ln x$在$(0, +\infty)$上严格上凸, $1/p + 1/q = 1$, 因此

$$\frac{1}{p} \ln x + \frac{1}{q} \ln y \leqslant \ln \left( \frac{1}{p} x + \frac{1}{q} y \right), \qquad \forall x, y > 0, \tag{6.7}$$

在(6.7)中取$x = a^p, y = b^q$, 得

$$\ln ab = \frac{1}{p} \ln a^p + \frac{1}{q} \ln b^q \leqslant \ln \left( \frac{a^p}{p} + \frac{b^q}{q} \right),$$

再由对数函数的单调性推出(6.6), 引理得证.

定理 6.1 (**Hölder不等式**) 设$p \geqslant 1, q$是$p$的共轭指标, $f \in L^p(\Omega), g \in L^q(\Omega)$, 则$fg \in L^1(\Omega)$, 且

$$\|fg\|_{L^1} \leqslant \|f\|_{L^p} \cdot \|g\|_{L^q}. \tag{6.8}$$

**证明** 当$p = 1$时定理显然成立, 接下来我们证明$p > 1$时定理成立. 如果$\|f\|_{L^p} = 0$或$\|g\|_{L^q} = 0$, 则$f$或$g$几乎处处等于零, 此时不等式显然成立, 故我们假设$\|f\|_{L^p}$和$\|g\|_{L^q}$都大于零. 由Young 不等式得

$$\frac{|fg|}{\|f\|_{L^p} \cdot \|g\|_{L^q}} = \frac{|f|}{\|f\|_{L^p}} \cdot \frac{|g|}{\|g\|_{L^q}} \leqslant \frac{1}{p} \frac{|f|^p}{\|f\|_{L^p}^p} + \frac{1}{q} \frac{|g|^q}{\|g\|_{L^q}^q}, \tag{6.9}$$

不等式(6.9)两边积分, 得

$$
\begin{aligned}
\frac{1}{\|f\|_{L^p} \cdot \|g\|_{L^q}} \int_\Omega |fg| \mathrm{d}\mu &\leqslant \frac{1}{p} \frac{1}{\|f\|_{L^p}^p} \int_\Omega |f|^p \mathrm{d}\mu + \frac{1}{q} \frac{1}{\|g\|_{L^q}^q} \int_\Omega |g|^q \mathrm{d}\mu \\
&= \frac{1}{p} \frac{1}{\|f\|_{L^p}^p} \|f\|_{L^p}^p + \frac{1}{q} \frac{1}{\|g\|_{L^q}^q} \|g\|_{L^q}^q \\
&= \frac{1}{p} + \frac{1}{q} = 1,
\end{aligned}
\tag{6.10}
$$

不等式(6.10)两边乘以$\|f\|_{L^p} \cdot \|g\|_{L^q}$, 立刻得到(6.8).

**注:** 在Hölder不等式中取$p = 2$就得到了下列Schwartz不等式:

$$\|fg\|_{L^1} \leqslant \|f\|_{L^2} \cdot \|g\|_{L^2}, \tag{6.11}$$

写成积分形式就是

$$\int_\Omega |fg|\mathrm{d}\mu \leqslant \left(\int_\Omega |f|^2\mathrm{d}\mu\right)^{1/2} \cdot \left(\int_\Omega |g|^2\mathrm{d}\mu\right)^{1/2} \tag{6.12}$$

**例 6.1**　设$1 < r < s < \infty$, $f \in L^r(\Omega) \cap L^s(\Omega)$, 则对任意$r < p < s$皆有$f \in L^p(\Omega)$, 且若

$$\frac{1}{p} = \lambda\frac{1}{r} + (1-\lambda)\frac{1}{s}, \tag{6.13}$$

则

$$\|f\|_{L^p} \leqslant \|f\|_{L^r}^\lambda \cdot \|f\|_{L^s}^{1-\lambda}. \tag{6.14}$$

**证明**　将$|f|^p$写成

$$|f|^p = |f|^{\lambda p} \cdot |f|^{(1-\lambda)p},$$

并取共轭指标

$$p' = \frac{r}{\lambda p}, \qquad q' = \frac{s}{(1-\lambda)p},$$

利用Hölder不等式, 得

$$\begin{aligned}
\|f\|_{L^p}^p &= \int_\Omega |f|^p\mathrm{d}\mu = \int_\Omega |f|^{\lambda p}|f|^{(1-\lambda)p}\mathrm{d}\mu \\
&\leqslant \left(\int_\Omega |f|^{\lambda pp'}\mathrm{d}\mu\right)^{1/p'} \cdot \left(\int_\Omega |f|^{(1-\lambda)pq'}\mathrm{d}\mu\right)^{1/q'} \\
&= \left(\int_\Omega |f|^r\mathrm{d}\mu\right)^{\frac{\lambda p}{r}} \cdot \left(\int_\Omega |f|^s\mathrm{d}\mu\right)^{\frac{(1-\lambda)p}{s}} \\
&= \|f\|_{L^r}^{\lambda p} \cdot \|f\|_{L^s}^{(1-\lambda)p},
\end{aligned} \tag{6.15}$$

不等式(6.15)两边开$p$次方, 立刻得到(6.14), 证毕.

**定理 6.2**　(Minkowski**不等式**) 设$1 \leqslant p \leqslant \infty$, $f, g \in L^p(\Omega)$, 则

$$\|f + g\|_{L^p} \leqslant \|f\|_{L^p} + \|g\|_{L^p}. \tag{6.16}$$

**证明**　我们只证$1 < p < \infty$的情形, 其余两种特殊情形留给读者自己完成.

$$\begin{aligned}
\|f + g\|_{L^p}^p &= \int_\Omega |f + g|^p\mathrm{d}\mu = \int_\Omega |f + g|^{p-1}|f + g|\mathrm{d}\mu \\
&\leqslant \int_\Omega |f + g|^{p-1}(|f| + |g|)\mathrm{d}\mu
\end{aligned}$$

$$= \int_\Omega |f+g|^{p-1}|f|\mathrm{d}\mu + \int_\Omega |f+g|^{p-1}|g|\mathrm{d}\mu, \tag{6.17}$$

接下来利用Hölder不等式, 得

$$\int_\Omega |f+g|^{p-1}|f|\mathrm{d}\mu \leqslant \left(\int_\Omega |f+g|^{(p-1)\cdot\frac{p}{p-1}}\mathrm{d}\mu\right)^{\frac{p-1}{p}} \cdot \left(\int_\Omega |f|^p\mathrm{d}\mu\right)^{\frac{1}{p}}$$

$$= \|f+g\|_{L^p}^{p-1} \cdot \|f\|_{L^p}, \tag{6.18}$$

同理可证

$$\int_\Omega |f+g|^{p-1}|g|\mathrm{d}\mu \leqslant \|f+g\|_{L^p}^{p-1} \cdot \|g\|_{L^p}, \tag{6.19}$$

联合(6.17)、(6.18)和(6.19), 得

$$\|f+g\|_{L^p}^p \leqslant \|f+g\|_{L^p}^{p-1}(\|f\|_{L^p} + \|g\|_{L^p}). \tag{6.20}$$

如果$\|f+g\|_{L^p} = 0$, 则不等式(6.16)已然成立; 如果$\|f+g\|_{L^p} > 0$, 则方程(6.20)两边同除以$\|f+g\|_{L^p}^{p-1}$即可得到(6.16).


现在归纳一下, $L^p$-范数$\|\cdot\|_{L^p}$满足下列性质:

i). **正定性**: $\|f\|_{L^p} \geqslant 0$, $\forall f \in L^p(\Omega)$, 且$\|f\|_{L^p} = 0$当且仅当$f = 0$; [1]

ii). **齐次性**: $\|\alpha f\|_{L^p} = |\alpha|\|f\|_{L^p}$, $\forall f \in L^p(\Omega)$, $\alpha \in \mathbb{R}$;

iii). **三角不等式**: $\|f+g\|_{L^p} \leqslant \|f\|_{L^p} + \|g\|_{L^p}$, $\forall f,g \in L^p(\Omega)$.

不难验证$L^p(\Omega)$对线性运算封闭, 因而是一个线性空间, 而且在其上定义了范数$\|\cdot\|_{L^p}$, 我们称$(L^p(\Omega), \|\cdot\|_{L^p})$是一个**线性赋范空间**. 更一般地, 如果在一个线性空间$V$上定义了某种范数$\|\cdot\|$, 满足正定性、齐次性和三角不等式, 则称$(V, \|\cdot\|)$是一个线性赋范空间.

---

[1]严格地说, 这里应该是$f(x) = 0$, a.e. $x \in \Omega$, 但由于本章频繁出现几乎处处相等, 如无特殊说明, $f = g$都表示$f$与$g$几乎处处相等.

# §6.2 $L^p$-空间的完备性

学习了$L^p$-范数之后, 我们便可以在$L^p$-空间上定义"距离", 使得我们可以用它来度量两个函数的偏离程度, 并且可以像在欧氏空间中定义点列的极限那样定义函数序列的极限.

设$1 \leqslant p \leqslant \infty$, $f, g \in L^p(\Omega)$, 定义$f$与$g$之间的$L^p$-距离为

$$d_p(f, g) = \|f - g\|_{L^p}. \tag{6.21}$$

由$L^p$-范数的性质不难推出$L^p$-距离具有下列性质:

i). **正定性**: $\forall f, g \in L^p(\Omega)$, $d_p(f, g) \geqslant 0$, 且$d_p(f, g) = 0$当且仅当$f = g$;

ii). **对称性**: $\forall f, g \in L^p(\Omega)$, $d_p(f, g) = d_p(g, f)$;

iii). **三角不等式**: $\forall f, g, h \in L^p(\Omega)$, $d_p(f, g) \leqslant d_p(f, h) + d_p(h, g)$.

以上三条性质中i)和ii)是显然的, iii)则是Minkowski的直接推论:

$$
\begin{aligned}
d_p(f, g) &= \|f - g\|_{L^p} = \|f - h + h - g\|_{L^p} \\
&\leqslant \|f - h\|_{L^p} + \|h - g\|_{L^p} \\
&= d_p(f, h) + d_p(h, g).
\end{aligned}
$$

有了距离之后, 我们便可以在$L^p$-空间中定义极限了.

**定义 6.1**　设$\{f_n\}$是$L^p(\Omega)$中的一列函数, 如果存在$f \in L^p(\Omega)$使得

$$\lim_{n \to \infty} d_p(f_n, f) = \lim_{n \to \infty} \|f - f_n\|_{L^p} = 0, \tag{6.22}$$

则称$\{f_n\}$**依$L^p$收敛于**$f$, 记作$f_n \xrightarrow{L^p} f$或$\lim_{n \to \infty} f_n = f$ $(L^p)$, 并称$f$为$\{f_n\}$**在$L^p$意义下的极限**.

**性质 6.1**　(**极限的唯一性**) 函数序列$\{f_n\}$在$L^p$意义下的极限如果存在, 则是唯一的.

**证明**　如果同时有$f_n \xrightarrow{L^p} f$, $f_n \xrightarrow{L^p} g$, 则

$$\lim_{n \to \infty} \|f_n - f\|_{L^p} = 0, \qquad \lim_{n \to \infty} \|f_n - g\|_{L^p} = 0,$$

于是

$$\|f - g\|_{L^p} = \lim_{n\to\infty}\|f - f_n + f_n - g\|_{L^p} \leqslant \lim_{n\to\infty}\|f_n - f\|_{L^p} + \lim_{n\to\infty}\|f_n - g\|_{L^p} = 0,$$

因此$f = g$, 这就证明了$\{f_n\}$在$L^p$意义下的极限是唯一的.

**定义 6.2**　设$\{f_n\} \subseteq L^p(\Omega)$, 如果对任意自然数$l$皆有

$$\lim_{n\to\infty}\|f_{n+l} - f_n\|_{L^p} = 0, \tag{6.23}$$

则称$\{f_n\}$是$L^p(\Omega)$中的**Cauchy序列**或**基本序列**.

从上面的定义不难推出$\{f_n\}$是$L^p(\Omega)$中的Cauchy序列当且仅当对任意$\varepsilon > 0$, 存在$N > 0$, 使当$n, k > N$时恒有

$$\|f_n - f_k\|_{L^p} < \varepsilon.$$

如果$\{f_n\}$是依$L^p$收敛的, 则$\{f_n\}$一定是Cauchy序列. 这是因为如果$f_n \xrightarrow{L^p} f$, 则

$$
\begin{aligned}
\lim_{n\to\infty}\|f_{n+k} - f_n\|_{L^p} &= \lim_{n\to\infty}\|f_{n+k} - f + f - f_n\|_{L^p} \\
&\leqslant \lim_{n\to\infty}\|f_{n+k} - f\|_{L^p} + \lim_{n\to\infty}\|f_n - f\|_{L^p} \\
&= 0.
\end{aligned}
$$

**命题 6.1**　设$\{f_n\}$是$L^p(\Omega)$中的Cauchy序列, 如果存在子列$\{f_{n_k} : k = 1, 2, \cdots\}$依$L^p$收敛, 则$\{f_n\}$本身也是依$L^p$收敛的.

**证明**　不妨设$f_{n_k} \xrightarrow{L^p} f$, 则

$$\|f_n - f\|_{L^p} = \|f_n - f_{n_k} + f_{n_k} - f\|_{L^p} \leqslant \|f_n - f_{n_k}\|_{L^p} + \|f_{n_k} - f\|_{L^p},$$

保持$n_k > n$, 同时令$n \to \infty$, 得

$$\lim_{n\to\infty}\|f_n - f\|_{L^p} \leqslant \lim_{n\to\infty}\|f_n - f_{n_k}\|_{L^p} + \lim_{k\to\infty}\|f_{n_k} - f\|_{L^p} = 0,$$

因此$f_n \xrightarrow{L^p} f$.

在一般的线性赋范空间$(V, \|\cdot\|)$中可以用同样的方式定义距离、极限和Cauchy序列, 极限的性质也与$L^p(\Omega)$相同. 如果线性赋范空间$(V, \|\cdot\|)$中每一个Cauchy序列都是收敛的, 则称$(V, \|\cdot\|)$是**完备的**, 完备的线性赋范空间也称为**Banach空间**.

接下来我们将证明$(L^p(\Omega), \|\cdot\|_{L^p})$是Banach空间, 我们须先作一些铺垫.

**引理 6.2**　设$1 \leqslant p < \infty$, $\{f_n\}$是$L^p(\Omega)$中的一个序列, 如果

$$\sum_{n=1}^{\infty} \|f_n\|_{L^p} < \infty, \tag{6.24}$$

则存在$f \in L^p(\Omega)$使得

$$\sum_{n=1}^{\infty} f_n = f \qquad (L^p), \tag{6.25}$$

即上面的无穷级数依$L^p$收敛于$f$.

**证明**　令

$$h_k = \sum_{n=1}^{k} |f_n|, \qquad h = \sum_{n=1}^{\infty} |f_n|,$$

则$h_k(x) \to h(x)$, $\forall x \in \Omega$, 根据单调收敛定理得

$$
\begin{aligned}
\int_{\Omega} h^p \mathrm{d}\mu &= \lim_{k \to \infty} \int_{\Omega} h_k^p \mathrm{d}\mu = \lim_{k \to \infty} \|h_k\|_{L^p}^p \\
&\leqslant \lim_{k \to \infty} \left( \sum_{n=1}^{k} \|f_n\|_{L^p} \right)^p \qquad \text{(Minkowski 不等式)} \\
&= M^p < \infty,
\end{aligned}
$$

其中$M = \sum_{n=1}^{\infty} \|f_n\|_{L^p}$. 由此推出$h$是几乎处处有限的, 也即$\sum_{n=1}^{\infty} f_n$是几乎处处绝对收敛的, 从而存在处处有限的可测函数$f$使得

$$\sum_{n=1}^{\infty} f_n(x) = f(x), \qquad \text{a.e. } x \in \Omega.$$

又因为

$$\left| \sum_{n=1}^{k} f_n \right|^p \leqslant \left( \sum_{n=1}^{k} |f_n| \right)^p \leqslant h^p, \qquad \int_{\Omega} h^p \mathrm{d}\mu < \infty,$$

根据Lebesgue控制收敛定理, 得

$$\int_{\Omega} |f|^p \mathrm{d}\mu = \lim_{k \to \infty} \int_{\Omega} \left| \sum_{n=1}^{k} f_n \right|^p \mathrm{d}\mu \leqslant \int_{\Omega} h^p \mathrm{d}\mu \leqslant M^p < \infty,$$

因此$f \in L^p(\Omega)$. 又注意到

$$\left| f - \sum_{n=1}^{k} f_n \right|^p = \left| \sum_{n=k+1}^{\infty} f_n \right|^p \leqslant \left( \sum_{n=k+1}^{\infty} |f_n| \right)^p \leqslant h^p, \qquad h^p \in L^1(\Omega),$$

再一次利用Lebesgue控制收敛定理, 得

$$\lim_{k\to\infty}\left\|f-\sum_{n=1}^{k}f_n\right\|_{L^p}^p = \lim_{k\to\infty}\int_\Omega\left|f-\sum_{n=1}^{k}f_n\right|^p\mathrm{d}\mu = \int_\Omega\lim_{k\to\infty}\left|f-\sum_{n=1}^{k}f_n\right|^p\mathrm{d}\mu = 0,$$

所以(6.25)成立.

现在我们可以证明$L^p$-空间的完备性了.

**定理 6.3** **(Riesz-Fischer定理)** 设$1\leqslant p\leqslant\infty$, 则$(L^p(\Omega),\|\cdot\|_{L^p})$是完备的线性赋范空间, 即Banach空间.

**证明** 先证明$1\leqslant p<\infty$的情形. 设$\{f_n\}$是$L^p(\Omega)$中任意一个Cauchy序列, 须证它是收敛的. 由Cauchy序列的性质, 对任意自然数$j$, 存在$n_j$使得

$$\|f_{n_j}-f_n\|_{L^p} < \frac{1}{2^j}, \qquad \forall n > n_j,$$

于是我们得到一列自然数$n_1 < n_2 < n_3 < \cdots$及相应子列$\{f_{n_j} : j=1,2,\cdots\}$, 满足

$$\|f_{n_{j+1}}-f_{n_j}\|_{L^p} < \frac{1}{2^j}, \qquad \forall j=1,2,\cdots.$$

令

$$g_1 = f_{j_1}, \quad g_2 = f_{j_2}-f_{j_1}, \quad g_3 = f_{j_3}-f_{j_2}, \quad \cdots,$$

则

$$\sum_{k=1}^{\infty}\|g_k\|_{L^p} < \|f_{j_1}\|_{L^p} + \sum_{k=1}^{\infty}\frac{1}{2^k} < \infty,$$

根据引理6.2, 级数$\sum_{k=1}^{\infty}g_k$在$L^p$意义下收敛于某个函数$f\in L^p(\Omega)$, 也即

$$\lim_{k\to\infty}f_{j_k} = \lim_{k\to\infty}\sum_{i=1}^{k}g_k = f \qquad (L^p).$$

又因为$\{f_n\}$是$L^p(\Omega)$中的Cauchy序列, 根据命题6.1, 只要有一个子列收敛于$f$, 它本身就收敛于$f$, 因此$f_n\xrightarrow{L^p}f$.

再来看$p=\infty$的情形. 设$\{f_n\}$是$L^\infty(\Omega)$中的Cauchy序列, 则对任意自然数$j$, 存在$n_j$使得

$$\|f_k-f_l\|_{L^\infty} < \frac{1}{2^j}, \qquad \forall k,l > n_j,$$

根据$L^\infty$-范数的定义, 存在零测集$Z_{j,k,l}$使得

$$|f_k(x)-f_l(x)| \leqslant \frac{1}{2^j}, \qquad \forall x\in\Omega\setminus Z_{j,k,l}, \; k,l > n_j,$$

现在令

$$Z = \bigcup_{j,k,l \in \mathbb{N}} Z_{j,k,l},$$

则$Z$是零测集, 且

$$|f_k(x) - f_l(x)| < \frac{1}{2^j}, \qquad \forall k, l > n_j,\, x \in \Omega \setminus Z, \tag{6.26}$$

因此对任意$x \in \Omega \setminus Z$, $\{f_n(x)\}$都是Cauchy数列, 由实数集的完备性(Cauchy收敛原理)推知$\{f_n(x)\}$收敛于某个实数$f(x)$. 这样, 我们就得到了一个在$\Omega$上几乎处处有定义的函数$f(x)$使得

$$\lim_{n \to \infty} f_n(x) = f(x), \qquad \text{a.e. } x \in \Omega.$$

在(6.26)中令$l \to \infty$, 得

$$|f_k(x) - f(x)| < \frac{1}{2^j}, \qquad \forall k > n_j,\, x \in \Omega \setminus Z,$$

因此对任意自然数$j$, 存在自然数$n_j$使得

$$\|f_k - f\|_{L^\infty} < \frac{1}{2^j}, \qquad \forall k > n_j,$$

即$f_k \xrightarrow{L^\infty} f$, 定理证明完毕.

在证明引理6.2和定理6.3的过程中, 我们实际上还证明了下列结果.

**定理 6.4** 设$1 \leqslant p \leqslant \infty$, $\{f_n\} \subseteq L^p(\Omega)$, 如果$f_n \xrightarrow{L^p} f$, 则存在子列$\{f_{n_k}\}$使得$f_{n_k}(x) \to f(x)$, a.e. $x \in \Omega$.

设$(V, \|\cdot\|)$是一个线性赋范空间, $E$是$V$的一个子集, 如果对任意$v \in V$, 皆存在$E$中的序列$\{w_n\}$使得

$$\lim_{n \to \infty} \|w_n - v\| = 0,$$

则称$E$在$V$中**稠密**, 或者说$E$是$V$的**稠密子集**. 例如有理数集$\mathbb{Q}$是$\mathbb{R}$的**稠密子集**.

下面的定理说明$L^p(\Omega)$中的简单函数所成之集合是$L^p(\Omega)$的稠密子集.

**定理 6.5** 设$1 \leqslant p \leqslant \infty$, 则对任意$f \in L^p(\Omega)$, 存在简单函数序列$\{\phi_n\} \subseteq L^p(\Omega)$使得

$$\lim_{n \to \infty} \|\phi_n - f\|_{L^p} = 0. \tag{6.27}$$

**证明** 我们只证$1 \leqslant p < \infty$的情形, $p = \infty$的情形由读者自己完成. 先设$h \in L^p(\Omega)$是非负可测函数, 则存在单调渐升的简单函数序列$\{\phi_n\}$使得$\phi_n(x) \to h(x)$, $\forall x \in \Omega$, 因为$|h - \phi_n|^p \leqslant |h|^p$且$|h|^p \in L^1(\Omega)$, 根据Lebesgue控制收敛定理得

$$\lim_{n \to \infty} \|h - \phi_n\|_{L^p}^p = \lim_{n \to \infty} \int_\Omega |h - \phi_n|^p \mathrm{d}\mu = \int_\Omega \lim_{n \to \infty} |h - \phi_n|^p \mathrm{d}\mu = 0,$$

因此$\phi_n \xrightarrow{L^p} h$.

对于一般的可测函数$f \in L^p(\Omega)$, 将其分解为$f = f^+ - f^-$, 根据上一步已经证明的结论, 存在非负可测函数序列$\{\phi_n^+\}$和$\{\phi_n^-\}$使得

$$\lim_{n \to \infty} \|\phi_n^+ - f^+\|_{L^p} = 0, \qquad \lim_{n \to \infty} \|\phi_n^- - f^-\|_{L^p} = 0,$$

令$\phi_n = \phi_n^+ - \phi_n^-$, 则

$$\begin{aligned} \lim_{n \to \infty} \|\phi_n - f\|_{L^p} &= \lim_{n \to \infty} \|\phi_n^+ - f^+ + f^- - \phi_n^-\|_{L^p} \\ &\leqslant \lim_{n \to \infty} \|\phi_n^+ - f^+\|_{L^p} + \lim_{n \to \infty} \|\phi_n^- - f^-\|_{L^p} \\ &= 0, \end{aligned}$$

定理得证.

接下来研究连续逼近问题. 设$E \subseteq \mathbb{R}^n$是Lebesgue可测集, $f \in L^p(E)$, 是否存在$E$上的连续函数序列$\{\varphi_n\}$使得

$$\lim_{n \to \infty} \|f - \varphi_n\|_{L^p} = 0 \tag{6.28}$$

呢? 答案是肯定的, 我们给出如下定理.

**定理 6.6** (**连续逼近定理**) 设$E \subseteq \mathbb{R}^n$是Lebesgue可测集, $f \in L^p(E)$, 则存在$E$上的具有紧支集的连续函数序列$\{\varphi_n\}$使得(6.28)成立.

**证明** 先设$f$具有紧支集, 因为$f \in L^p(E)$, 所以对任意自然数$n$, 存在$M_n > 0$使得

$$\int_{\{x \in E : |f(x)| > M_n\}} |f|^p \mathrm{d}\mu < \left(\frac{1}{2n}\right)^p,$$

令$f_n = f \cdot \chi_{\{|f| \leqslant M_n\}}$, 则$|f_n| \leqslant M_n$, 且

$$\int_E |f - f_n|^p \mathrm{d}\mu = \int_{\{x \in E : |f(x)| > M_n\}} |f|^p \mathrm{d}\mu < \left(\frac{1}{2n}\right)^p,$$

因此$\|f - f_n\|_{L^p} < 1/2n$. 根据命题4.10, 存在$\mathbb{R}^n$上的具有紧支集的连续函数$\varphi_n$使得

$$\mu\left(\{x \in E : \varphi_n(x) \neq f_n(x)\}\right) < \frac{1}{(2n)^p \cdot (2M_n)^p},$$

且$|\varphi_n| \leqslant M_n$, 于是

$$
\begin{aligned}
\int_E |f_n - \varphi_n|^p \mathrm{d}\mu &= \int_{\{x \in E : \varphi_n(x) \neq f_n(x)\}} |f_n - \varphi_n|^p \mathrm{d}\mu \\
&\leqslant (2M_n)^p \cdot \mu\left(\{x \in E : \varphi_n(x) \neq f_n(x)\}\right) \\
&< (2M_n)^p \cdot \frac{1}{(2n)^p \cdot (2M_n)^p} = \left(\frac{1}{2n}\right)^p,
\end{aligned}
$$

所以$\|f_n - \varphi_n\|_{L^p} < 1/2n$. 再利用Minkowski不等式, 得

$$\|f - \varphi_n\|_{L^p} = \|f - f_n + f_n - \varphi_n\|_{L^p} \leqslant \|f - f_n\|_{L^p} + \|f_n - \varphi_n\|_{L^p} < \frac{1}{n},$$

当$f$具有紧支集时定理得证.

如果$f$没有紧支集, 则对每一个自然数$n$, 取$R_n$充分大使得

$$\int_{\{|x| \geqslant R_n\}} |f|^p \mathrm{d}x < \left(\frac{1}{2n}\right)^p,$$

令$f_n = f \cdot \chi_{\{|x| < R_n\}}$, 则$f_n$具有紧支集, 根据上一步已经证明的结论, 存在具有紧支集的连续函数$\varphi_n$使得

$$\|f_n - \varphi_n\|_{L^p} < \frac{1}{2n},$$

于是

$$\|f - \varphi_n\|_{L^p} \leqslant \|f - f_n\|_{L^p} + \|f_n - \varphi_n\|_{L^p} < \frac{1}{2n} + \frac{1}{2n} = \frac{1}{n},$$

定理得证.

**例 6.2**　设$f \in L^p(\mathbb{R}^n)$, $1 \leqslant p < \infty$, 试证明

$$\lim_{|h| \to 0} \|f(\cdot + h) - f\|_{L^p} = 0. \tag{6.29}$$

**证明**　注意到$|f(\cdot + h) - f|^p \leqslant 2^p(|f(\cdot + h)|^p + |f|^p) \in L^1(\mathbb{R}^n)$, 于是由控制收敛定理得

$$
\begin{aligned}
\lim_{|h| \to 0} \|f(\cdot + h) - f\|_{L^p}^p &= \lim_{|h| \to 0} \int_{\mathbb{R}^n} |f(x + h) - f(x)|^p \mathrm{d}x \\
&= \int_{\mathbb{R}^n} \lim_{|h| \to 0} |f(x + h) - f(x)|^p \mathrm{d}x \\
&= 0. \tag{6.30}
\end{aligned}
$$

**例 6.3**　设 $E \subseteq \mathbb{R}^n$ 是 Lebesgue 可测集, 对于 $\delta > 0$, 记 $E_\delta = \{x + h : x \in E, h \in \mathbb{R}^n, |h| < \delta\}$, 如果 $f \in L^p(E_\delta)$ $(1 \leqslant p < \infty)$, 则

$$\lim_{|h| \to 0} \|f(\cdot + h) - f\|_{L^p(E)} = 0. \tag{6.31}$$

**证明**　注意到当 $|h| < \delta$ 时, $f, f(\cdot + h) \in L^p(E)$, 由控制收敛定理得

$$
\begin{aligned}
\lim_{|h| \to 0} \|f(\cdot + h) - f\|_{L^p(E)}^p &= \lim_{|h| \to 0} \int_E |f(x + h) - f(x)|^p \mathrm{d}x \\
&= \lim_{|h| \to 0} \int_{E_\delta} |f(x + h) - f(x)|^p \chi_E \mathrm{d}x \\
&= \int_{E_\delta} \lim_{|h| \to 0} |f(x + h) - f(x)|^p \chi_E \mathrm{d}x \\
&= 0.
\end{aligned}
\tag{6.32}
$$

作为一个特例, 考虑 $\mathbb{R}$ 上的周期为 $2\pi$ 的函数 $f(x)$, 如果

$$\|f\|_{\mathbb{T}} := \left( \int_{-\pi}^{\pi} |f(x)|^p \mathrm{d}x \right)^{1/p} < \infty,$$

则记 $f \in L^p(\mathbb{T})$. 根据例 6.3, 有

$$\lim_{h \to 0} \|f(\cdot + h) - f\|_{L^p(\mathbb{T})} = 0. \tag{6.33}$$

**143**

# §6.3 对偶性

设$(\Omega, \mathcal{F}, \mu)$是测度空间, $p, q$是共轭指标, 对于$f \in L^q(\Omega)$, 可以定义如下映射:

$$L_f : L^p(\Omega) \to \mathbb{R}, \qquad g \mapsto L_f(g) = \int_\Omega gf\mathrm{d}\mu, \tag{6.34}$$

则$L_f$是一个定义在$L^p(\Omega)$上的函数, 称为**泛函**, 本节研究这种泛函.

我们先介绍几个概念. 设$(V, \|\cdot\|)$是一个线性赋范空间, $L : V \to \mathbb{R}$是一个映射, 如果

$$L(\alpha u + \beta v) = \alpha L(u) + \beta L(v), \qquad \forall u, v \in V, \alpha, \beta \in \mathbb{R}, \tag{6.35}$$

则称$L$是$V$上的**线性泛函**；如果$L$还满足

$$|L(v)| \leqslant C\|v\|, \qquad \forall v \in V, \tag{6.36}$$

则称$L$是$V$上的**有界线性泛函**. $V$上的有界线性泛函之全体记作$V^*$, 称为$V$的**对偶空间**. 在$V^*$上定义加法与数乘运算如下: 设$L, L_1, L_2 \in V^*, \alpha \in \mathbb{R}$, 定义

$$L_1 + L_2 : V \to \mathbb{R}, \qquad v \mapsto (L_1 + L_2)(v) = L_1(v) + L_2(v),$$

$$\alpha L : V \to \mathbb{R}, \qquad v \mapsto (\alpha L)(v) = \alpha L(v).$$

不难验证$V^*$对上面定义的加法与数乘运算封闭, 因此构成一个线性空间.

如果$L \in V^*$, 则定义

$$\|L\|_* = \inf\{C : |L(v)| \leqslant C\|v\|, \forall v \in V\}, \tag{6.37}$$

并称$\|\cdot\|_*$为$\|\cdot\|$的**对偶范数**.

**命题 6.2** 设$(V, \|\cdot\|)$是一个线性赋范空间, $L$是$V$上的有界线性泛函, 则

$$\|L\|_* = \sup_{v \in V, \|v\|=1} |L(v)|. \tag{6.38}$$

**证明** 记

$$M = \sup_{v \in V, \|v\|=1} |L(v)|,$$

如果$v \neq 0$, 则

$$|L(v)| = \left| L\left(\frac{v}{\|v\|}\right) \right| \cdot \|v\| \leqslant M\|v\|,$$

如果$v = 0$, 显然也有$|L(v)| \leqslant M\|v\|$, 从而对任意$v \in V$皆有$|L(v)| \leqslant M\|v\|$, 由对偶范数的定义, 得$\|L\|_* \leqslant M$.

为了证明反向不等式成立, 任取$\varepsilon > 0$, 必存在$v_0 \in V, \|v_0\| = 1$使得

$$|L(v_0)| > M - \varepsilon = (M - \varepsilon)\|v_0\|,$$

因此$\|L\|_* > M - \varepsilon$, 由$\varepsilon > 0$的任意性得$\|L\|_* \geqslant M$, 结合前面已经证明的不等式立刻得到$\|L\|_* = M$, 命题得证.

利用(6.38)不难证明$\|\cdot\|_*$满足范数定义的三个条件（正定性、齐次性和三角不等式）, 因此$\|\cdot\|_*$确实是$V^*$上的范数, 从而$(V^*, \|\cdot\|_*)$构成一个线性赋范空间.

**定理 6.7**  设$1 < p \leqslant \infty, f \in L^q(\Omega)$, $q$是$p$的共轭指标, 则由(6.34)定义的$L_f$是$L^p(\Omega)$上的有界线性泛函, 且$\|L_f\|_* = \|f\|_{L^q}$. 如果$(\Omega, \mathcal{F}, \mu)$是$\sigma$-有限的测度空间, 则当$p = 1$时结论也成立.

**证明**  当$1 < p < \infty$时, 根据Hölder不等式, 得

$$|L_f(g)| \leqslant \int_\Omega |fg| \mathrm{d}\mu \leqslant \|f\|_{L^q} \cdot \|g\|_{L^p}, \qquad \forall g \in L^p(\Omega),$$

因此$L_f$是$L^p(\Omega)$上的有界线性泛函, 且$\|L_f\|_* \leqslant \|f\|_{L^q}$. 为了证明$\|L_f\|_* = \|f\|_{L^q}$, 我们取

$$g_0(x) = \mathsf{sgn}(f(x)) \cdot \left(\frac{|f(x)|}{\|f\|_{L^q}}\right)^{q/p}, \quad \text{其中} \quad \mathsf{sgn}(t) = \begin{cases} 1, & t \geqslant 0, \\ -1, & t < 0, \end{cases}$$

则

$$\|g_0\|_{L^p}^p = \int_\Omega |g_0|^p \mathrm{d}\mu = \frac{1}{\|f\|_{L^q}^q} \int_\Omega |f|^q \mathrm{d}\mu = 1,$$

$$L_f(g_0) = \int_\Omega f g_0 \mathrm{d}\mu = \int_\Omega |f| \left(\frac{|f|}{\|f\|_{L^q}}\right)^{q/p} \mathrm{d}\mu = \frac{1}{\|f\|_{L^q}^{q/p}} \int_\Omega |f|^q \mathrm{d}\mu = \|f\|_{L^q},$$

所以

$$\|L_f\|_* = \sup_{g \in L^p(\Omega), \|g\|_{L^p} = 1} |L_f(g)| = \|f\|_{L^q}.$$

当$p = \infty$时, 由于$|g(x)| \leqslant \|g\|_{L^\infty}, \text{a.e. } x \in \Omega$, 因此

$$|L_f(g)| \leqslant \int_\Omega |fg| \mathrm{d}\mu \leqslant \|g\|_{L^\infty} \int_\Omega |f| \mathrm{d}\mu = \|g\|_{L^\infty} \cdot \|f\|_{L^1},$$

所以$\|L_f\|_* \leqslant \|f\|_{L^1}$. 再取$g_0(x) = \mathsf{sgn}(f(x))$, 则$\|g_0\|_{L^\infty} = 1$, 且

$$L_f(g_0) = \int_\Omega f \cdot \mathsf{sgn}(f) \mathrm{d}\mu = \int_\Omega |f| \mathrm{d}\mu = \|f\|_{L^1},$$

因此$\|L_f\|_* = \|f\|_{L^1}$.

如果$(\Omega, \mathcal{F}, \mu)$是$\sigma$-有限的测度空间, 则存在渐升可测集列$\{A_n\}$使得

$$\Omega = \bigcup_{n=1}^{\infty} A_n, \qquad \mu(A_n) < \infty, \quad n = 1, 2, \cdots.$$

对于$f \in L^\infty(\Omega)$有

$$|L_f(g)| \leqslant \int_\Omega |fg| \mathrm{d}\mu \leqslant \|f\|_{L^\infty} \cdot \|g\|_{L^1}, \qquad \forall g \in L^1(\Omega),$$

因此$L_f$是$L^1(\Omega)$上的有界线性泛函, 且$\|L_f\|_* \leqslant \|f\|_{L^\infty}$. 对任意$\varepsilon > 0$, 令

$$E_\varepsilon = \{x \in \Omega : |f(x)| > \|f\|_{L^\infty} - \varepsilon\},$$

则$0 < \mu(E_\varepsilon) \leqslant \infty$, 注意到$\{B_n = A_n \cap E_\varepsilon : n = 1, 2, \cdots\}$是测度有限的渐升可测集列, 且

$$\lim_{n \to \infty} \mu(B_n) = \mu(E_\varepsilon) > 0,$$

因此一定存在某个自然数$k$使得$0 < \mu(B_k) < \infty$, 取

$$g_0(x) = \mathsf{sgn}(f(x)) \frac{\chi_{B_k}}{\mu(B_k)},$$

则$\|g_0\|_{L^1} = 1$, 且

$$
\begin{aligned}
L_f(g_0) &= \int_\Omega fg \mathrm{d}\mu = \frac{1}{\mu(B_k)} \int_{B_k} |f| \mathrm{d}\mu \geqslant \frac{1}{\mu(B_k)} \int_{B_k} (\|f\|_{L^\infty} - \varepsilon) \mathrm{d}\mu \\
&= \|f\|_{L^\infty} - \varepsilon,
\end{aligned}
$$

所以$\|L_f\|_* \geqslant \|f\|_{L^\infty} - \varepsilon$, 由$\varepsilon > 0$的任意性得$\|L_f\|_* \geqslant \|f\|_{L^\infty}$, 再结合前面已经证明的不等式, 得$\|L_f\|_* = \|f\|_{L^\infty}$.

定理6.7表明每一个函数$f \in L^q(\Omega)$都可以通过(6.34)定义一个$L^p(\Omega)$上的有界线性泛函, 那么反过来, 是否$L^p(\Omega)$上的每一个有界线性泛函都可以表示成(6.34)的形式呢? 这就是我们接下来要研究的问题. 在给出定理之前我们需要先做一些准备工作.

设$L$是线性赋范空间$(V, \|\cdot\|)$上的一个泛函, 如果对$V$中的任意收敛序列$\{v_n\}$皆有

$$\lim_{n \to \infty} L(v_n) = L(v), \qquad \text{其中} \qquad v = \lim_{n \to \infty} v_n, \tag{6.39}$$

则称$L$是$V$上的**连续泛函**.

对于线性泛函, 连续性和有界性是等价的, 这就是下面的命题.

**命题 6.3**   设 $(V, \|\cdot\|)$ 是一个线性赋范空间, $L$ 是 $V$ 上的线性泛函, 则 $L$ 是有界的当且仅当 $L$ 是连续的.

**证明**   如果 $L$ 是有界的, 则对 $V$ 中的任意收敛序列 $\{v_n\}$ 及 $v = \lim_{n \to \infty} v_n$ 皆有

$$|L(v_n) - L(v)| = |L(v_n - v)| \leqslant \|L\|_* \|v_n - v\| \to 0, \qquad n \to \infty,$$

因此 $L$ 是连续的.

反之, 如果 $L$ 是连续的但不是有界的, 则对任意自然数 $n$, 皆存在 $V$ 中的非零元素 $v_n$ 使得

$$|L(v_n)| \geqslant n\|v_n\|,$$

由于 $L$ 是线性泛函, 因此有

$$L\left(\frac{v_n}{n\|v_n\|}\right) \geqslant 1,$$

令 $w_n = v_n / (n\|v_n\|), n = 1, 2, \cdots$, 则

$$L(w_n) \geqslant 1, \qquad \|w_n\| = \frac{1}{n} \to 0, \ n \to \infty,$$

这显然与 $L$ 的连续性矛盾, 这就证明了如果 $L$ 连续则一定有界.

**引理 6.3**   设 $1 < p < \infty$, $(\Omega, \mathcal{F}, \mu)$ 是有限测度空间, 如果 $L$ 是 $L^p(\Omega)$ 上的有界线性泛函, 令

$$\nu(E) = L(\chi_E), \qquad \forall E \in \mathcal{F}, \tag{6.40}$$

则 $\nu$ 是 $(\Omega, \mathcal{F})$ 上的一个符号测度, 且 $\nu \ll \mu$.

**证明**   先证明 $\nu$ 是符号测度. 显然有

$$\nu(\varnothing) = L(\chi_\varnothing) = L(0) = 0,$$

又由于

$$|\nu(E)| = |L(\chi_E)| \leqslant \|L\|_* \|\chi_E\|_{L^p} = \|L\|_* \mu(E)^{1/p},$$

因此 $\nu$ 是有限的. 设 $E_1, E_2, \cdots \in \mathcal{F}$ 两两不相交, $E = \cup_{i=1}^\infty E_i$, 则由于

$$\sum_{i=1}^\infty \mu(E_i) = \mu(E) < \infty,$$

因此

$$\sum_{i=n+1}^\infty \mu(E_i) \to 0, \qquad n \to \infty,$$

于是

$$\lim_{n\to\infty}\left\|\chi_E - \sum_{i=1}^{n}\chi_{E_i}\right\|_{L^p} = \lim_{n\to\infty}\mu\left(\bigcup_{i=n+1}^{\infty}E_i\right)^{1/p}$$

$$= \lim_{n\to\infty}\left[\sum_{i=n+1}^{\infty}\mu(E_i)\right]^{1/p} = 0,$$

由于$L$是$L^p(\Omega)$上的连续线性泛函, 因此有

$$\nu\left(\bigcup_{i=1}^{\infty}E_i\right) = L\left(\sum_{i=1}^{\infty}\chi_{E_i}\right) = \lim_{n\to\infty}L\left(\sum_{i=1}^{n}\chi_{E_i}\right) = \lim_{n\to\infty}\sum_{i=1}^{n}L\left(\chi_{E_i}\right)$$

$$= \lim_{n\to\infty}\sum_{i=1}^{n}\nu(E_i)$$

$$= \sum_{i=1}^{\infty}\nu(E_i),$$

这就证明了$\nu$的可列可加性. 综上所述, 我们证明了$\nu$是一个有限的符号测度.

接下来证明$\nu \ll \mu$. 如果$\mu(E) = 0$, 则$\chi_E$几乎处处等于零, 因此$\chi_E$是$L^p(\Omega)$中的零元素[1], 由于$L$是线性泛函, 因此必有$L(\chi_E) = 0$, 从而

$$\nu(E) = L(\chi_E) = 0.$$

**定理 6.8**　设$(\Omega, \mathcal{F}, \mu)$是一个$\sigma$-有限的测度空间, $1 < p < \infty$, $q$是$p$的共轭指标, 则对于$L^p(\Omega)$上的任意一个有界线性泛函$L$, 都存在唯一的$f \in L^q(\Omega)$使得

$$L(g) = \int_{\Omega} gf\mathrm{d}\mu, \qquad \forall g \in L^p(\Omega), \tag{6.41}$$

且有$\|L\|_* = \|f\|_{L^q}$.

**证明**　先证$\mu$是有限测度的情形. 根据引理6.3, 由(6.40)定义的符号测度$\nu$对$\mu$绝对连续, 再根据Radon-Nikodym定理, 存在可测函数$f$使得

$$\nu(E) = \int_E f\mathrm{d}\mu, \qquad \forall E \in \mathcal{F}.$$

---

[1]严格地说, $L^p(\Omega)$中的元素不是函数而是等价类, 我们把几乎处处相等的函数称为是**对等的**, 彼此对等的函数拿来放在一起构成一个等价类, 不同的等价类才是$L^p(\Omega)$中的不同元素, 由于所有几乎处处等于0的函数都与0对等, 因此都看作是$L^p(\Omega)$的零元素, 用"0"表示.

接下来我们证明(6.41)成立. 对于简单函数$\phi = \sum_{i=1}^{n} c_i \chi_{E_i}$有

$$
\begin{aligned}
L(\phi) &= \sum_{i=1}^{n} c_i L(\chi_{E_i}) = \sum_{i=1}^{n} c_i \nu(E_i) = \sum_{i=1}^{n} c_i \int_{E_i} f \mathrm{d}\mu \\
&= \sum_{i=1}^{n} c_i \int_{\Omega} \chi_{E_i} f \mathrm{d}\mu \\
&= \int_{\Omega} \left( \sum_{i=1}^{n} c_i \chi_{E_i} \right) f \mathrm{d}\mu \\
&= \int_{\Omega} \phi f \mathrm{d}\mu.
\end{aligned}
$$

对于$g \in L^p(\Omega)$, 存在简单函数序列$\{\phi_n\}$使得

$$
\lim_{n \to \infty} \phi_n = g, \ \forall x \in \Omega, \quad \text{且} \quad |\phi_n| \leqslant |g|, \quad n = 1, 2, \cdots.
$$

由于$|\phi_n f| \leqslant |g| \cdot |f| \in L^1(\Omega)$, 由Lebesgue控制收敛定理得

$$
\int_{\Omega} g f \mathrm{d}\mu = \lim_{n \to \infty} \int_{\Omega} \phi_n f \mathrm{d}\mu = \lim_{n \to \infty} L(\phi_n), \tag{6.42}
$$

又因为$|g - \phi_n|^p \leqslant 2^p |g|^p \in L^1(\Omega)$, 由控制收敛定理得

$$
\lim_{n \to \infty} \|g - \phi_n\|_{L^p}^p = \lim_{n \to \infty} \int_{\Omega} |g - \phi_n|^p \mathrm{d}\mu = \int_{\Omega} \lim_{n \to \infty} |g - \phi_n|^p \mathrm{d}\mu = 0,
$$

因此$\phi_n \xrightarrow{L^p} g$, 由于$L$是连续线性泛函, 利用(6.42), 得

$$
\int_{\Omega} g f \mathrm{d}\mu = \lim_{n \to \infty} L(\phi_n) = L(g). \tag{6.43}
$$

为了估计$\|f\|_{L^q}$, 在(6.43)中取

$$
g_0 = \operatorname{sgn}(f) |f|^{q-1},
$$

则

$$
\int_{\Omega} |g_0|^p \mathrm{d}\mu = \int_{\Omega} |f|^{p(q-1)} \mathrm{d}\mu = \int_{\Omega} |f|^q \mathrm{d}\mu,
$$

因此$\|g_0\|_{L^p} = \|f\|_{L^q}^{q/p} < \infty$, 即$g_0 \in L^p(\Omega)$. 注意到

$$
L(g_0) = \int_{\Omega} g_0 f \mathrm{d}\mu = \int_{\Omega} |f|^q \mathrm{d}\mu = \|f\|_{L^q}^q,
$$

由于$|L(g_0)| \leqslant \|L\|_* \|g_0\|_{L^p} = \|L\|_* \|f\|_{L^q}^{q/p}$, 因此必有

$$
\|f\|_{L^q} \leqslant \|L\|_*. \tag{6.44}
$$

为了证明(6.44)的反向不等式, 注意到

$$|L(g)| = \left| \int_\Omega gf\mathrm{d}\mu \right| \leqslant \|f\|_{L^q} \|g\|_{L^p}, \qquad \forall\, g \in L^p(\Omega),$$

因此$\|L\|_* \leqslant \|f\|_{L^q}$, 结合(6.44), 得$\|L\|_* = \|f\|_{L^q}$.

现在证明$f$的唯一性. 如果$f_1, f_2 \in L^q(\Omega)$满足

$$L(g) = \int_\Omega gf_1\mathrm{d}\mu = \int_\Omega gf_2\mathrm{d}\mu, \qquad \forall\, g \in L^p(\Omega),$$

则

$$\int_\Omega g(f_1 - f_2)\mathrm{d}\mu = 0, \qquad \forall\, g \in L^p(\Omega),$$

在上式中取$g = \mathsf{sgn}(f_1 - f_2)|f_1 - f_2|^{q-1} \in L^p(\Omega)$, 得$\|f_1 - f_2\|_{L^q}^q = 0$, 因此$f_1 = f_2$, 唯一性得证.

如果$\mu$是$\sigma$-有限测度, 则存在渐升可测集列$\Omega_1, \Omega_2, \cdots$使得

$$\Omega = \bigcup_{n=1}^\infty \Omega_n, \qquad \mu(\Omega_n) < \infty, \quad n = 1, 2, \cdots.$$

对于每一个有限测度空间$(\Omega_n, \mathcal{F}|_{\Omega_n}, \mu)$, 定理的结论是成立的, 其中$\mathcal{F}|_{\Omega_n}$是由$\mathcal{F}$中的那些是$\Omega_n$的子集的元素所构成的子$\sigma$-代数, 即

$$\mathcal{F}|_{\Omega_n} = \{E \in \mathcal{F} : E \subseteq \Omega_n\}.$$

因此对每一个$n$皆存在$f_n \in L^q(\Omega_n)$, $\mathsf{supp}(f_n) \subseteq \Omega_n$, 使得

$$L(g) = \int_{\Omega_n} gf_n\mathrm{d}\mu, \qquad \forall\, g \in L^p(\Omega_n),$$

且$\|f_n\|_{L^q} = \|L\|_*$. 由唯一性, $f_{n+1}$与$f_n$在$\Omega_n$上是几乎处处相等的, 因此可以按如下方式定义一个$\Omega$上的可测函数:

$$f(x) = f_n(x), \qquad \forall\, x \in \Omega_n, \, n = 1, 2, \cdots.$$

下面我们证明$f \in L^q$. 由于对任意$n$皆有

$$\int_{\Omega_n} |f|^q\mathrm{d}\mu = \int_\Omega |f_n|^q\mathrm{d}\mu \leqslant \|L\|_*,$$

所以

$$\int_\Omega |f|^q\mathrm{d}\mu = \lim_{n\to\infty} \int_{\Omega_n} |f|^q\mathrm{d}\mu \leqslant \|L\|_* < \infty.$$

对任意$g \in L^p(\Omega)$, 令

$$g_n = g \cdot \chi_{\Omega_n},$$

则由于$L$是连续线性泛函, 且$|g_n f| \leqslant |gf| \in L^1(\Omega)$, 由Lebesgue控制收敛定理得

$$L(g) = L\left(\lim_{n \to \infty} g_n\right) = \lim_{n \to \infty} \int_{\Omega_n} g_n f \mathrm{d}\mu = \int_{\Omega} gf \mathrm{d}\mu,$$

这就证明了(6.4). 证明$\|L\|_* = \|f\|_{L^q}$的方法与$\mu$是有限测度的情形完全一样, 在此从略.

**注:** 定理6.7和定理6.8表明下列对应

$$\tau : L^q(\Omega) \to L^p(\Omega)^*, \qquad f \mapsto L_f \tag{6.45}$$

是一一对应, 并且保持范数不变, 我们称之为**等距同构**. 两个等距同构的线性赋范空间通常视为同一个空间, 从这个意义上说, $L^p(\Omega)$的对偶空间就是$L^q(\Omega)$, 即

$$L^p(\Omega)^* = L^q(\Omega). \tag{6.46}$$

作为对偶性定理的应用, 我们来证明下列**广义Minkowski不等式**.

**命题 6.4 (广义Minkowski不等式)** 设$1 \leqslant p < \infty$, $f(x, y)$是$\mathbb{R}^n \times \mathbb{R}^m$上的可测函数, 若对于几乎处处的$y \in \mathbb{R}^m$, $f(\cdot, y) \in L^p(\mathbb{R}^n)$, 且有

$$\int_{\mathbb{R}^m} \|f(\cdot, y)\|_{L^p} \mathrm{d}y := \int_{\mathbb{R}^m} \left(\int_{\mathbb{R}^n} |f(x, y)|^p \mathrm{d}x\right)^{1/p} \mathrm{d}y < \infty, \tag{6.47}$$

令

$$F(x) = \int_{\mathbb{R}^m} f(x, y) \mathrm{d}y, \qquad \forall x \in \mathbb{R}^n, \tag{6.48}$$

则

$$\|F\|_{L^p} \leqslant \int_{\mathbb{R}^m} \|f(\cdot, y)\|_{L^p} \mathrm{d}y. \tag{6.49}$$

**证明** 当$p = 1$时, 由Tonelli定理得

$$
\begin{aligned}
\|F\|_{L^1} &= \int_{\mathbb{R}^n} \left|\int_{\mathbb{R}^m} f(x, y) \mathrm{d}y\right| \mathrm{d}x \leqslant \int_{\mathbb{R}^n} \int_{\mathbb{R}^m} |f(x, y)| \mathrm{d}y \mathrm{d}x \\
&= \int_{\mathbb{R}^m} \left(\int_{\mathbb{R}^n} |f(x, y)| \mathrm{d}x\right) \mathrm{d}y \\
&= \int_{\mathbb{R}^m} \|f(\cdot, y)\|_{L^1} \mathrm{d}y.
\end{aligned}
$$

当$1 < p < \infty$时, 设$q$是$p$的共轭指标, 则对任意$g \in L^q(\mathbb{R}^n)$皆有

$$
\begin{aligned}
\left| \int_{\mathbb{R}^n} F(x)g(x)\mathrm{d}x \right| &= \left| \int_{\mathbb{R}^n} \int_{\mathbb{R}^m} f(x,y)\mathrm{d}y\, g(x)\mathrm{d}x \right| \\
&\leqslant \int_{\mathbb{R}^n} \int_{\mathbb{R}^m} |f(x,y)||g(x)|\mathrm{d}y\mathrm{d}x \\
&= \int_{\mathbb{R}^m} \left( \int_{\mathbb{R}^n} |f(x,y)||g(x)|\mathrm{d}x \right)\mathrm{d}y \qquad \text{(Tonelli 定理)} \\
&\leqslant \int_{\mathbb{R}^m} \|f(\cdot,y)\|_{L^p} \|g\|_{L^q}\mathrm{d}y \qquad \text{(Hölder 不等式)} \\
&= \int_{\mathbb{R}^m} \|f(\cdot,y)\|_{L^p}\mathrm{d}y \cdot \|g\|_{L^q},
\end{aligned}
$$

根据定理6.8, 不等式(6.49)必成立.

为了搞清楚不等式(6.49)与Minkowski不等式有何联系, 我们举一个例子.

设有$f_1, f_2, \cdots, f_K \in L^p(\mathbb{R}^n)$, $E_1, E_2, \cdots, E_K$是$\mathbb{R}^m$中的两两不交可测集, 且$\mu(E_i) = 1, i = 1, 2, \cdots, K$, 令

$$
g(x,y) = \sum_{i=1}^{K} f_i(x)c_i\chi_{E_i}(y), \qquad \forall x \in \mathbb{R}^n, y \in \mathbb{R}^m, \tag{6.50}
$$

在上面的和式中, 对每一个$y \in \mathbb{R}^m$最多有一项非零, 因此有

$$
|g(x,y)|^p = \sum_{i=1}^{K} |f_i(x)|^p |c_i|^p \chi_{E_i}(y), \tag{6.51}
$$

$$
\begin{aligned}
\|g(\cdot,y)\|_{L^p} &= \left( \int_{\mathbb{R}^n} |g(x,y)|^p \mathrm{d}x \right)^{1/p} \\
&= \left( \int_{\mathbb{R}^n} \sum_{i=1}^{K} |f_i(x)|^p |c_i|^p \chi_{E_i}(y)\mathrm{d}x \right)^{1/p} \\
&= \left( \sum_{i=1}^{K} |c_i|^p \|f_i\|_{L^p}^p \chi_{E_i}(y) \right)^{1/p}
\end{aligned}
$$

$$= \sum_{i=1}^{K} |c_i| \cdot \|f_i\|_{L^p} \chi_{E_i}(y), \tag{6.52}$$

从而有

$$\int_{\mathbb{R}^m} \|g(\cdot, y)\|_{L^p} \, \mathrm{d}y = \sum_{i=1}^{K} |c_i| \cdot \|f_i\|_{L^p}. \tag{6.53}$$

再注意到

$$\int_{\mathbb{R}^m} g(x, y)\mathrm{d}y = \sum_{i=1}^{K} \int_{\mathbb{R}^m} f_i(x)c_i\chi_{E_i}(y)\mathrm{d}y = \sum_{i=1}^{K} c_i f_i(x), \quad \forall\, x \in \mathbb{R}^n,$$

因此不等式(6.49)转化为下列Minkowski不等式:

$$\left\| \sum_{i=1}^{K} c_i f_i \right\|_{L^p} \leqslant \sum_{i=1}^{K} |c_i| \cdot \|f_i\|_{L^p}. \tag{6.54}$$

# § 6.4 $L^2$-空间

前面几节我们讨论了一般的$L^p$-空间的性质, 这一节我们研究其中最重要的一种, 即$L^2$-空间, 这种空间之所以特殊是因为它除了具有一般$L^p$-空间的范数结构外还具有一种特别重要的结构——内积.

设$(\Omega, \mathcal{F}, \mu)$是一个测度空间, 我们先对定义在其上的函数的值域作些扩展, 允许函数值取复数, 即

$$f(x) = u(x) + \mathrm{i}v(x),$$

其中$u(x)$和$v(x)$都是定义在$\Omega$上的实值可测函数, 分别称为$f$的实部和虚部, i是虚数单位. $f$的共轭和模分别定义为

$$\overline{f(x)} = u(x) - \mathrm{i}v(x), \quad |f(x)| = \sqrt{f(x)\overline{f(x)}} = \sqrt{u(x)^2 + v(x)^2}.$$

$f$的积分定义为

$$\int_\Omega f\mathrm{d}\mu = \int_\Omega u\mathrm{d}\mu + \mathrm{i}\int_\Omega v\mathrm{d}\mu, \tag{6.55}$$

$f$的$L^p$-范数定义为

$$\|f\|_{L^p(\Omega)} = \left(\int_\Omega |f|^p\mathrm{d}\mu\right)^{1/p}, \tag{6.56}$$

这个定义与实值函数的$L^p$-范数形式上一样, 但须注意这里$|f|$表示复值函数$f$的模. 如果$\|f\|_{L^p} < \infty$, 则称$f \in L^p(\Omega)$. 不难验证$f \in L^p(\Omega)$当且仅当其实部和虚部都属于$L^p(\Omega)$.

对于复值函数下列不等式亦成立:

$$\left|\int_\Omega f\mathrm{d}\mu\right| \leqslant \int_\Omega |f|\mathrm{d}\mu. \tag{6.57}$$

下面我们来证明不等式(6.57). 注意到$\int_\Omega f\mathrm{d}\mu$是一个复数, 设其辐角为$\alpha$, 则

$$\begin{aligned}
\left|\int_\Omega f\mathrm{d}\mu\right| &= \mathrm{e}^{-\mathrm{i}\alpha}\int_\Omega f\mathrm{d}\mu = \int_\Omega \mathrm{e}^{-\mathrm{i}\alpha}f\mathrm{d}\mu \\
&= \int_\Omega \Re\left\{\mathrm{e}^{-\mathrm{i}\alpha}f\right\}\mathrm{d}\mu \\
&\leqslant \int_\Omega \left|\mathrm{e}^{-\mathrm{i}\alpha}f\right|\mathrm{d}\mu \\
&= \int_\Omega |f|\mathrm{d}\mu,
\end{aligned}$$

其中 $\Re\{e^{-i\alpha}f\}$ 表示 $e^{i\alpha}f$ 的实部, 第三个等号是因为 $\int_\Omega e^{-i\alpha}fd\mu = |\int_\Omega fd\mu|$ 是实数, 从而其虚部

$$\int_\Omega \Im\{e^{-i\alpha}f\}d\mu = 0.$$

设 $f,g \in L^2(\Omega)$, 定义

$$\langle f,g\rangle = \int_\Omega f\overline{g}d\mu, \tag{6.58}$$

称为 $f$ 与 $g$ 的(复)内积. 不难验证内积 $\langle\cdot,\cdot\rangle$ 具有下列性质:

i). **正定性**: $\langle f,f\rangle \geqslant 0, \ \forall f \in L^2(\Omega)$, 且 $\langle f,f\rangle = 0 \ \Leftrightarrow \ f = 0$;

ii). **共轭对称性**: $\langle f,g\rangle = \overline{\langle g,f\rangle}, \ \forall f,g \in L^2(\Omega)$;

iii). **共轭双线性**:

$$\langle a_1f_1 + a_2f_2, g\rangle = a_1\langle f_1,g\rangle + a_2\langle f_2,g\rangle, \ \forall f_1,f_2,g \in L^2(\Omega), \ a_1,a_2 \in \mathbb{C};$$

在 $L^2(\Omega)$ 上定义了内积 $\langle\cdot,\cdot\rangle$ 后, 称 $(L^2(\Omega),\langle\cdot,\cdot\rangle)$ 是一个**复内积空间**.

我们还发现

$$\|f\|_{L^2} = \sqrt{\langle f,f\rangle}, \qquad \forall f \in L^2(\Omega). \tag{6.59}$$

两个函数 $f,g \in L^2(\Omega)$ 如果满足 $\langle f,g\rangle = 0$, 则称 $f$ 与 $g$ 是**正交的**, 有时也记作 $f \perp g$.

设 $S \subseteq L^2(\Omega)$, 定义

$$S_\perp = \{f \in L^2(\Omega): f \perp s, \ \forall s \in S\}, \tag{6.60}$$

不难验证 $S_\perp$ 是 $L^2(\Omega)$ 的一个线性子空间, 称为 $S$ 的**垂空间**. 如果 $S_\perp = \{0\}$, 则称 $S$ 是 $L^2(\Omega)$ 的**完全系**; 如果对任意 $s_1,s_2 \in S, s_1 \neq s_2$ 皆有 $s_1 \perp s_2$, 则称 $S$ 是一个**正交系**; 如果 $\forall s \in S$ 皆有 $\|s\|_{L^2} = 1$, 则称 $S$ 是一个**规范系**; 如果 $S$ 同时具有正交性、规范性和完全性, 则称 $S$ 是 $L^2(\Omega)$ 的**正交规范基**, 也称作**标准正交基**.

例 6.4 考察三角函数系

$$\frac{1}{\sqrt{2\pi}}, \quad \frac{1}{\sqrt{\pi}}\cos kx, \quad \frac{1}{\sqrt{\pi}}\cos kx, \quad k = 1,2,\cdots,$$

证明它是 $L^2([-\pi,\pi])$ 的一个正交规范基.

证明 正交规范性是容易验证的：

$$\int_{-\pi}^{\pi}\frac{1}{\sqrt{2\pi}}\frac{1}{\sqrt{2\pi}}\mathrm{d}x=1,\quad \int_{-\pi}^{\pi}\frac{1}{\sqrt{2\pi}}\frac{1}{\sqrt{\pi}}\cos kx\mathrm{d}x=0,\quad \int_{-\pi}^{\pi}\frac{1}{\sqrt{2\pi}}\frac{1}{\sqrt{\pi}}\sin kx\mathrm{d}x=0,$$

$$\int_{-\pi}^{\pi}\frac{1}{\sqrt{\pi}}\sin mx\frac{1}{\sqrt{\pi}}\cos nx\mathrm{d}x=0,\qquad \forall\,m,n\in\mathbb{Z},$$

$$\int_{-\pi}^{\pi}\frac{1}{\sqrt{\pi}}\sin mx\frac{1}{\sqrt{\pi}}\sin nx\mathrm{d}x=\delta_{m,n}=\begin{cases}1,& m=n,\\ 0,& m\neq n,\end{cases}\qquad \forall\,m,n\in\mathbb{Z},$$

$$\int_{-\pi}^{\pi}\frac{1}{\sqrt{\pi}}\cos mx\frac{1}{\sqrt{\pi}}\cos nx\mathrm{d}x=\delta_{m,n},\qquad \forall\,m,n\in\mathbb{Z}.$$

证明三角函数系的完全性则要麻烦些, 我们分四步证明.

第一步： 如果$f$是$[-\pi,\pi]$上的实值连续函数, 且与三角函数系中每一个正交, 则$f(x)=0,\forall\,x\in(-\pi,\pi)$. 这一点证明如下： 如果存在$x_0\in(-\pi,\pi)$使得$f(x_0)\neq 0$, 不妨设$f(x_0)>0$, 则存在$\delta>0,b>0$使得

$$f(x)>b,\qquad \forall\,x\in I=(x_0-\delta,x_0+\delta),$$

定义三角多项式$p(x)$如下：

$$p(x)=1+\cos(x-x_0)-\cos\delta,$$

则当$x\in I$时$p(x)>1$, 当$x\in[-\pi,\pi]\setminus I$时$-1<p(x)<1$; 再令$J=(x_0-\delta/2,x_0+\delta/2)$, 则当$x\in J$时$p(x)\geqslant r>1$. 由于$f$与三角函数系正交, $p^n(x)$是三角多项式, 因此

$$\int_{-\pi}^{\pi}f(x)p^n(x)\mathrm{d}x=0,\qquad \forall\,n=1,2,\cdots,\tag{6.61}$$

但注意到

$$\int_I f(x)p^n(x)\mathrm{d}x\geqslant\int_J f(x)p^n(x)\mathrm{d}x\geqslant\int_J br^n\mathrm{d}x=\delta br^n\to\infty,\quad n\to\infty,$$

$$\left|\int_{[-\pi,\pi]\setminus I}f(x)p^n(x)\mathrm{d}x\right|\leqslant\int_{[-\pi,\pi]\setminus I}M\mathrm{d}x<2\pi M<\infty,$$

其中$M$是连续函数$|f(x)|$在$[-\pi,\pi]$上的最大值, 于是

$$\int_{-\pi}^{\pi}f(x)p^n(x)\mathrm{d}x=\int_I f(x)p^n(x)\mathrm{d}x+\int_{[-\pi,\pi]\setminus I}f(x)p^n(x)\mathrm{d}x\to\infty,\quad n\to\infty,$$

这显然与(6.61)矛盾.

**156**

第二步：对于一般的可测函数$f \in L^1([-\pi, \pi])$, 如果

$$F(u) := \int_{-\pi}^{u} f(x)\mathrm{d}x = 0, \qquad \forall\, u \in [-\pi, \pi], \tag{6.62}$$

则一定有$f(x) = 0$, a.e. $x \in (-\pi, \pi)$. 证明如下：对任意$-\pi \leqslant a \leqslant b \leqslant \pi$皆有

$$\int_{a}^{b} f(u)\mathrm{d}u = \int_{-\pi}^{b} f(u)\mathrm{d}u - \int_{-\pi}^{a} f(u)\mathrm{d}u = 0,$$

根据Lebesgue微分定理(定理5.1)得

$$f(x) = \lim_{r \to 0^+} \frac{1}{2r} \int_{x-r}^{x+r} f(u)\mathrm{d}u = 0, \qquad \text{a.e. } x \in (-\pi, \pi).$$

第三步：如果$f \in L^2([-\pi, \pi])$与三角函数系正交, 则必有$f(x) = 0$, a.e. $x \in [-\pi, \pi]$. 为了证明这一点, 根据第二步的结论, 只须证明(6.62)即可, 注意到$F$是一个连续函数, 根据第一步的结论, 只要证明$F$与三角函数系正交即可. 事实上

$$
\begin{aligned}
\int_{-\pi}^{\pi} F(u) \sin ku\, \mathrm{d}u &= \int_{-\pi}^{\pi} \left( \int_{-\pi}^{u} f(x)\mathrm{d}x \right) \sin ku\, \mathrm{d}u \\
&= \int_{-\pi}^{\pi} \mathrm{d}x f(x) \int_{x}^{\pi} \sin ku\, \mathrm{d}u \qquad \text{(\textbf{Fubini}定理)} \\
&= \frac{1}{k} \int_{-\pi}^{\pi} f(x) \cos kx\, \mathrm{d}x - (-1)^k \frac{1}{k} \int_{-\pi}^{\pi} f(x)\mathrm{d}x \\
&= 0, \qquad \forall\, k = 1, 2, \cdots,
\end{aligned}
$$

同理可证

$$\int_{-\pi}^{\pi} F(u)\mathrm{d}u = 0, \qquad \int_{-\pi}^{\pi} F(u) \cos ku\, \mathrm{d}u = 0, \qquad \forall\, k = 1, 2, \cdots,$$

因此$F$与三角函数系正交, 从而$F = 0$, 继而推出$f(x) = 0$, a.e. $x \in [-\pi, \pi]$, 即$f$是$L^2([-\pi, \pi])$中的0元素.

第四步：如果$f \in L^2([-\pi, \pi])$是复值函数且与三角函数系正交, 则其实部和虚部皆与三角函数系正交, 根据第三步的结论, 实部与虚部皆为0, 因此$f = 0$, 证明完毕.

一般地, 如果在一个(复)线性空间$V$上定义有一个内积$\langle \cdot, \cdot \rangle$, 满足正定性、共轭对称性、共轭双线性, 则称$(V, \langle \cdot, \cdot \rangle)$是一个**复内积空间**; 类似地, 如果在一个实线性空间$V$上定义有一个内积$\langle \cdot, \cdot \rangle$满足正定性、对称性、双线性, 则称$(V, \langle \cdot, \cdot \rangle)$是一个**实内积空间**. 不管是实内积空间还是

复内积空间, 都可以按如下方式定义一个范数:

$$\|v\| = \sqrt{\langle v, v \rangle}, \qquad \forall v \in V, \tag{6.63}$$

称之为**由内积**$\langle \cdot, \cdot \rangle$**诱导的范数**, 不难验证它满足范数定义的三个条件, 因此内积空间同时也是一个线性赋范空间. 如果$V$关于这个范数是完备的, 则称$(V, \langle \cdot, \cdot \rangle)$是一个**Hilbert 空间**. 例如$L^2(\Omega)$(无论是实的还是复的)是Hilbert空间, 这一点实际上我们已经证明了.

关于内积, 还有一个很重要的性质:

$$|\langle u, v \rangle| \leqslant \|u\| \cdot \|v\|, \qquad \forall u, v \in V, \tag{6.64}$$

这就是一般的Cauchy-Schwartz**不等式**. 这个不等式的证明如下: 对任意复数$z$, 令

$$p(z) = \|u - zv\|^2 = \langle u - zv, u - zv \rangle = \|u\|^2 - 2\Re\{\bar{z}\langle u, v \rangle\} + |z|^2 \|v\|^2,$$

由于对任意复数$z$皆有$p(z) \geqslant 0$, 在上式中取$z = \langle u, v \rangle / \|v\|^2$, 得

$$0 \leqslant \|u\|^2 - 2\frac{|\langle u, v \rangle|^2}{\|v\|^2} + \frac{|\langle u, v \rangle|^2}{\|v\|^4} \cdot \|v\|^2 = \|u\|^2 - \frac{|\langle u, v \rangle|^2}{\|v\|^2},$$

因此

$$\|u\|^2 \geqslant \frac{|\langle u, v \rangle|^2}{\|v\|^2},$$

由此立刻得到(6.64).

以下我们仅讨论复内积空间的性质, 把复内积空间简称为内积空间, 复Hilbert空间简称Hilbert空间, 可以证明类似结果对实内积空间也成立.

设$(V, \langle \cdot, \cdot \rangle)$是一个Hilbert空间, $\{e_n : n = 1, 2, \cdots\}$是$V$中的规范正交系, 如果$v \in V$可表示成

$$v = \sum_{k=1}^{\infty} c_k e_k, \tag{6.65}$$

则有

$$c_j = \left\langle \sum_{k=1}^{\infty} c_k e_k, e_j \right\rangle = \langle v, e_j \rangle, \qquad \forall j = 1, 2, \cdots,$$

因此(6.65)等价于

$$v = \sum_{k=1}^{\infty} \langle v, e_k \rangle e_k, \tag{6.66}$$

我们有时称$c_n = \langle v, e_n \rangle, n = 1, 2, \cdots$为$v$关于规范正交系$\{e_n : n = 1, 2, \cdots\}$的**广义Fourier系数**.

**158**

此外还有下列不等式:

$$\sum_{k=1}^{\infty} |\langle v, e_k \rangle|^2 \leqslant \|v\|^2, \qquad \forall v \in V, \tag{6.67}$$

这个不等式称为Bessel**不等式**. 这个不等式的证明如下: 对任意自然数$K$皆有

$$0 \leqslant \left\| v - \sum_{k=1}^{K} \langle v, e_k \rangle e_k \right\|^2 = \left\langle v - \sum_{k=1}^{K} \langle v, e_k \rangle e_k, v - \sum_{k=1}^{K} \langle v, e_k \rangle e_k \right\rangle$$

$$= \|v\|^2 - \sum_{k=1}^{K} |\langle v, e_k \rangle|^2,$$

因此

$$\sum_{k=1}^{K} |\langle v, e_k \rangle|^2 \leqslant \|v\|^2, \qquad \forall K = 1, 2, \cdots, \tag{6.68}$$

在不等式(6.68)两边令$K \to \infty$, 得(6.67).

须指出的是, 一般情况下$v$与$\sum_{k=1}^{\infty} \langle v, e_k \rangle e_k$未必相等, 但可以证明$\sum_{k=1}^{\infty} \langle v, e_k \rangle e_k \in V$. 这是因为

$$\|S_m - S_n\|^2 = \left\| \sum_{k=1}^{m} \langle v, e_k \rangle e_k - \sum_{k=1}^{n} \langle v, e_k \rangle e_k \right\|^2 = \left\| \sum_{k=n}^{m} \langle v, e_k \rangle e_k \right\|^2$$

$$= \sum_{k=n}^{m} |\langle v, e_k \rangle|^2,$$

由于$\sum_{k=1}^{\infty} |\langle v, e_k \rangle|^2 \leqslant \|v\|^2 < \infty$, 因此$\|S_m - S_n\|^2 \to 0$, $n, m \to \infty$, 即$\{S_k\}$是$V$中的Cauchy序列, 由于$V$是完备的内积空间, 因此

$$\sum_{k=1}^{\infty} \langle v, e_k \rangle e_k = \lim_{n \to \infty} S_n \in V.$$

那么什么时候有

$$v = \sum_{k=1}^{\infty} \langle v, e_k \rangle e_k, \qquad \forall v \in V \tag{6.69}$$

呢? 这与规范正交系$\{e_n : n = 1, 2, \cdots\}$是否完全有关. 我们有下列定理.

定理 6.9 设$(V, \langle \cdot, \cdot \rangle)$是一个Hilbert空间, $\{e_n : n = 1, 2, \cdots\}$是$V$中的一个规范正交系, 则下列三个命题等价:

i). $\{e_n : n = 1, 2, \cdots\}$是完全的；

ii). 下列Parseval等式成立：

$$\|v\|^2 = \sum_{k=1}^{\infty} |\langle v, e_k\rangle|^2, \qquad \forall\, v \in V;$$ 

(6.70)

iii). $\{e_n : n = 1, 2, \cdots\}$是封闭的, 即(6.69)成立.

**证明** i) $\Rightarrow$ iii).如果$\{e_n : n = 1, 2, \cdots\}$是完全的, 则对任意$w \in V$, 只要$w$与$\{e_n : n = 1, 2, \cdots\}$正交就有$w = 0$, 现在令

$$w = v - \sum_{k=1}^{\infty} \langle v, e_k\rangle e_k,$$

则

$$\langle w, e_j\rangle = \left\langle v - \sum_{k=1}^{\infty} \langle v, e_k\rangle e_k, e_j\right\rangle = 0, \qquad \forall\, j = 1, 2, \cdots,$$

因此$w = 0$, 即(6.69)成立.

iii) $\Rightarrow$ ii). 如果(6.69)成立, 则对任意$v \in V$皆有

$$\langle v, v\rangle = \left\langle \sum_{k=1}^{\infty} \langle v, e_k\rangle e_k, \sum_{k=1}^{\infty} \langle v, e_k\rangle e_k\right\rangle = \sum_{k=1}^{\infty} |\langle v, e_k\rangle|^2.$$

ii) $\Rightarrow$ i).如果Parseval等式成立, 则对任意$v \in V$, 只要$v$与$\{e_n : n = 1, 2, \cdots\}$正交就有

$$\|v\|^2 = \sum_{k=1}^{\infty} |\langle v, e_k\rangle|^2 = 0,$$

因此必有$v = 0$.

# §6.5 Fourier级数

这一节我们学习周期函数的展开问题. 考虑定义在区间$\mathbb{T} = [-\pi, \pi]$上的函数$f(x)$, 如果它满足$f(-\pi) = f(\pi)$, 则可以将它延拓为一个周期函数, 我们把$\mathbb{T}$上满足

$$\int_{\mathbb{T}} |f(x)|^p \mathrm{d}x < \infty \tag{6.71}$$

的函数的全体记作$L^p(\mathbb{T})$, 把$\mathbb{T}$上的连续函数的全体记作$C(\mathbb{T})$. 在$L^2(\mathbb{T})$上定义如下内积:

$$\langle f, g \rangle = \frac{1}{2\pi} \int_{-\pi}^{\pi} f(x)\overline{g(x)}\mathrm{d}x, \tag{6.72}$$

则$(L^2(\mathbb{T}), \langle \cdot, \cdot \rangle)$构成一个Hilbert空间. 考虑复指数函数系

$$\left\{ \mathrm{e}^{\mathrm{i}kx} : \ k \in \mathbb{Z} \right\}, \tag{6.73}$$

则不难发现

$$\frac{1}{2\pi} \int_{-\pi}^{\pi} \mathrm{e}^{\mathrm{i}mx}\overline{\mathrm{e}^{\mathrm{i}nx}}\mathrm{d}x = \delta_{m,n} = \begin{cases} 1, & m = n, \\ 0, & m \neq n, \end{cases} \tag{6.74}$$

因此这是一个正交规范系. 注意到

$$\cos kx = \frac{1}{2}(\mathrm{e}^{\mathrm{i}kx} + \mathrm{e}^{-\mathrm{i}kx}), \qquad \sin kx = \frac{1}{2\mathrm{i}}(\mathrm{e}^{\mathrm{i}kx} - \mathrm{e}^{-\mathrm{i}kx}),$$

因此三角函数系可由复指数函数系表示, 而我们已经证明三角函数系是完全的, 因此复指数函数系也是完全的, 从而是$L^2(\mathbb{T})$的一个正交规范基. 根据定理6.9, 任意$f \in L^2(\mathbb{T})$皆可表示为

$$f(x) = \sum_{k \in \mathbb{Z}} c_k \mathrm{e}^{\mathrm{i}kx} \quad (L^2(\mathbb{T})), \qquad \text{其中} \qquad c_k = \frac{1}{2\pi} \int_{-\pi}^{\pi} f(x)\mathrm{e}^{-\mathrm{i}kx}\mathrm{d}x, \tag{6.75}$$

我们把上式左边的级数称为$f(x)$的**Fourier级数**, $\{c_k : \ k \in \mathbb{Z}\}$称为$f(x)$的**Fourier系数**.

本节我们主要研究Fourier级数的点态收敛和Abel求和问题.

## 6.5.1 Fourier级数的点态收敛

接下来我们研究Fourier级数的点态收敛问题. 记

$$S_n(x) = \sum_{k=-n}^{n} c_k \mathrm{e}^{\mathrm{i}kx}, \qquad \forall x \in \mathbb{T}, \tag{6.76}$$

**161**

我们想知道在什么条件下会有$\lim_{n\to\infty} S_n(x) = f(x)$. 注意到

$$
\begin{aligned}
S_n(x) &= \sum_{k=-n}^{n} \mathrm{e}^{\mathrm{i}kx}\frac{1}{2\pi}\int_{-\pi}^{\pi} f(t)\mathrm{e}^{-\mathrm{i}kt}\mathrm{d}t = \frac{1}{2\pi}\int_{-\pi}^{\pi} f(t)\left(\sum_{k=-n}^{n} \mathrm{e}^{\mathrm{i}k(x-t)}\right)\mathrm{d}t \\
&= \frac{1}{2\pi}\int_{-\pi}^{\pi} f(t)D_n(x-t)\mathrm{d}t,
\end{aligned}
\tag{6.77}
$$

其中

$$
\begin{aligned}
D_n(x) &= \frac{1}{2\pi}\sum_{k=-n}^{n} \mathrm{e}^{\mathrm{i}kx} = \frac{1}{2\pi}\frac{\mathrm{e}^{-\mathrm{i}nx} - \mathrm{e}^{\mathrm{i}(n+1)x}}{1 - \mathrm{e}^{\mathrm{i}x}} \\
&= \begin{cases} \dfrac{1}{2\pi}\dfrac{\sin\left(n+\frac{1}{2}\right)x}{\sin\frac{1}{2}x}, & x \neq 2l\pi, \\[3mm] \dfrac{1}{2\pi}(2n+1), & x = 2l\pi. \end{cases}
\end{aligned}
\tag{6.78}
$$

我们称$D_n$为Dirichlet核, 它是一个偶函数, 且

$$
\int_{-\pi}^{\pi} D_n(x)\mathrm{d}x = \int_{-\pi}^{\pi}\frac{1}{2\pi}\sum_{k=-n}^{n} \mathrm{e}^{\mathrm{i}kx}\mathrm{d}x = 1.
\tag{6.79}
$$

由此不难得到

$$
\begin{aligned}
S_n(x) &= \int_{-\pi}^{\pi} f(t)D_n(x-t)\mathrm{d}t = \int_{-\pi}^{\pi} f(x-t)D_n(t)\mathrm{d}t \quad (\text{利用周期性}) \\
&= \int_{-\pi}^{0} f(x-t)D_n(t)\mathrm{d}t + \int_{0}^{\pi} f(x-t)D_n(t)\mathrm{d}t \\
&= \int_{0}^{\pi} f(x+t)D_n(t)\mathrm{d}t + \int_{0}^{\pi} f(x-t)D_n(t)\mathrm{d}t \\
&= \int_{0}^{\pi} [f(x+t) + f(x-t)]D_n(t)\mathrm{d}t.
\end{aligned}
\tag{6.80}
$$

接下来我们要证明一个重要引理.

引理 6.4 (Riemann-Lebesgue引理) 设$f \in L^1([a,b])$, 则

$$
\lim_{\lambda\to\infty}\int_{a}^{b} f(t)\mathrm{e}^{\mathrm{i}\lambda t}\mathrm{d}t = 0.
\tag{6.81}
$$

证明 令

$$I(\lambda) = \int_a^b f(t)\mathrm{e}^{\mathrm{i}\lambda t}\mathrm{d}t,$$

注意到

$$I(\lambda) = \int_a^{a+\pi/\lambda} f(t)\mathrm{e}^{\mathrm{i}\lambda t}\mathrm{d}t + \int_{a+\pi/\lambda}^b f(t)\mathrm{e}^{\mathrm{i}\lambda t}\mathrm{d}t, \tag{6.82}$$

$$I(\lambda) = \int_a^{b-\pi/\lambda} f(t)\mathrm{e}^{\mathrm{i}\lambda t}\mathrm{d}t + \int_{b-\pi/\lambda}^b f(t)\mathrm{e}^{\mathrm{i}\lambda t}\mathrm{d}t, \tag{6.83}$$

对(6.82)中第二个积分作变量代换$t' = t - \pi/\lambda$, 得

$$\begin{aligned}
\int_{a+\pi/\lambda}^b f(t)\mathrm{e}^{\mathrm{i}\lambda t}\mathrm{d}t &= \int_a^{b-\pi/\lambda} f\left(t'+\frac{\pi}{\lambda}\right)\mathrm{e}^{\mathrm{i}\lambda(t'+\pi/\lambda)}\mathrm{d}t' \\
&= -\int_a^{b-\pi/\lambda} f\left(t'+\frac{\pi}{\lambda}\right)\mathrm{e}^{\mathrm{i}\lambda t'}\mathrm{d}t', \tag{6.84}
\end{aligned}$$

将(6.84)代入(6.82), 再将(6.82)与(6.83)相加, 得

$$\begin{aligned}
2I(\lambda) &= \int_a^{a+\pi/\lambda} f(t)\mathrm{e}^{\mathrm{i}\lambda t}\mathrm{d}t + \int_{b-\pi/\lambda}^b f(t)\mathrm{e}^{\mathrm{i}\lambda t}\mathrm{d}t \\
&\quad + \int_a^{b-\pi/\lambda}\left[f(t) - f\left(t+\frac{\pi}{\lambda}\right)\right]\mathrm{e}^{\mathrm{i}\lambda t}\mathrm{d}t \\
&= I_1(\lambda) + I_2(\lambda) + I_3(\lambda), \tag{6.85}
\end{aligned}$$

当$\lambda \to \infty$时, $I_1(\lambda)$与$I_2(\lambda)$显然趋于0, $I_3(\lambda)$有下列估计:

$$\begin{aligned}
|I_3(\lambda)| &\leqslant \int_a^{b-\pi/\lambda}\left|f(t) - f\left(t+\frac{\pi}{\lambda}\right)\right|\mathrm{d}t \\
&= \int_a^b \left|f(t) - f\left(t+\frac{\pi}{\lambda}\right)\right|\cdot\chi_{[a,b-\pi/\lambda]}\mathrm{d}t,
\end{aligned}$$

令$\lambda \to \infty$, 利用Lebesgue控制收敛定理, 得$I_3(\lambda) \to 0$, 引理得证.

当$t \to 0$时$D_n(t) \to (2n+1)/2\pi$, 随着$n$不断增大, 是发散的; 当$0 < \delta < t \leqslant \pi$时,

$$D_n(t) = \frac{1}{2\pi}\frac{\sin nt \cos\frac{1}{2}t + \cos nt \sin\frac{1}{2}t}{\sin\frac{1}{2}t}$$

$$= \frac{1}{2\pi}\left(\frac{\sin nt}{\tan\frac{1}{2}t} + \cos nt\right).$$

利用Riemann-Lebesgue引理, 对任意可积函数$g(t)$皆有

$$
\begin{aligned}
\int_\delta^\pi g(t)D_n(t)\mathrm{d}t &= \frac{1}{2\pi}\int_\delta^\pi \frac{g(t)}{\tan\frac{1}{2}t}\sin nt\mathrm{d}t + \frac{1}{2\pi}\int_\delta^\pi g(t)\cos nt\mathrm{d}t \\
&\to 0, \qquad n\to\infty,
\end{aligned}
\tag{6.86}
$$

因此有下列局部化定理.

**定理 6.10 (Riemann局部化定理)** 函数$f(x)$的Fourier级数在某点$x_0$处的收敛性质只与$f(x)$在$x_0$的任意小的邻域内的取值有关, 且$f(x)$的Fourier级数在$x$点收敛于$A$的充分必要条件是存在$\delta > 0$使得

$$\lim_{n\to\infty}\int_0^\delta\left\{\frac{f(x+t)+f(x-t)}{2} - A\right\}D_n(t)\mathrm{d}t = 0.\tag{6.87}$$

**证明** 利用(6.80), 得

$$
\begin{aligned}
S_n(x) - A &= \int_0^\pi\{f(x+t)+f(x-t)-2A\}D_n(t)\mathrm{d}t \quad (\because \int_0^\pi D_n(t)\mathrm{d}t = \frac{1}{2}) \\
&= 2\int_0^\pi\left\{\frac{f(x+t)+f(x-t)}{2} - A\right\}D_n(t)\mathrm{d}t \\
&= 2\left(\int_0^\delta + \int_\delta^\pi\right)\left\{\frac{f(x+t)+f(x-t)}{2} - A\right\}D_n(t)\mathrm{d}t \\
&= I_1(n) + I_2(n),
\end{aligned}
\tag{6.88}
$$

根据Riemann-Lebesgue引理, 当$n\to\infty$时$I_2(n)\to 0$, 因此$S_n(x)$收敛于$A$的充要条件是$\lim_{n\to\infty}I_1(n) = 0$, 命题得证.

令

$$\varphi_x(t) = \frac{1}{2}[f(x+t)+f(x-t)],\tag{6.89}$$

利用(6.86)和定理6.10可得如下充要条件: $f$的Fouier级数在点$x$收敛于$A$的充要条件是对任意$\delta > 0$皆有

$$\int_0^\delta\frac{\varphi_x(t) - A}{\tan\frac{1}{2}t}\sin nt\mathrm{d}t \to 0, \qquad n\to\infty.\tag{6.90}$$

**164**

根据Riemann-Lebesgue引理, 这只需要

$$\int_0^\delta \left| \frac{\varphi_x(t) - A}{\tan \frac{1}{2} t} \right| \mathrm{d}t < \infty \tag{6.91}$$

即可. 由于

$$\frac{1}{2 \tan \frac{1}{2} t} - \frac{1}{t} \to 0, \quad t \to 0,$$

因此(6.91)等价于

$$\int_0^\delta \frac{|\varphi_x(t) - A|}{t} \mathrm{d}t < \infty, \tag{6.92}$$

这就是Dini判别条件.

　　从Dini判别法可以得到一个推论: 如果$f(x)$在点$x_0$处可微, 则其Fourier级数在点$x_0$处收敛于$f(x_0)$. 这是因为如果$f(x)$在$x_0$处可微, 则

$$|\varphi_{x_0}(t) - f(x_0)| = O(|t|),$$

因此满足Dini判别条件.

　　当然, 可微性并不是Fourier级数收敛的必要条件, 利用Dini判别法就可以找到比可微性宽松的收敛判别条件. 注意到当$\alpha > 0$时

$$\int_0^\delta \frac{1}{t^{1-\alpha}} \mathrm{d}t < \infty, \qquad \int_0^\delta \frac{1}{t |\ln t|^{1+\alpha}} \mathrm{d}t < \infty,$$

因此当$f(x)$在$x_0$点附近满足

$$|f(x_0 + t) - f(x_0)| = O(|t|^\alpha) \text{ 或 } |f(x_0 + t) - f(x_0)| = O\left( \frac{1}{|\ln |t||^{1+\alpha}} \right) \tag{6.93}$$

时, $f(x)$的Fourier级数收敛于$f(x_0)$.

　　如果$f(x)$是$\mathbb{T}$上的有界变差函数, 则对任意$x \in \mathbb{T}$, 其Fourier级数皆收敛于

$$\frac{1}{2} [f(x+0) + f(x-0)], \tag{6.94}$$

如果$x$是$f$的连续点, 则收敛于$f(x)$, 这就是Jordan判别法, 我们在这里不详细展开, 有兴趣的读者可参考本章习题第$22 \sim 23$题, 也可参考[13, 14, 15]. 如果$f$在$\mathbb{T}$上单调或者逐段单调, 则一定是$\mathbb{T}$上的有界变差函数, 因此其Fourier级数在每一点$x \in \mathbb{T}$处皆收敛于(6.94).

**165**

设$f$是定义在$\mathbb{R}$上的函数, $\delta > 0$, 称

$$\omega(\delta; f) := \sup\{|f(x+h) - f(x)| : x \in \mathbb{R}, |h| < \delta\} \tag{6.95}$$

为$f$的$\delta$-**连续模**.

关于Fourier级数的一致收敛性, 有下列结果: 如果$f^{(p)}$连续, 则有

$$|S_n(x) - f(x)| \leqslant C \frac{\ln n}{n^p} \omega\left(\frac{2\pi}{n}; f\right), \tag{6.96}$$

其中$S_n$是$f$的Fourier级数的部分和. 特别地, 如果存在$\alpha > 0$使得$f$满足下列$\alpha$-Hölder连续性条件:

$$|f(x) - f(x)| \leqslant C|x - y|^\alpha, \qquad \forall x, y \in \mathbb{R}, \tag{6.97}$$

则有

$$|S_n(x) - f(x)| \leqslant C_1 \frac{\ln n}{n^\alpha}, \tag{6.98}$$

此时$f$的Fourier级数一致收敛于$f$. 这个结果的证明可参考[19, 20].

对于$f \in L^2(\mathbb{T})$, 根据上一节关于Hilbert空间的讨论, 其Fourier级数在$L^2(\mathbb{T})$中收敛于$f$. 当$1 < p < \infty$时, 如果$f \in L^p(\mathbb{T})$, 则其Fourier级数在$L^p(\mathbb{T})$中收敛于$f$, 但其证明较难, 在此不作展开.

最后是几乎处处收敛的问题. 苏联数学家N. Lusin在1920年猜测连续周期函数$f$的Fourier级数几乎处处收敛于$f$, 这个猜想直到1966年才被瑞典数学家L. Carleson证明[21], 他证明了如果$f \in L^2(\mathbb{T})$, 则其Fourier级数几乎处处收敛于$f$. 由于连续的周期函数一定有界, 从而$f \in L^2(\mathbb{T})$, 因此Lusin猜想是Carleson定理的一个特例. 后来美国数学家R. Hunt将Carleson的结果推广至任意$p > 1$的情形, 证明了$f \in L^p(\mathbb{T})$的Fourier级数几乎处处收敛于$f$[22]. 对于$p = 1$的情形, 有反例表明几乎处处收敛的结论是不成立的.

## 6.5.2 Abel求和

我们先来看一看问题的背景. 用$D$表示二维坐标平面上的单位圆, 考虑下列Laplace方程的Dirichlet边值问题: 求$u(x, y)$使得

$$\triangle u := \frac{\partial^2 u}{\partial x^2} + \frac{\partial^2 u}{\partial y^2} = 0, \qquad 在 D 内部, \tag{6.99}$$

$$u|_{\partial D} = f, \tag{6.100}$$

其中$u|_{\partial D}$表示$u$在边界$\partial D$上的限制. 这个问题的物理背景是在给定均匀介质区域边界的温度的

条件下, 求达到热平衡状态时区域内部的温度分布.

由于区域是单位圆, 用极坐标表示比较方便. 极坐标系下的Laplace方程为

$$\frac{1}{r}\frac{\partial}{\partial r}\left(r\frac{\partial u}{\partial r}\right) + \frac{1}{r^2}\frac{\partial^2 u}{\partial \theta^2} = 0, \tag{6.101}$$

我们采用分离变量法求解, 令$u(r,\theta) = \phi(r)\psi(\theta)$, 将其代入(6.101), 得

$$\psi(\theta)\frac{1}{r}\left(r\phi'(r)\right)' + \frac{1}{r^2}\phi(r)\psi''(\theta) = 0, \tag{6.102}$$

分离变量, 得

$$\frac{r\left(r\phi'(r)\right)'}{\phi(r)} = -\frac{\psi''(\theta)}{\psi(\theta)}, \tag{6.103}$$

这个方程的左边只含有$r$, 右边只含有$\theta$, 因此左右两边必等于同一个常数$\lambda$, 即

$$\frac{r\left(r\phi'(r)\right)'}{\phi(r)} = \lambda, \qquad -\frac{\psi''(\theta)}{\psi(\theta)} = \lambda. \tag{6.104}$$

我们先来解$\psi(\theta)$所满足的方程

$$\psi''(\theta) + \lambda\psi(\theta) = 0, \tag{6.105}$$

这个方程只有当$\lambda = n^2$时才有周期为$2\pi$的解:

$$\psi_n(\theta) = \beta_{-n}\mathrm{e}^{-in\theta} + \beta_n\mathrm{e}^{in\theta}, \qquad n \in \mathbb{Z}. \tag{6.106}$$

再来解$\phi(r)$的方程

$$\frac{r\left(r\phi_n'(r)\right)'}{\phi_n(r)} = n^2 \quad \Leftrightarrow \quad r^2\phi_n''(r) + r\phi_n'(r) - n^2\phi_n(r) = 0, \quad n \in \mathbb{Z}, \tag{6.107}$$

这是Euler常微分方程, 作变换$r = \mathrm{e}^t$, 得

$$\phi_n''(t) - n^2\phi_n(t) = 0, \tag{6.108}$$

其通解为

$$\phi_n(t) = \begin{cases} a_n + b_n t, & n = 0, \\ d_n\mathrm{e}^{-nt} + h_n\mathrm{e}^{nt}, & n \neq 0. \end{cases} \tag{6.109}$$

再将$t = \ln r$代入(6.109)得(6.107)的通解:

$$\phi_n(r) = \begin{cases} a_n + b_n\ln r, & n = 0, \\ d_n r^{-n} + h_n r^n, & n \neq 0. \end{cases} \tag{6.110}$$

**167**

从通解中去掉有奇点的解, 剩下的就是

$$\phi_n(r) = h_n r^{|n|}, \qquad n \in \mathbb{Z},\tag{6.111}$$

于是方程(6.101)的解可表示为

$$u(r,\theta) = \sum_{n \in \mathbb{Z}} \phi_n(r)\psi_n(\theta) = \sum_{n \in \mathbb{Z}} h_n \beta_n r^{|n|}\mathrm{e}^{\mathrm{i}n\theta} = \sum_{n \in \mathbb{Z}} c_n r^{|n|}\mathrm{e}^{\mathrm{i}n\theta},\tag{6.112}$$

其中$c_n = h_n\beta_n, n \in \mathbb{Z}$. 边界条件意味着$u(r,\theta)$还必须满足

$$\lim_{r \to 1^-} u(r,\theta) = f(\theta).\tag{6.113}$$

对于Fourier级数$\sum_{n=-\infty}^{\infty} c_n \mathrm{e}^{-\mathrm{i}n\theta}$, 记

$$A(r,\theta) = \sum_{n=-\infty}^{\infty} c_n r^{|n|}\mathrm{e}^{\mathrm{i}n\theta}, \qquad 0 \leqslant r < 1,\tag{6.114}$$

如果

$$\lim_{r \to 1^-} A(r,\theta) = f(\theta),\tag{6.115}$$

则称级数$\sum_{n=-\infty}^{\infty} c_n \mathrm{e}^{-\mathrm{i}n\theta}$**可Abel求和于**$f(\theta)$.

那么什么时候一个Fourier级数可Abel求和呢? 下面的命题告诉我们, 如果一个Fourier级数是收敛的, 则它一定是可Abel求和的.

**命题 6.5** 如果复数项级数$\sum_{n=0}^{\infty} z_n$收敛于$S$, 则它必可Abel求和于$S$, 即

$$\lim_{r \to 1^-} \sum_{n=0}^{\infty} r^n z_n = S.\tag{6.116}$$

**证明** 记$S_n = \sum_{k=0}^{n} z_k$, 则

$$\begin{aligned}
A(r) &:= \sum_{n=0}^{\infty} r^n z_n = z_0 + \sum_{n=1}^{\infty}(S_n - S_{n-1})r^n = z_0 + \sum_{n=1}^{\infty} S_n r^n - \sum_{n=0}^{\infty} S_n r^{n+1} \\
&= (1-r)\sum_{n=0}^{\infty} S_n r^n,
\end{aligned}$$

于是

$$A(r) - S = (1-r)\sum_{n=0}^{\infty} S_n r^n - (1-r)S\sum_{n=0}^{\infty} r^n = (1-r)\sum_{n=0}^{\infty}(S_n - S)r^n,$$

由于$\sum_{n=0}^{\infty}z_n$收敛, 因此对任意$\varepsilon>0$, 存在$N$使得当$n>N$时恒有$|S_n-S|<\varepsilon$, 因此

$$
\begin{aligned}
|A(r)-S| &\leqslant (1-r)\left(\sum_{n=0}^{N}|S_n-S|r^n+\sum_{n=N+1}^{\infty}\varepsilon\cdot r^n\right)\\
&= (1-r)\left(\sum_{n=0}^{N}|S_n-S|r^n+\varepsilon\cdot\frac{r^{N+1}}{1-r}\right)\\
&\leqslant (1-r)\sum_{n=0}^{N}|S_n-S|r^n+\varepsilon\to\varepsilon, \qquad r\to 1^-,
\end{aligned}
$$

从而

$$
\varlimsup_{r\to 1^-}|A(r)-S|\leqslant\varepsilon, \qquad \forall\varepsilon>0, \tag{6.117}
$$

由此立刻得到(6.116).

**注:** 命题6.5的逆命题是不成立的, 例如$\sum_{n=0}^{\infty}(-1)^n(n+1)$是一个发散级数, 但它是可Abel求和的. 这是因为

$$
A(r)=\sum_{n=0}^{\infty}(-1)^n(n+1)r^n=\left(-\sum_{n=0}^{\infty}(-r)^{n+1}\right)'=\frac{1}{(1+r)^2}, \qquad 0\leqslant r<1,
$$

因此$\lim_{r\to 1^-}A(r)=1/4$.

设$f(\theta)$的Fourier级数为

$$
f(\theta)=\sum_{n=-\infty}^{\infty}c_n\mathrm{e}^{\mathrm{i}n\theta} \quad (L^2), \quad \text{其中} \quad c_n=\frac{1}{2\pi}\int_{-\pi}^{\pi}f(\theta)\mathrm{e}^{-\mathrm{i}n\theta}\mathrm{d}\theta, \tag{6.118}
$$

则

$$
\begin{aligned}
A(r,\theta) &= \sum_{n=-\infty}^{\infty}c_n r^{|n|}\mathrm{e}^{\mathrm{i}n\theta}=\frac{1}{2\pi}\sum_{n=-\infty}^{\infty}r^{|n|}\mathrm{e}^{\mathrm{i}n\theta}\int_{-\pi}^{\pi}f(t)\mathrm{e}^{-\mathrm{i}nt}\mathrm{d}t\\
&= \frac{1}{2\pi}\int_{-\pi}^{\pi}f(t)\sum_{n=-\infty}^{\infty}r^{|n|}\mathrm{e}^{-\mathrm{i}n(\theta-t)}\mathrm{d}t\\
&= \frac{1}{2\pi}\int_{-\pi}^{\pi}f(t)P(r,\theta-t)\mathrm{d}t, \tag{6.119}
\end{aligned}
$$

其中

$$P(r,\theta) = \sum_{n=-\infty}^{\infty} r^{|n|}\mathrm{e}^{-in\theta} = \frac{1-r^2}{1-2r\cos\theta+r^2} \tag{6.120}$$

称为Poisson**核**. Poisson核是光滑的周期函数, 且具有下列性质:

$$P(r,-\theta) = P(r,\theta), \qquad \frac{1}{2\pi}\int_{-\pi}^{\pi} P(r,\theta)\mathrm{d}\theta = 1. \tag{6.121}$$

利用(6.119)和(6.121)得到

$$
\begin{aligned}
A(r,\theta) &= \frac{1}{2\pi}\int_{-\pi}^{\pi} f(\theta-t)P(r,t)\mathrm{d}t = \frac{1}{2\pi}\left(\int_{-\pi}^{0}+\int_{0}^{\pi}\right)f(\theta-t)P(r,t)\mathrm{d}t \\
&= \frac{1}{2\pi}\int_{0}^{\pi}[f(\theta-t)+f(\theta+t)]P(r,t)\mathrm{d}t \\
&= \frac{1}{\pi}\int_{0}^{\pi}\frac{f(\theta+t)+f(\theta-t)}{2}P(r,t)\mathrm{d}t,
\end{aligned}
\tag{6.122}
$$

因此

$$A(r,\theta) - f(\theta) = \frac{1}{\pi}\int_{0}^{\pi}\left[\frac{f(\theta+t)+f(\theta-t)}{2} - f(\theta)\right]P(r,t)\mathrm{d}t, \tag{6.123}$$

再注意到

$$P(r,t) = \frac{1-r^2}{1-2r\cos t+r^2} = \frac{1-r^2}{(1-r)^2+4r\sin^2\frac{t}{2}}, \tag{6.124}$$

因此对任意$\delta > 0$皆有

$$\int_{\delta}^{\pi}\left[\frac{f(\theta+t)+f(\theta-t)}{2} - f(\theta)\right]P(r,t)\mathrm{d}t \to 0, \qquad r \to 1^-,$$

从而$A(r,\theta)$的收敛性取决于下列积分是否趋于0:

$$\int_{0}^{\delta}\left[\frac{f(\theta+t)+f(\theta-t)}{2} - f(\theta)\right]P(r,t)\mathrm{d}t, \tag{6.125}$$

如果$f$在$\theta$点连续, 则对任意$\varepsilon > 0$, 当$\delta$足够小时, 可使

$$\left|\frac{f(\theta+t)+f(\theta-t)}{2} - f(\theta)\right| < \frac{\varepsilon}{2}, \qquad \forall\, t \in [0,\delta],$$

从而

$$\varlimsup_{r\to 1^-}|A(r,\theta)-f(\theta)| \leqslant \varlimsup_{r\to 1^-}\left|\frac{1}{\pi}\int_{0}^{\delta}\left[\frac{f(\theta+t)+f(\theta-t)}{2} - f(\theta)\right]P(r,t)\mathrm{d}t\right|$$

**170**

$$\leqslant \varlimsup_{r \to 1^-} \frac{\varepsilon}{2} \frac{1}{\pi} \int_0^\pi P(r,t)\mathrm{d}t = \frac{\varepsilon}{2}, \tag{6.126}$$

由$\varepsilon > 0$的任意性得$\lim_{r \to 1^-}[A(r,\theta) - f(\theta)] = 0$, 即

$$\lim_{r \to 1^-} A(r,\theta) = f(\theta). \tag{6.127}$$

如果$\theta$是$f$的第一类间断点, 则有

$$\lim_{r \to 1^-} A(r,\theta) = \frac{f(\theta+0) + f(\theta-0)}{2}. \tag{6.128}$$

综上所述, 可得到如下定理.

**定理 6.11**　函数$f$的Fourier级数的Abel和在某点$\theta$处的收敛性质只与$f$在$\theta$的任意小的邻域内的取值有关, 如果$f$在$\theta$点连续, 则(6.127)成立, 如果$\theta$是$f$的第一类间断点, 则(6.128)成立.

接下来我们讨论Abel和在$L^p(\mathbb{T})$ $(1 \leqslant p < \infty)$中的收敛性. 有如下结果.

**定理 6.12**　设$1 \leqslant p < \infty$, 则函数$f$的Fourier级数的Abel和$L^p(\mathbb{T})$中收敛于$f$, 即有

$$\lim_{r \to 1^-} \int_{-\pi}^\pi |A(r,\theta) - f(\theta)|^p \mathrm{d}\theta = 0. \tag{6.129}$$

**证明**　注意到

$$
\begin{aligned}
A(r,\theta) - f(\theta) &= \frac{1}{2\pi} \int_{-\pi}^\pi [f(\theta-t) - f(\theta)]P(r,t)\mathrm{d}t \\
&= \frac{1}{2\pi}\left(\int_{|t|<\delta} + \int_{\delta \leqslant t \leqslant 2\pi}\right)[f(\theta-t) - f(\theta)]P(r,t)\mathrm{d}t \\
&:= I_1(\theta) + I_2(\theta),
\end{aligned}
\tag{6.130}
$$

对任意$\varepsilon > 0$, 取$\delta$充分小, 使得当$|t| < \delta$时有$\|f(\cdot - t) - f\|_{L^p(\mathbb{T})} < \varepsilon$, 由广义Minkowski不等式(命题6.4)得

$$
\begin{aligned}
\|I_1\|_{L^p(\mathbb{T})} &\leqslant \frac{1}{2\pi} \int_{|t|<\delta} \|f(\cdot - t) - f\|_{L^p(\mathbb{T})} P(r,t)\mathrm{d}t \\
&\leqslant \varepsilon \frac{1}{2\pi} \int_{|t|<\delta} P(r,t)\mathrm{d}t < \varepsilon, \\
\|I_2\|_{L^p(\mathbb{T})} &\leqslant \frac{1}{2\pi} \int_{\delta \leqslant t \leqslant 2\pi} \|f(\cdot - t) - f\|_{L^p(\mathbb{T})} P(r,t)\mathrm{d}t
\end{aligned}
$$

$$\leqslant \ \frac{1}{\pi}\|f\|_{L^p(\mathbb{T})} \int_{\delta \leqslant t \leqslant 2\pi} P(r,t)\mathrm{d}t \ \to \ 0, \quad r \to 1^-, \tag{6.131}$$

因此有

$$\varlimsup_{r \to 1^-} \|A(r,\cdot) - f\|_{L^p(\mathbb{T})} \ \leqslant \ \varlimsup_{r \to 1^-} \|I_1\|_{L^p(\mathbb{T})} + \varlimsup_{r \to 1^-} \|I_2\|_{L^p(\mathbb{T})}$$

$$\leqslant \ \varepsilon, \tag{6.132}$$

由 $\varepsilon > 0$ 的任意性, 立刻得到(6.129).

# §6.6 卷积

设$f$和$g$是定义在$\mathbb{R}^n$上的函数, 则$f$与$g$的卷积定义为

$$(f * g)(x) = \int_{\mathbb{R}^n} f(x-y)g(y)\mathrm{d}y, \qquad \forall x \in \mathbb{R}^n. \tag{6.133}$$

对于上述定义, 首先需要解决的问题就是积分的收敛性. 如果$f, g \in L^1(\mathbb{R}^n)$, 则

$$
\begin{aligned}
\int_{\mathbb{R}^n} |(f * g)(x)|\mathrm{d}x &= \int_{\mathbb{R}^n} \left| \int_{\mathbb{R}^n} f(x-y)g(y) \right| \mathrm{d}y\mathrm{d}x \\
&\leqslant \int_{\mathbb{R}^n} \int_{\mathbb{R}^n} |f(x-y)| \cdot |g(y)|\mathrm{d}y\mathrm{d}x \\
&= \int_{\mathbb{R}^n} \mathrm{d}y|g(y)| \int_{\mathbb{R}^n} |f(x-y)|\mathrm{d}x \qquad \text{(Tonelli 定理)} \\
&= \int_{\mathbb{R}^n} \mathrm{d}y|g(y)| \int_{\mathbb{R}^n} |f(x)|\mathrm{d}x \qquad \text{(平移不变性)} \\
&= \|f\|_{L^1}\|g\|_{L^1},
\end{aligned}
$$

因此$f * g \in L^1(\mathbb{R}^n)$, 从而是几乎处处有限的, 并且

$$\|f * g\|_{L^1} \leqslant \|f\|_{L^1}\|g\|_{L^1}. \tag{6.134}$$

此外还有下列Young不等式.

**定理 6.13** (**Young不等式**) 设$1 < p < \infty, f \in L^1(\mathbb{R}^n), g \in L^p(\mathbb{R}^n)$, 则

$$\|f * g\|_{L^p} \leqslant \|f\|_{L^1}\|g\|_{L^p}. \tag{6.135}$$

**证明** 设$q$是$p$的共轭指标, 利用Hölder不等式, 得

$$
\begin{aligned}
|f * g(x)| &\leqslant \int_{\mathbb{R}^n} |f(x-y)g(y)|\mathrm{d}y \\
&= \int_{\mathbb{R}^n} |f(x-y)|^{1/p}|g(y)||f(x-y)|^{1/q}\mathrm{d}y \\
&\leqslant \left( \int_{\mathbb{R}^n} |f(x-y)||g(y)|^p\mathrm{d}y \right)^{1/p} \cdot \left( \int_{\mathbb{R}^n} |f(x-y)|\mathrm{d}y \right)^{1/q} \\
&= \|f\|_{L^1}^{1/q} \left( \int_{\mathbb{R}^n} |f(x-y)||g(y)|^p\mathrm{d}y \right)^{1/p},
\end{aligned}
$$

所以

$$
\begin{aligned}
\|f * g\|_{L^p}^p & \leqslant \|f\|_{L^1}^{p/q} \int_{\mathbb{R}^n} \int_{\mathbb{R}^n} |f(x-y)||g(y)|^p \mathrm{d}y\mathrm{d}x \\
& = \|f\|_{L^1}^{p/q} \int_{\mathbb{R}^n} \mathrm{d}y |g(y)|^p \int_{\mathbb{R}^n} |f(x-y)|\mathrm{d}x \qquad \text{(Tonelli 定理)} \\
& = \|f\|_{L^1}^{p/q} \|g\|_{L^p}^p \|f\|_{L^1} \\
& = \|f\|_{L^1}^{p} \|g\|_{L^p}^p, 
\end{aligned} \tag{6.136}
$$

将不等式(6.136)两边开$p$次方, 定理得证.

此外还可以验证卷积满足交换律和结合律:

$$
f * g = g * f, \qquad (f * g) * h = f * (g * h), \qquad \forall f, g, h \in L^1(\mathbb{R}^n).
$$

例如

$$
\begin{aligned}
(f * g) * h(x) & = \int_{\mathbb{R}^n} (f * g)(x-y)h(y)\mathrm{d}y \\
& = \int_{\mathbb{R}^n} \mathrm{d}y h(y) \int_{\mathbb{R}^n} f(x-y-u)g(u)\mathrm{d}u \\
& = \int_{\mathbb{R}^n} \mathrm{d}y h(y) \int_{\mathbb{R}^n} f(x-u')g(u'-y)\mathrm{d}u' \qquad (\diamondsuit u' = u + y) \\
& = \int_{\mathbb{R}^n} \mathrm{d}u' f(x-u') \int_{\mathbb{R}^n} h(y)g(u'-y)\mathrm{d}y \qquad \text{(Fubini 定理)} \\
& = \int_{\mathbb{R}^n} \mathrm{d}u' f(x-u')(g * h)(u') \\
& = f * (g * h)(x).
\end{aligned}
$$

还有一个问题就是卷积是否像乘法那样有一个单位元呢？换句话说, 是否存在$u \in L^1(\mathbb{R}^n)$使得

$$
f * u = f, \qquad \forall f \in L^1(\mathbb{R}^n)
$$

呢？下面我们说明这样的函数$u$是不存在的. 我们仅考虑一维情形, 设若存在$u \in L^1(\mathbb{R})$使得

$$
f * u = f, \qquad \forall f \in L^1(\mathbb{R}),
$$

则存在 $\delta > 0$ 使得 $\int_{|x| \leqslant 2\delta} |u| \mathrm{d}x < 1/2$，现在令 $f(x) = \chi_{[-\delta, \delta]}(x)$，则

$$f(x) = (f * u)(x) = \int_{-\infty}^{\infty} f(y) u(x-y) \mathrm{d}y = \int_{-\delta}^{\delta} u(x-y) \mathrm{d}y, \quad \text{a.e. } x \in \mathbb{R},$$

因此必存在 $x_0 \in [-\delta, \delta]$ 使得

$$1 = f(x_0) = \int_{-\delta}^{\delta} u(x_0 - y) \mathrm{d}y, \tag{6.137}$$

但另一方面

$$\begin{aligned}
\left| \int_{-\delta}^{\delta} u(x_0 - y) \mathrm{d}y \right| &\leqslant \int_{-\delta}^{\delta} |u(x_0 - y)| \mathrm{d}y \\
&= \int_{x_0 - \delta}^{x_0 + \delta} |u(y)| \mathrm{d}y \\
&\leqslant \int_{-2\delta}^{2\delta} |u(y)| \mathrm{d}y < \frac{1}{2},
\end{aligned}$$

这显然与(6.137)矛盾，因此这样的 $u$ 不存在.

接下来研究利用卷积构造函数的光滑逼近的问题. 我们先介绍一个具有紧支集的光滑函数：

$$\rho(t) = \begin{cases} \exp\left(-\frac{1}{1-t^2}\right), & -1 < t < 1, \\ 0, & |t| \geqslant 1. \end{cases} \tag{6.138}$$

这个一元函数具有紧支集且无穷次可微. 再令

$$\psi(x) = \rho(|x|), \quad \forall x \in \mathbb{R}^n, \tag{6.139}$$

这个函数是 $\mathbb{R}^n$ 上的具有紧支集的光滑函数, 但这还不够好, 我们需要使得它的积分为1, 因此令

$$K(x) = \frac{1}{\|\psi\|_{L^1}} \psi(x), \tag{6.140}$$

则 $K(x)$ 不仅是光滑紧支的, 而且

$$\int_{\mathbb{R}^n} K(x) \mathrm{d}x = 1, \tag{6.141}$$

这种函数通常称为 $\mathbb{R}^n$ 上的**光滑核**. 对 $K$ 作伸缩变换

$$K_s = s^{-n} K\left(\frac{x}{s}\right), \quad s > 0, \tag{6.142}$$

则 $\{K_s : s > 0\}$ 都是 $\mathbb{R}^n$ 上的光滑核, 而且随着 $s$ 不断减小, $K_s$ 支撑集也不断减小. 事实上, 对任

意$\delta > 0$, 当$s$足够小时可使得

$$\text{supp}(K_s) \subseteq B(0, \delta).$$

现在设$f \in L^p(\mathbb{R}^n)$, 令

$$f_s(x) = (K_s * f)(x) = \int_{\mathbb{R}^n} K_s(x - y)f(y)\mathrm{d}y, \qquad \forall\, x \in \mathbb{R}^n, \tag{6.143}$$

则$f_s$是无穷次可微的函数, 称为$f$的光滑逼近.

有下列恒等逼近定理.

**定理 6.14** **(恒等逼近)** 设$K$是一个光滑核(不需要具有紧支集), $K \in L^1(\mathbb{R}^n)$且$\int_{\mathbb{R}^n} K(x)\mathrm{d}x = 1, 1 \leqslant p < \infty, f \in L^p(\mathbb{R}^n)$, 则

$$\|f_s - f\|_{L^p} = \|K_s * f - f\|_{L^p} \to 0, \qquad s \to 0^+; \tag{6.144}$$

如果$f \in L^\infty(\mathbb{R}^n)$, 则在$f$的连续点处有

$$\lim_{s \to 0^+} f_s(x) = \lim_{s \to 0^+} (K_s * f)(x) = f(x). \tag{6.145}$$

**证明** 首先注意到

$$\begin{aligned}
f_s(x) - f(x) &= \int_{\mathbb{R}^n} K_s(y)f(x - y)\mathrm{d}y - f(x) = \int_{\mathbb{R}^n} K(y)f(x - sy)\mathrm{d}y - f(x) \\
&= \int_{\mathbb{R}^n} K(y)[f(x - sy) - f(x)]\mathrm{d}y,
\end{aligned}$$
$$\tag{6.146}$$

当$1 \leqslant p < \infty$时, 根据广义Minkowski不等式, 得

$$\|f_s - f\|_{L^p} \leqslant \int_{\mathbb{R}^n} |K(y)| \|f(\cdot - sy) - f\|_{L^p} \mathrm{d}y, \tag{6.147}$$

由于$|K(y)| \cdot \|f(\cdot - sy) - f\|_{L^p} \leqslant 2\|f\|_{L^p}|K(y)| \in L^1(\mathbb{R}^n)$, 根据控制收敛定理得

$$\begin{aligned}
\varlimsup_{s \to 0^+} \|f_s - f\|_{L^p} &\leqslant \lim_{s \to 0^+} \int_{\mathbb{R}^n} |K(y)| \|f(\cdot - sy) - f\|_{L^p} \mathrm{d}y \\
&= \int_{\mathbb{R}^n} \lim_{s \to 0^+} |K(y)| \|f(\cdot - sy) - f\|_{L^p} \mathrm{d}y = 0.
\end{aligned} \tag{6.148}$$

现在看$p = \infty$的情形. 首先, 对于$f$的连续点$x$一定有$|f(x)| \leqslant \|f\|_\infty$, 否则的话存在$\delta > 0$使得当$|x' - x| < \delta$时恒有$|f(x')| > \|f\|_\infty$, 与$\|f\|_\infty$的定义矛盾. 因此对于$f$的连续点$x$, 当$s$充分小时

有 $|K(y)||f(x-sy)-f(x)| \leqslant 2(\|f\|_\infty+1)|K(y)| \in L^1(\mathbb{R}^n)$, 由控制收敛定理得

$$\lim_{s\to 0^+}|f_s(x)-f(x)| \leqslant \lim_{s\to 0^+}\int_{\mathbb{R}^n}|K(y)||f(x-sy)-f(x)|\mathrm{d}y$$

$$= \int_{\mathbb{R}^n}\lim_{s\to 0^+}|K(y)||f(x-sy)-f(x)|\mathrm{d}y = 0,$$

定理证明完毕.

**推论 6.1** 用 $\mathcal{D}$ 表示 $\mathbb{R}^n$ 上具有紧支集的光滑函数的全体, 则 $\mathcal{D}$ 是 $L^p(\mathbb{R}^n)$ $(1 \leqslant p < \infty)$ 的稠密子集.

**证明** 由定理6.6, 具有紧支集的连续函数在 $L^p(\mathbb{R}^n)$ 中稠密, 因此对任意 $f \in L^p(\mathbb{R}^n)$ 及任意 $\varepsilon > 0$, 存在具有紧支集的连续函数 $\varphi$ 使得

$$\|f-\varphi\|_{L^p} < \frac{\varepsilon}{2},$$

现在取一个具有紧支集的光滑核 $K$, 使得 $\int_{\mathbb{R}^n}K(x)\mathrm{d}x=1$, 令

$$\varphi_s(x) = (K_s * \varphi)(x) = \int_{\mathbb{R}^n}K_s(x-y)\varphi(y)\mathrm{d}y,$$

则 $\varphi_s$ 是具有紧支集的光滑函数, 且根据定理6.14得 $\lim_{s\to 0^+}\|\varphi-\varphi_s\|_{L^p}=0$, 因此当 $s$ 充分小时必有

$$\|\varphi-\varphi_s\|_{L^p} < \frac{\varepsilon}{2},$$

于是

$$\|f-\varphi_s\|_{L^p} \leqslant \|f-\varphi\|_{L^p} + \|\varphi-\varphi_s\|_{L^p} < \varepsilon,$$

这就证明了 $\mathcal{D}$ 在 $L^p(\mathbb{R}^n)$ 中的稠密性.

# §6.7 Fourier变换

## 6.7.1 Fourier变换的定义及性质

设$f \in L^1(\mathbb{R})$, 我们称

$$\hat{f}(u) = \int_{-\infty}^{\infty} f(x)\mathrm{e}^{-\mathrm{i}2\pi ux}\mathrm{d}x, \qquad \forall\, u \in \mathbb{R} \tag{6.149}$$

为$f$的Fourier变换. 如果$f$是偶函数, 则

$$
\begin{aligned}
\hat{f}(u) &= \int_{-\infty}^{0} f(x)\mathrm{e}^{-\mathrm{i}2\pi ux}\mathrm{d}x + \int_{0}^{\infty} f(x)\mathrm{e}^{-\mathrm{i}2\pi ux}\mathrm{d}x \\
&= \int_{0}^{\infty} f(x)\left[\mathrm{e}^{\mathrm{i}2\pi ux} + \mathrm{e}^{-\mathrm{i}2\pi ux}\right]\mathrm{d}x \\
&= 2\int_{0}^{\infty} f(x)\cos 2\pi ux\,\mathrm{d}x,
\end{aligned}
\tag{6.150}
$$

因此$\hat{f}(-u) = \hat{f}(u)$, 即$\hat{f}$也是偶函数; 当$f$是奇函数时,

$$
\begin{aligned}
\hat{f}(u) &= \int_{0}^{\infty} f(x)\left[-\mathrm{e}^{\mathrm{i}2\pi ux} + \mathrm{e}^{-\mathrm{i}2\pi ux}\right]\mathrm{d}x \\
&= -2\mathrm{i}\int_{0}^{\infty} f(x)\sin 2\pi ux\,\mathrm{d}x,
\end{aligned}
\tag{6.151}
$$

因此$\hat{f}$是奇函数, 且实部为零.

**定理** 6.15 设$f \in L^1(\mathbb{R})$, 则其Fourier变换具有下列性质:

i). $\displaystyle\lim_{|u|\to\infty} \hat{f}(u) = 0$;

ii). $|\hat{f}(u)| \leqslant \|f\|_{L^1}$;

iii). $\hat{f}$在$(-\infty, \infty)$上一致连续;

iv). 记$\tau_b f = f(\cdot - b)$, 则$(\tau_b f)^{\wedge}(u) = \mathrm{e}^{-\mathrm{i}2\pi bu}\hat{f}(u)$;

v). 记$(M_b f)(x) = \mathrm{e}^{\mathrm{i}2\pi bx}f(x)$, 则$(M_b f)^{\wedge}(u) = \hat{f}(u-b) = (\tau_b \hat{f})(u)$;

vi). 记$f_a(x) = \frac{1}{|a|}f(x/a)$, 则$\widehat{f_a}(u) = \hat{f}(au)$.

证明 我们只证i)、iii)、iv)和vi), 其余留给读者自己完成. 先证i), 这实际上就是Riemann-Lebesgue引理, 在引理6.4中我们证明了如果$f \in L^1([a, b])$, 则

$$\lim_{u \to \infty} \int_a^b f(x) \mathrm{e}^{-\mathrm{i}2\pi ux} \mathrm{d}x = 0.$$

如果$f \in L^1(\mathbb{R})$, 则对任意$\varepsilon > 0$, 存在$M > 0$使得

$$\int_{|x| \geqslant M} |f(x)| \mathrm{d}x < \varepsilon,$$

于是

$$
\begin{aligned}
\left| \int_{-\infty}^{\infty} f(x) \mathrm{e}^{-\mathrm{i}2\pi ux} \mathrm{d}x \right| &\leqslant \left| \int_{-M}^{M} f(x) \mathrm{e}^{-\mathrm{i}2\pi ux} \mathrm{d}x \right| + \left| \int_{|x| \geqslant M} f(x) \mathrm{e}^{-\mathrm{i}2\pi ux} \mathrm{d}x \right| \\
&\leqslant \left| \int_{-M}^{M} f(x) \mathrm{e}^{-\mathrm{i}2\pi ux} \mathrm{d}x \right| + \int_{|x| \geqslant M} |f(x)| \mathrm{d}x \\
&< \left| \int_{-M}^{M} f(x) \mathrm{e}^{-\mathrm{i}2\pi ux} \mathrm{d}x \right| + \varepsilon,
\end{aligned}
$$

令$u \to \infty$, 得

$$\varlimsup_{u \to \infty} \left| \int_{-\infty}^{\infty} f(x) \mathrm{e}^{-\mathrm{i}2\pi ux} \mathrm{d}x \right| \leqslant \varepsilon,$$

由$\varepsilon > 0$的任意性, 得

$$\varlimsup_{u \to \infty} \left| \int_{-\infty}^{\infty} f(x) \mathrm{e}^{-\mathrm{i}2\pi ux} \mathrm{d}x \right| = 0,$$

从而

$$\lim_{u \to \infty} \int_{-\infty}^{\infty} f(x) \mathrm{e}^{-\mathrm{i}2\pi ux} \mathrm{d}x = 0.$$

再证iii), 由Fourier 变换的定义得

$$
\begin{aligned}
\left| \hat{f}(u + \Delta u) - \hat{f}(u) \right| &= \left| \int_{-\infty}^{\infty} f(x) \left[ \mathrm{e}^{-\mathrm{i}2\pi(u + \Delta u)x} - \mathrm{e}^{-\mathrm{i}2\pi ux} \right] \mathrm{d}x \right| \\
&\leqslant \int_{-\infty}^{\infty} |f(x)| \left| \mathrm{e}^{-\mathrm{i}2\pi(u + \Delta u)x} - \mathrm{e}^{-\mathrm{i}2\pi ux} \right| \mathrm{d}x \\
&= \int_{-\infty}^{\infty} |f(x)| \left| \mathrm{e}^{-\mathrm{i}2\pi\Delta ux} - 1 \right| \mathrm{d}x,
\end{aligned}
$$

上式右边与$u$无关, 且当$\Delta u \to 0$时它也趋于零, 因此$\hat{f}$ 在$(-\infty, +\infty)$上一致连续.

**179**

再证iv), 直接利用定义得

$$
\begin{aligned}
(\tau_b f)^\wedge(u) &= \int_{-\infty}^\infty f(x-b)\mathrm{e}^{-\mathrm{i}2\pi xu}\mathrm{d}x = \int_{-\infty}^\infty f(x')\mathrm{e}^{-\mathrm{i}2\pi(x'+b)u}\mathrm{d}x' \\
&= \mathrm{e}^{-\mathrm{i}2\pi bu}\int_{-\infty}^\infty f(x')\mathrm{e}^{-\mathrm{i}2\pi x'u}\mathrm{d}x' \\
&= \mathrm{e}^{-\mathrm{i}2\pi bu}\hat{f}(u).
\end{aligned}
$$

最后证vi), 利用Fourier变换的定义得

$$
\begin{aligned}
\hat{f}_a(u) &= \int_{-\infty}^\infty \frac{1}{|a|}f\left(\frac{x}{a}\right)\mathrm{e}^{-\mathrm{i}2\pi xu}\mathrm{d}x = \int_{-\infty}^\infty \frac{1}{|a|}f(x')\mathrm{e}^{-\mathrm{i}2\pi aux'}|a|\mathrm{d}x' \\
&= \int_{-\infty}^\infty f(x')\mathrm{e}^{-\mathrm{i}2\pi aux'}\mathrm{d}x' \\
&= \hat{f}(au).
\end{aligned}
$$

**定理 6.16**　设$f,f_1,f_2,\cdots \in L^1(\mathbb{R})$, 且$\lim_{n\to\infty}\|f_n-f\|_{L^1}=0$, 则$\widehat{f_n}(u)$关于$u$一致收敛于$\hat{f}(u)$.

**证明**　由Fourier变换的定义得

$$
\begin{aligned}
\left|\widehat{f_n}(u)-\hat{f}(u)\right| &= \left|\int_{-\infty}^\infty f_n(x)\mathrm{e}^{-\mathrm{i}2\pi ux}\mathrm{d}x - \int_{-\infty}^\infty f(x)\mathrm{e}^{-\mathrm{i}2\pi ux}\mathrm{d}x\right| \\
&\leqslant \int_{-\infty}^\infty |f_n(x)-f(x)|\mathrm{d}x \\
&= \|f_n-f\|_{L^1}\to 0, \qquad n\to\infty.
\end{aligned}
$$

**定理 6.17**　设$f,g\in L^1(\mathbb{R})$, 则下列乘法公式成立:

$$
\int_{-\infty}^\infty \hat{f}(u)g(u)\mathrm{d}u = \int_{-\infty}^\infty f(u)\hat{g}(u)\mathrm{d}u. \tag{6.152}
$$

**证明**　由Fubini定理得

$$
\begin{aligned}
\int_{-\infty}^\infty \hat{f}(u)g(u)\mathrm{d}u &= \int_{-\infty}^\infty g(u)\int_{-\infty}^\infty f(x)\mathrm{e}^{-\mathrm{i}2\pi ux}\mathrm{d}x\mathrm{d}u \\
&= \int_{-\infty}^\infty f(x)\int_{-\infty}^\infty g(u)\mathrm{e}^{-\mathrm{i}2\pi ux}\mathrm{d}u\mathrm{d}x
\end{aligned}
$$

$$= \int_{-\infty}^{\infty} f(x)\hat{g}(x)\mathrm{d}x.$$

**定理 6.18**　设 $f, g \in L^1(\mathbb{R})$, 则 $f * g \in L^1(\mathbb{R})$, 且

$$(f * g)^{\wedge}(u) = \hat{f}(u)\hat{g}(u). \tag{6.153}$$

**证明**　$f * g \in L^1(\mathbb{R})$ 是 Young 不等式（定理6.13）的结论. 由 Tonelli 定理得

$$\int_{-\infty}^{\infty} \int_{-\infty}^{\infty} |f(y)g(x-y)\mathrm{e}^{-\mathrm{i}2\pi ux}|\mathrm{d}x\mathrm{d}y = \int_{-\infty}^{\infty} |f(y)| \left( \int_{-\infty}^{\infty} |g(x-y)|\mathrm{d}x \right) \mathrm{d}y$$

$$= \|f\|_{L^1}\|g\|_{L^1} < \infty,$$

因此 $f(y)g(x-y)\mathrm{e}^{-\mathrm{i}2\pi ux} \in L^1(\mathbb{R}^2)$. 由 Fubini 定理得

$$(f * g)^{\wedge}(u) = \int_{-\infty}^{\infty} \left( \int_{-\infty}^{\infty} f(y)g(x-y)\mathrm{d}y \right) \mathrm{e}^{-\mathrm{i}2\pi ux}\mathrm{d}x$$

$$= \int_{-\infty}^{\infty} f(y) \left( \int_{-\infty}^{\infty} g(x-y)\mathrm{e}^{-\mathrm{i}2\pi ux}\mathrm{d}x \right) \mathrm{d}y$$

$$= \int_{-\infty}^{\infty} f(y)\mathrm{e}^{-\mathrm{i}2\pi yu}\hat{g}(u)\mathrm{d}y$$

$$= \hat{f}(u)\hat{g}(u).$$

**定理 6.19**　如果 $f(x), xf(x) \in L^1(\mathbb{R})$, 则 $\hat{f}(u)$ 可导, 且

$$\frac{\mathrm{d}}{\mathrm{d}u}\hat{f}(u) = -2\pi\mathrm{i} \int_{-\infty}^{\infty} xf(x)\mathrm{e}^{-\mathrm{i}2\pi xu}\mathrm{d}x = -2\pi\mathrm{i}(xf)^{\wedge}(u). \tag{6.154}$$

**证明**　先估计差商

$$\frac{\hat{f}(u+\Delta u) - \hat{f}(u)}{\Delta u} = \int_{-\infty}^{\infty} f(x)\frac{1}{\Delta u} \left[ \mathrm{e}^{-\mathrm{i}2\pi(u+\Delta u)x} - \mathrm{e}^{-\mathrm{i}2\pi ux} \right] \mathrm{d}x$$

$$= \int_{-\infty}^{\infty} f(x)\frac{1}{\Delta u}\mathrm{e}^{-\mathrm{i}2\pi ux} \left[ \mathrm{e}^{-\mathrm{i}2\pi\Delta ux} - 1 \right] \mathrm{d}x, \tag{6.155}$$

由于

$$\left| \frac{1}{\Delta u}(\mathrm{e}^{-\mathrm{i}2\pi\Delta ux} - 1) \right| \leqslant 2\pi|x|,$$

因此

$$\left| f(x) \frac{1}{\Delta u} \mathrm{e}^{-\mathrm{i}2\pi ux} \left[ \mathrm{e}^{-\mathrm{i}2\pi\Delta ux} - 1 \right] \right| \leqslant 2\pi |x| |f(x)| \in L^1(\mathbb{R}),$$

根据控制收敛定理得

$$
\begin{aligned}
\frac{\mathrm{d}}{\mathrm{d}u} \hat{f}(u) &= \lim_{\Delta u \to 0} \frac{\hat{f}(u + \Delta u) - \hat{f}(u)}{\Delta u} \\
&= \lim_{\Delta u \to 0} \int_{-\infty}^{\infty} f(x) \frac{1}{\Delta u} \mathrm{e}^{-\mathrm{i}2\pi ux} \left[ \mathrm{e}^{-\mathrm{i}2\pi\Delta ux} - 1 \right] \mathrm{d}x \\
&= \int_{-\infty}^{\infty} f(x) \mathrm{e}^{-\mathrm{i}2\pi ux} \lim_{\Delta u \to 0} \frac{1}{\Delta u} \left[ \mathrm{e}^{-\mathrm{i}2\pi\Delta ux} - 1 \right] \mathrm{d}x \\
&= -2\pi\mathrm{i} \int_{-\infty}^{\infty} x f(x) \mathrm{e}^{-\mathrm{i}2\pi xu} \mathrm{d}x,
\end{aligned}
$$

定理得证.

**定理 6.20** 如果 $f$ 存在 $n$ 阶连续导数, 且 $f, f', f'', \cdots, f^{(n)} \in L^1(\mathbb{R})$, 则

$$|\hat{f}(u)| \leqslant \left( \frac{1}{2\pi} \right)^n \|f^{(n)}\|_{L^1} \cdot \frac{1}{|u|^n}. \tag{6.156}$$

**证明** 反复利用分部积分法, 得

$$
\begin{aligned}
\hat{f}(u) &= \int_{-\infty}^{\infty} f(x) \mathrm{e}^{-\mathrm{i}2\pi xu} \mathrm{d}x = \frac{1}{\mathrm{i}2\pi u} \int_{-\infty}^{\infty} f'(x) \mathrm{e}^{-\mathrm{i}2\pi xu} \mathrm{d}x \\
&= \left( \frac{1}{\mathrm{i}2\pi u} \right)^2 \int_{-\infty}^{\infty} f''(x) \mathrm{e}^{-\mathrm{i}2\pi xu} \mathrm{d}x \\
&\cdots \\
&= \left( \frac{1}{\mathrm{i}2\pi u} \right)^n \int_{-\infty}^{\infty} f^{(n)}(x) \mathrm{e}^{-\mathrm{i}2\pi xu} \mathrm{d}x,
\end{aligned}
$$

所以

$$|\hat{f}(u)| \leqslant \left| \frac{1}{2\pi u} \right|^n \int_{-\infty}^{\infty} |f^{(n)}(x)| \mathrm{d}x = \left( \frac{1}{2\pi} \right)^n \|f^{(n)}\|_{L^1} \cdot \frac{1}{|u|^n}.$$

## 6.7.2 Fourier变换的反演公式

接下来我们讨论Fourier变换的反演问题. 设$f \in L^1(\mathbb{R})$, $\hat{f}$是其Fourier变换, 定义

$$S_R(f,x) = \int_{-R}^{R} \hat{f}(u)\mathrm{e}^{\mathrm{i}2\pi ux}\mathrm{d}u, \tag{6.157}$$

我们想知道当$R \to \infty$时是否有$S_R(f,x) \to f(x)$.

先对(6.157)作变形, 得

$$
\begin{aligned}
S_R(f,x) &= \int_{-R}^{R} \left( \int_{-\infty}^{\infty} f(t)\mathrm{e}^{-\mathrm{i}2\pi tu}\mathrm{d}t \right) \mathrm{e}^{\mathrm{i}2\pi ux}\mathrm{d}u \\
&= \int_{-\infty}^{\infty} f(t) \int_{-R}^{R} \mathrm{e}^{\mathrm{i}2\pi u(x-t)}\mathrm{d}u\mathrm{d}t \\
&= \int_{-\infty}^{\infty} f(t)\frac{\sin 2\pi R(x-t)}{\pi(x-t)}\mathrm{d}t \\
&= \int_{-\infty}^{\infty} f(x-t)\frac{\sin 2\pi Rt}{\pi t}\mathrm{d}t \\
&= \int_{-\infty}^{\infty} f(x-t)D_R(t)\mathrm{d}t, \tag{6.158}
\end{aligned}
$$

其中

$$D_R(t) = \frac{\sin 2\pi Rt}{\pi t} \tag{6.159}$$

称为Dirichlet核. Dirichlet核具有下列性质:

$$\int_{-\infty}^{\infty} D_R(t)\mathrm{d}t \overset{2\pi Rt=t'}{=\!=\!=} \frac{1}{\pi}\int_{-\infty}^{\infty} \frac{\sin t'}{t'}\mathrm{d}t' = 1, \tag{6.160}$$

其中第二个等号用到了下列事实:

$$\int_0^{\infty} \frac{\sin t}{t}\mathrm{d}t = \frac{\pi}{2}. \tag{6.161}$$

这个等式可用含参变量的积分证明如下: 令

$$I(\alpha) = \int_0^{\infty} \mathrm{e}^{-\alpha t}\frac{\sin t}{t}\mathrm{d}t,$$

则由Abel判别法知$I(\alpha)$在$[0,\infty)$上一致收敛, 因此$I(\alpha)$在$[0,+\infty)$上连续, 同时不难验证它满足积

分号下求导的条件. 积分号下求导, 得

$$I'(\alpha) = \int_0^\infty \mathrm{e}^{-\alpha t}(-t)\frac{\sin t}{t}\mathrm{d}t = -\frac{1}{1+\alpha^2},$$

因此

$$I(\alpha) = -\arctan\alpha + C,$$

又因为当 $\alpha \to \infty$ 时 $|I(\alpha)| \leqslant \int_0^\infty \mathrm{e}^{-\alpha t}\mathrm{d}t = 1/\alpha \to 0$, 因此 $C = \pi/2$, 所以 $I(\alpha) = -\arctan\alpha + \pi/2$, 从而

$$\int_0^\infty \frac{\sin t}{t}\mathrm{d}t = I(0) = \lim_{\alpha\to 0} I(\alpha) = \frac{\pi}{2}. \tag{6.162}$$

如果 $f \in L^1(\mathbb{R})$, 则对任意 $\delta > 0$, 根据Riemann-Lebesgue引理得

$$\lim_{R\to\infty} \int_{|t|\geqslant\delta} f(x-t)D_R(t)\mathrm{d}t = 0, \tag{6.163}$$

所以

$$\begin{aligned}
\lim_{R\to\infty} S_R(f,x) &= \lim_{R\to\infty} \int_{-\delta}^\delta f(x-t)D_R(t)\mathrm{d}t \\
&= \lim_{R\to\infty} \left(\int_{-\delta}^0 + \int_0^\delta\right) f(x-t)D_R(t)\mathrm{d}t \\
&= \lim_{R\to\infty} \int_0^\delta [f(x+t)+f(x-t)]D_R(t)\mathrm{d}t \\
&= \lim_{R\to\infty} 2\int_0^\delta \varphi_x(t)D_R(t)\mathrm{d}t, \tag{6.164}
\end{aligned}$$

其中

$$\varphi_x(t) = \frac{f(x+t)+f(x-t)}{2}.$$

于是

$$\begin{aligned}
\lim_{R\to\infty}[S_R(f,x)-A] &= \lim_{R\to\infty} 2\int_0^\delta [\varphi_x(t)-A]D_R(t)\mathrm{d}t \\
&= \lim_{R\to\infty} \frac{2}{\pi}\int_0^\delta \frac{\varphi_x(t)-A}{t}\sin 2\pi Rt\,\mathrm{d}t, \tag{6.165}
\end{aligned}$$

如果

$$\int_0^\delta \frac{|\varphi_x(t)-A|}{t}\mathrm{d}t < \infty, \tag{6.166}$$

**184**

则根据Riemann-Lebesgue引理得

$$\lim_{R\to\infty}[S_R(f,x) - A] = 0. \tag{6.167}$$

于是我们证明了如下Dini定理.

**定理 6.21** (Dini) 设$f \in L^1(\mathbb{R})$, 如果$f$满足Dini条件(6.166), 则有

$$\lim_{R\to\infty}\int_{-R}^{R}\hat{f}(u)\mathrm{e}^{\mathrm{i}2\pi ux}\mathrm{d}u = \lim_{R\to\infty}S_R(f,x) = A. \tag{6.168}$$

**推论 6.2** 设$f \in L^1(\mathbb{R})$, 如果$\hat{f} \in L^1(\mathbb{R})$且$f$满足Dini条件(6.166), 则有

$$\int_{-\infty}^{\infty}\hat{f}(u)\mathrm{e}^{\mathrm{i}2\pi ux}\mathrm{d}u = A. \tag{6.169}$$

**推论 6.3** 设$f \in L^1(\mathbb{R})$, 如果$\hat{f} \in L^1(\mathbb{R})$且$f$满足

$$|f(x_0+t) - f(x_0)| = O(|t|^\alpha) \ \ \text{或} \ \ |f(x_0+t) - f(x_0)| = O\left(\frac{1}{|\ln|t||^{1+\alpha}}\right), \tag{6.170}$$

则有

$$\int_{-\infty}^{\infty}\hat{f}(u)\mathrm{e}^{\mathrm{i}2\pi ux_0}\mathrm{d}u = f(x_0). \tag{6.171}$$

**推论 6.4** 设$f \in L^1(\mathbb{R})$, 如果$\hat{f} \in L^1(\mathbb{R})$且$f'(x_0)$存在, 则(6.171)成立.

**推论 6.5** 设$f \in L^1(\mathbb{R})$, 如果$\hat{f} \in L^1(\mathbb{R})$且$f$在$x_0$的某个邻域内是分段单调的, 则有

$$\int_{-\infty}^{\infty}\hat{f}(u)\mathrm{e}^{\mathrm{i}2\pi ux_0}\mathrm{d}u = \frac{f(x_0+0) + f(x_0-0)}{2}. \tag{6.172}$$

对于$f \in L^1(\mathbb{R})$, 定义

$$\check{f}(x) = \int_{-\infty}^{\infty}f(u)\mathrm{e}^{\mathrm{i}2\pi ux}\mathrm{d}x, \tag{6.173}$$

称为$f$的**反Fourier变换**或Fourier变换的**反演公式**.

推论6.2 ∼ 6.5实际上给出了$\hat{f}$的反Fourier变换点态收敛的一些充分条件. 接下来我们要讨论反Fourier变换的几乎处处收敛问题, 需要先计算一个常用的函数的Fourier 变换.

**例 6.5** 计算函数$f(x) = e^{-\pi x^2}$的Fourier变换.

**解** 根据定理6.19得

$$
\begin{aligned}
\frac{\mathrm{d}}{\mathrm{d}u}\hat{f}(u) &= -2\pi\mathrm{i}\int_{-\infty}^{\infty} xf(x)e^{-\mathrm{i}2\pi ux}\mathrm{d}x = \mathrm{i}\int_{-\infty}^{\infty} e^{-\mathrm{i}2\pi ux}\mathrm{d}(e^{-\pi x^2}) \\
&= \mathrm{i}e^{-\mathrm{i}2\pi ux}e^{-\pi x^2}\Big|_{-\infty}^{\infty} - \mathrm{i}\int_{-\infty}^{\infty} e^{-\pi x^2}(-2\pi\mathrm{i}u)e^{-\mathrm{i}2\pi ux}\mathrm{d}x \\
&= -2\pi u\hat{f}(u),
\end{aligned}
$$

解微分方程

$$
\frac{\mathrm{d}}{\mathrm{d}u}\hat{f}(u) = -2\pi u\hat{f}(u)
$$

得

$$
\hat{f}(u) = Ce^{-\pi u^2},
$$

又因为$\hat{f}(0) = \int_{-\infty}^{\infty} e^{-\pi x^2}\mathrm{d}x = 1$, 所以$C = 1$, 即

$$
\hat{f}(u) = e^{-\pi u^2}. \tag{6.174}
$$

**定理 6.22** 设$f \in L^1(\mathbb{R})$且$\hat{f} \in L^1(\mathbb{R})$, 则

$$
\left(\hat{f}\right)^{\vee}(x) = f(x), \qquad \text{a.e. } x \in \mathbb{R}. \tag{6.175}
$$

**证明** 令

$$
f_t(x) = \int_{-\infty}^{\infty} e^{-t^2\pi u^2}e^{\mathrm{i}2\pi ux}\hat{f}(u)\mathrm{d}u, \tag{6.176}
$$

则由Lebesgue控制收敛定理得

$$
\lim_{t\to 0^+} f_t(x) = \int_{-\infty}^{\infty} \hat{f}(u)e^{\mathrm{i}2\pi ux}\mathrm{d}u. \tag{6.177}
$$

另一方面$\varphi_t(u) = e^{-t^2\pi u^2}e^{\mathrm{i}2\pi ux}$的Fourier变换为

$$
\widehat{\varphi_t}(y) = \int_{-\infty}^{\infty} e^{-t^2\pi u^2}e^{-\mathrm{i}2\pi u(y-x)}\mathrm{d}u \overset{u'=tu}{=\!=} \frac{1}{t}\int_{-\infty}^{\infty} e^{-\pi u'^2}\exp\left(-\mathrm{i}2\pi u'\frac{y-x}{t}\right)\mathrm{d}u'
$$

$$= \quad \frac{1}{t}\exp\left\{-\pi\left(\frac{y-x}{t}\right)^2\right\},$$

其中最后一个等号用到了公式(6.174). 根据乘法公式（定理6.17）得

$$f_t(x) \quad = \quad \int_{-\infty}^{\infty}\varphi_t(u)\hat{f}(u)\mathrm{d}u = \int_{-\infty}^{\infty}\widehat{\varphi_t}(u)f(u)\mathrm{d}u$$

$$= \quad \int_{-\infty}^{\infty}\frac{1}{t}\exp\left\{-\pi\left(\frac{u-x}{t}\right)^2\right\}f(u)\mathrm{d}u,$$

再利用恒等逼近定理（定理6.14）得

$$\lim_{t\to 0^+}\|f_t - f\|_{L^1} = 0, \tag{6.178}$$

根据定理6.4, 存在子列$f_{t_k}(x)\to f(x)$, a.e. $x\in\mathbb{R}$, 再结合(6.177)得

$$f(x) = \int_{-\infty}^{\infty}\hat{f}(u)\mathrm{e}^{\mathrm{i}2\pi ux}\mathrm{d}u, \qquad \text{a.e. } x\in\mathbb{R}. \tag{6.179}$$

## 6.7.3  $L^2$-空间上的Fourier变换

接下来我们研究$L^2(\mathbb{R})$上的Fourier变换. 须注意的是当$f\in L^2(\mathbb{R})$时

$$\int_{-\infty}^{\infty}f(x)\mathrm{e}^{-\mathrm{i}2\pi ux}\mathrm{d}x$$

不一定存在, 因此要把Fourier变换的定义修改为

$$\hat{f}(u) = \lim_{R\to\infty}\int_{-R}^{R}f(x)\mathrm{e}^{-\mathrm{i}2\pi ux}\mathrm{d}x. \tag{6.180}$$

首先要解决的问题是上式右边是否收敛. 为了解决这个问题, 定义

$$S_R(u) = \int_{-R}^{R}f(x)\mathrm{e}^{-\mathrm{i}2\pi ux}\mathrm{d}x, \qquad \forall u\in\mathbb{R}, \tag{6.181}$$

接下来我们要证明当$R\to\infty$时$S_R$在$L^2(\mathbb{R})$中收敛. 我们先证明下列引理.

**引理 6.5**   设$f\in L^1(\mathbb{R})\cap L^2(\mathbb{R})$, 则

$$\|f\|_{L^2} = \|\hat{f}\|_{L^2}. \tag{6.182}$$

**证明**   先对满足$f,\hat{f}\in L^1(\mathbb{R})\cap L^2(\mathbb{R})$的连续函数$f$证明此定理. 令$g(y)=\overline{f(-y)}$,

$$h(x) = (f*g)(x) = \int_{-\infty}^{\infty}f(u)\overline{f(u-x)}\mathrm{d}u, \tag{6.183}$$

则由Young不等式（定理6.13）得$\|h\|_{L^1} \leqslant \|f\|_{L^1}\|g\|_{L^1}$, 因此$h \in L^1(\mathbb{R})$. 又因为$f, g \in L^1(\mathbb{R})$, 根据定理6.18 得

$$\hat{h}(t) = \hat{f}(t)\hat{g}(t) = \hat{f}(t)\overline{\hat{f}(t)} = |\hat{f}(t)|^2, \tag{6.184}$$

由于$\hat{f} \in L^2(\mathbb{R})$, 所以$\hat{h} \in L^1(\mathbb{R})$, 根据定理6.22得

$$h(x) = \int_{-\infty}^{\infty} \hat{h}(t)\mathrm{e}^{\mathrm{i}2\pi xt}\mathrm{d}t = \int_{-\infty}^{\infty} |\hat{f}(t)|^2\mathrm{e}^{\mathrm{i}2\pi xt}\mathrm{d}t, \qquad \forall\, x \in \mathbb{R}, \tag{6.185}$$

上式之所以处处成立是因为等号左右两边都是$x$的连续函数. 联合(6.183)和(6.185)得

$$\int_{-\infty}^{\infty} f(u)\overline{f(u-x)}\mathrm{d}u = \int_{-\infty}^{\infty} |\hat{f}(t)|^2\mathrm{e}^{\mathrm{i}2\pi xt}\mathrm{d}t, \tag{6.186}$$

在上式中令$x \to 0$, 利用控制收敛定理得

$$\int_{-\infty}^{\infty} f(u)\overline{f(u)}\mathrm{d}u = \int_{-\infty}^{\infty} |\hat{f}(t)|^2\mathrm{d}t, \tag{6.187}$$

这就是(6.182).

对于一般的$f \in L^1(\mathbb{R}) \cap L^2(\mathbb{R})$, 令

$$f_t(x) = \int_{-\infty}^{\infty} \frac{1}{t} \exp\left\{ -\pi \left( \frac{u-x}{t} \right)^2 \right\} f(u)\mathrm{d}u, \tag{6.188}$$

再利用定理6.18得

$$\widehat{f_t}(u) = \hat{f}(u)\mathrm{e}^{-\pi t^2 u^2}, \tag{6.189}$$

因此$f_t, \widehat{f_t} \in L^1(\mathbb{R}) \cap L^2(\mathbb{R})$且是连续函数, 于是有

$$\|f_t\|_{L^2} = \left\| \widehat{f_t} \right\|_{L^2}, \tag{6.190}$$

在上式中令$t \to \infty$, 根据恒等逼近定理（左边）和控制收敛定理（右边）得(6.182).

**定理 6.23**  设$f \in L^2(\mathbb{R})$, 则$\lim_{R \to \infty} S_R$在$L^2(\mathbb{R})$中收敛.

**证明**  令$f_R = f \cdot \chi_{\{|x| \leqslant R\}}$, 则

$$S_R(u) = \int_{-\infty}^{\infty} f_R(x)\mathrm{e}^{-\mathrm{i}2\pi ux}\mathrm{d}x = \widehat{f_R}(u), \tag{6.191}$$

由于$f_R \in L^1(\mathbb{R}) \cap L^2(\mathbb{R})$, 根据引理6.5得

$$\|\widehat{f_R} - \widehat{f_{R'}}\|_{L^2} = \|f_R - f_{R'}\|_{L^2}, \qquad \forall\, R, R' > 0, \tag{6.192}$$

由于$f \in L^2(\mathbb{R})$, 因此当$R, R' \to \infty$时

$$\|S_R - S_{R'}\|_{L^2}^2 = \|\widehat{f_R} - \widehat{f_{R'}}\|_{L^2}^2 = \|f_R - f_{R'}\|_{L^2}^2$$

$$= \int_{\{R' \leqslant |x| \leqslant R\}} |f(x)|^2 \mathrm{d}x \to 0, \tag{6.193}$$

由$L^2(\mathbb{R})$的完备性, $\lim_{R \to \infty} S_R$在$L^2(\mathbb{R})$中必收敛.

定理6.23保证了Fourier变换(6.180)对$f \in L^2(\mathbb{R})$存在. 接下来我们研究$L^2(\mathbb{R})$上的Fourier变换的性质.

**定理 6.24**  设$f \in L^2(\mathbb{R})$, 则下列Parseval等式成立:

$$\|f\|_{L^2} = \|\hat{f}\|_{L^2}. \tag{6.194}$$

**证明**  令$f_R = f \cdot \chi_{|x| \leqslant R}$, 根据引理6.5和定理6.23得

$$\|f\|_{L^2} = \lim_{R \to \infty} \|f_R\|_{L^2} = \lim_{R \to \infty} \|\widehat{f_R}\|_{L^2} = \|\hat{f}\|_{L^2}, \tag{6.195}$$

因此Parseval等式得证.

**注:**  在内积空间$(V, \langle \cdot, \cdot \rangle)$中有下列**极化恒等式**:

$$\langle u, v \rangle = \frac{1}{4} \left\{ \|u + v\|^2 - \|u - v\|^2 + \mathrm{i}\|u + \mathrm{i}v\|^2 - \mathrm{i}\|u - \mathrm{i}v\|^2 \right\}, \tag{6.196}$$

因此如果一个线性算子$T$满足下列保范条件:

$$\|Tu\| = \|u\|, \qquad \forall u \in V,$$

则它一定是保内积的:

$$\langle Tu, Tv \rangle = \langle u, v \rangle, \qquad \forall u, v \in V.$$

由此我们推出$L^2(\mathbb{R})$上的Fourier变换是保内积的:

$$\langle \hat{f}, \hat{g} \rangle_{L^2} = \langle f, g \rangle_{L^2}, \tag{6.197}$$

写成积分的形式就是

$$\int_{-\infty}^{\infty} \hat{f}(u)\overline{\hat{g}(u)}\mathrm{d}u = \int_{-\infty}^{\infty} f(x)\overline{g(x)}\mathrm{d}x. \tag{6.198}$$

引理 6.6  设 $f \in L^1(\mathbb{R})$, $g \in L^2(\mathbb{R})$, 则

$$(f * g)^\wedge(u) = \hat{f}(u)\hat{g}(u), \qquad \text{a.e. } u \in \mathbb{R}. \tag{6.199}$$

证明  根据推论6.1, 具有紧支集的光滑函数在 $L^2(\mathbb{R})$ 中稠密, 因此对任意 $g \in L^2(\mathbb{R})$, 存在具有紧支集的光滑函数序列 $\{\varphi_n\}$ 使得

$$\lim_{n \to \infty} \|g - \varphi_n\|_{L^2} = 0.$$

当 $f \in L^1(\mathbb{R})$ 时

$$
\begin{aligned}
(f * \varphi_n)^\wedge(u) &= \lim_{R \to \infty} \int_{-R}^{R} \left( \int_{-\infty}^{\infty} f(x-t)\varphi_n(t)\mathrm{d}t \right) \mathrm{e}^{-\mathrm{i}2\pi xu}\mathrm{d}x \\
&= \lim_{R \to \infty} \int_{-\infty}^{\infty} \varphi_n(t) \left( \int_{-R}^{R} f(x-t)\mathrm{e}^{-\mathrm{i}2\pi xu}\mathrm{d}x \right) \mathrm{d}t \\
&= \hat{f}(u)\widehat{\varphi_n}(u),
\end{aligned}
\tag{6.200}
$$

注意到

$$
\begin{aligned}
\|(f * g)^\wedge - \hat{f}\hat{g}\|_{L^2} &= \|(f * g)^\wedge - (f * \varphi_n)^\wedge + (f * \varphi_n)^\wedge - \hat{f}\widehat{\varphi_n} + \hat{f}\widehat{\varphi_n} - \hat{f}\hat{g}\|_{L^2} \\
&\leqslant \|(f * g)^\wedge - (f * \varphi_n)^\wedge\|_{L^2} + \|(f * \varphi_n)^\wedge - \hat{f}\widehat{\varphi_n}\|_{L^2} \\
&\quad + \|\hat{f}\widehat{\varphi_n} - \hat{f}\hat{g}\|_{L^2} \\
&= \|(f * g)^\wedge - (f * \varphi_n)^\wedge\|_{L^2} + \|\hat{f}\widehat{\varphi_n} - \hat{f}\hat{g}\|_{L^2},
\end{aligned}
\tag{6.201}
$$

由Parseval等式得

$$
\begin{aligned}
\|(f * g)^\wedge - (f * \varphi_n)^\wedge\|_{L^2} &= \|f * g - f * \varphi_n\|_{L^2} = \|f * (g - \varphi_n)\|_{L^2} \\
&\leqslant \|f\|_{L^1}\|g - \varphi_n\|_{L^2} \to 0, \qquad n \to \infty,
\end{aligned}
\tag{6.202}
$$

$$
\begin{aligned}
\|\hat{f}\widehat{\varphi_n} - \hat{f}\hat{g}\|_{L^2} &\leqslant \|\hat{f}\|_{L^\infty}\|(\varphi_n - g)^\wedge\|_{L^2} \\
&\leqslant \|f\|_{L^1}\|\varphi_n - g\|_{L^2} \to 0, \qquad n \to \infty,
\end{aligned}
\tag{6.203}
$$

联合(6.201)、(6.202)和(6.203)得

$$\|(f * g)^\wedge - \hat{f}\hat{g}\|_{L^2} = 0,$$

所以(6.199)成立.

例 6.6    求Dirichlet核$D_R(t)$的Fourier变换, 其中$D_R(t)$由(6.159)定义.

解    首先注意到

$$D_R(t) = \frac{\sin 2\pi R t}{\pi t} = \int_{-R}^{R} e^{i2\pi t x} dx, \tag{6.204}$$

所以

$$
\begin{aligned}
\hat{D}_R(u) &= \lim_{T \to \infty} \int_{-T}^{T} \int_{-R}^{R} e^{i2\pi t x} dx e^{-i2\pi t u} dt \\
&= \lim_{T \to \infty} \int_{-R}^{R} \int_{-T}^{T} e^{i2\pi(x-u)t} dt dx \\
&= \lim_{T \to \infty} \int_{-R}^{R} \frac{\sin 2\pi(x-u)T}{\pi(x-u)} dx \\
&= \lim_{T \to \infty} \frac{1}{\pi} \int_{2\pi(-R-u)T}^{2\pi(R-u)T} \frac{\sin x}{x} dx \\
&= \begin{cases} 0, & |u| > R, \\ 1, & |u| < R, \\ 1/2, & u = \pm R. \end{cases}
\end{aligned} \tag{6.205}
$$

定理 6.25    设$f \in L^2(\mathbb{R})$, 则下列Fourier反变换公式成立:

$$f(x) = \lim_{R \to \infty} \int_{-R}^{R} \hat{f}(u) e^{i2\pi u x} du. \qquad (L^2) \tag{6.206}$$

证明    先设$f \in L^1(\mathbb{R}) \cap L^2(\mathbb{R})$, 根据6.7.2 节公式(6.158)和(6.159)得

$$S_R(f, x) := \int_{-R}^{R} \hat{f}(u) e^{i2\pi u x} dx = (f * D_R)(x) = \int_{-\infty}^{\infty} f(x-t) D_R(t) dt, \tag{6.207}$$

其中$D_R(t)$是Dirichlet核. 根据引理6.6及例6.6得

$$\hat{S}_R(f, u) = \hat{f}(u) \hat{D}_R(u) = \hat{f}(u) \chi_{\{|u| \leqslant R\}}, \qquad u \neq \pm R, \tag{6.208}$$

于是

$$
\begin{aligned}
\|S_R(f, \cdot) - f\|_{L^2}^2 &= \left\| \hat{S}_R(f, \cdot) - \hat{f} \right\|_{L^2}^2 \\
&= \int_{\{|u| > R\}} |\hat{f}(u)|^2 du \to 0, \qquad R \to \infty,
\end{aligned} \tag{6.209}
$$

**191**

因此当$f \in L^1(\mathbb{R}) \cap L^2(\mathbb{R})$时定理成立.

如果$f \in L^2(\mathbb{R}) \setminus L^1(\mathbb{R})$, 则由于$L^1(\mathbb{R}) \cap L^2(\mathbb{R})$是$L^2(\mathbb{R})$的一个稠密子集, 因此存在$\{f_n\} \subseteq$
$L^1(\mathbb{R}) \cap L^2(\mathbb{R})$使得$\lim_{n\to\infty} \|f - f_n\|_{L^2} = 0$, 于是

$$\|S_R(f, \cdot) - f\|_{L^2} \leqslant \|S_R(f, \cdot) - S_R(f_n, \cdot)\|_{L^2} + \|S_R(f_n, \cdot) - f_n\|_{L^2} + \|f_n - f\|_{L^2}, \quad (6.210)$$

由于

$$
\begin{aligned}
\|S_R(f, \cdot) - S_R(f_n, \cdot)\|_{L^2}^2 &= \|\hat{S}_R(f, \cdot) - \hat{S}_R(f_n, \cdot)\|_{L^2}^2 \\
&= \|\hat{f}\chi_{\{|u|<R\}} - \widehat{f_n}\chi_{\{|u|<R\}}\|_{L^2}^2 \\
&= \int_{-R}^{R} |\hat{f}(u) - \widehat{f_n}(u)|^2 \mathrm{d}u \\
&\leqslant \|f - f_n\|_{L^2}^2 \to 0, \qquad n \to \infty, \quad (6.211)
\end{aligned}
$$

因此对任意$\varepsilon > 0$, 当$n$足够大时有

$$\|f - f_n\|_{L^2} < \frac{\varepsilon}{2}, \qquad \|S_R(f, \cdot) - S_R(f_n, \cdot)\|_{L^2} < \frac{\varepsilon}{2}, \quad (6.212)$$

联合(6.210)和(6.212)得

$$\|S_R(f, \cdot) - f\|_{L^2} \leqslant \|S_R(f_n, \cdot) - f_n\|_{L^2} + \varepsilon, \quad (6.213)$$

令$R \to \infty$, 对(6.213)两边取极限得

$$\varlimsup_{R\to\infty} \|S_R(f, \cdot) - f\|_{L^2} \leqslant \lim_{R\to\infty} \|S_R(f_n, \cdot) - f_n\|_{L^2} + \varepsilon = \varepsilon, \quad (6.214)$$

由$\varepsilon > 0$的任意性, 得到

$$\lim_{R\to\infty} \|S_R(f, \cdot) - f\|_{L^2} = 0, \quad (6.215)$$

定理得证.

# 拓展阅读建议

本章我们学习了$L^p$-范数与$L^p$-空间的概念与性质、Hölder不等式和Minkowski不等式、$L^p$-空间的对偶、$L^2$-空间与一般的Hilbert空间、三角函数系的完备性、Fourier级数与Fourier变换等内容. 这些知识是学习泛函分析、调和分析、偏微分方程、几何分析、随机分析等课程所必备的, 希望大家牢固掌握. 关于Hölder不等式和Minkowski不等式的进一步拓展可参考[17] （第一章）, 关于一般的Banach空间、Hilbert空间和线性算子的进一步拓展可参考[23]（前两章）或者[24]（前三章）; 关于Fourier级数和Fourier变换的进一步拓展可参考[13]或[14].

# 人物简介：希尔伯特(David Hilbert)

希尔伯特(David Hilbert, 1862 ～ 1943), 德国著名数学家, 是20世纪最有影响力的数学家, 研究兴趣广泛, 几乎涉及所有重要的数学领域, 并且都作出了重大或开创性的贡献. 希尔伯特于1862年1月23日生于东普鲁士哥尼斯堡, 中学时代便勤奋好学, 对数学表现出浓厚的兴趣, 善于深刻理解与灵活应用知识, 1880年进入哥尼斯堡大学学习, 一同入学的还有小他两岁的天才闵科夫斯基(H. Minkowski). 1884年赫尔维茨(H. Hurwitz)来到了哥尼斯堡大学, 从此三人（希尔伯特、赫尔维茨、闵可夫斯基）便展开了长期富有成效的合作. 1885 年希尔伯特获得哥尼斯堡大学数学博士学位, 博士论文为"二元形式, 特别是球谐函数的不变性质"（Über invariante Eigenschaften spezieller binärer Formen, insbesondere der Kugelfunktionen）. 1886年以资深讲师留校任教直至1895年, 这一年哥廷根大学在克莱因教授的极力推荐下聘请希尔伯特为教授. 在克莱因和希尔伯特的主持下, 哥廷根成为世界数学研究中心.

希尔伯特是数学公理化运动的发起人. 1899年他出版了《几何基础》（Grundlagen der Geometrie）, 该书是公理化思想的代表作, 把欧几里得几何学加以整理, 成为建立在一组简单公理基础上的纯粹演绎系统.

在1900年巴黎国际数学家代表大会上, 希尔伯特发表了题为"数学问题"（The Problems of Mathematics）的著名讲演. 他根据过去特别是19世纪数学研究的成果和发展趋势, 提出了23个最重要的数学问题. 这23个问题统称希尔伯特问题, 后来成为许多数学家力图攻克的难关, 对现代数学的研究和发展产生了深刻的影响, 极大地推动了后世数学的发展.

# 第6章习题

1. 设$E$是$(\Omega, \mathcal{F}, \mu)$的可测子集, $f \in L^1(E) \cap L^2(E)$, 试证明

$$\lim_{p \to 1^+} \|f\|_{L^p} = \|f\|_{L^1}. \tag{6.216}$$

2. 设$E$是$(\Omega, \mathcal{F}, \mu)$的可测子集, 且$\mu(E) < \infty$, $1 \leqslant p_1 < p_2 < \infty$, 试证明$L^{p_2}(E) \subseteq L^{p_1}(E)$.

3. 设$E$是$(\Omega, \mathcal{F}, \mu)$的可测子集, 且$\mu(E) < \infty$, $f$是$E$上的可测函数, 且$f(x) > 0$, 试求

$$J(f) = \left( \int_E f \mathrm{d}\mu \right) \left( \int_E \frac{1}{f} \mathrm{d}\mu \right) \tag{6.217}$$

的最小值, 以及当$f$为什么函数时取得最小值.

4. 设$f \in L^2((0, \infty))$且$f(x) > 0$, 令$F(x) = \int_0^x f(t)\mathrm{d}t$, 试证明

$$f(x) = o(\sqrt{x}), \qquad x \to 0, \qquad x \to \infty. \tag{6.218}$$

5. 设$f \in L^2([0,1])$, 试证明存在$[0,1]$上的单增函数$g(x)$使得对任意$0 \leqslant a < b \leqslant 1$皆有

$$\left| \int_a^b f(x)\mathrm{d}x \right|^2 \leqslant [g(b) - g(a)](b - a). \tag{6.219}$$

6. 设$f \in L^2([0,1])$, 且$\|f\|_{L^2} \neq 0$, 令$F(x) = \int_0^x f(t)\mathrm{d}t$, 试证明

$$\|F\|_{L^2} \leqslant \|f\|_{L^2}. \tag{6.220}$$

7. 设$2 \leqslant p < \infty$, $f_i \in L^p(E)$, $i = 1, 2, \cdots, k$, 试证明

$$\left\| \left( \sum_{i=1}^k |f_i| \right)^{1/2} \right\|_{L^p} \leqslant \left( \sum_{i=1}^k \|f_i\|_{L^p}^2 \right)^{1/2}. \tag{6.221}$$

8. 设$E$是$(\Omega, \mathcal{F}, \mu)$的可测子集, $p \geqslant 1$, $\{X_k : k = 1, 2, \cdots\}$是$L^p(E)$中的元素, 且

$$\|X_{k+1} - X_k\|_{L^p} \leqslant \frac{1}{2^k}, \qquad k = 1, 2, \cdots. \tag{6.222}$$

试证明存在$X \in L^p(E)$使得$X_n \xrightarrow{\text{a.e.}} X$.

**194**

9. 设$E$是$(\Omega, \mathcal{F}, \mu)$的可测子集, $p \geqslant 1$, $Y, X_k \in L^p(E)$, $k = 1, 2, \cdots$, 如果在$E$上有$X_k \xrightarrow{\text{a.e.}} X$且$|X_k(\omega)| \leqslant Y(\omega)$, $k = 1, 2, \cdots$, 试证明$X_k \xrightarrow{L^p} X$.

10. 设$E$是$(\Omega, \mathcal{F}, \mu)$的可测子集, $X_n \in L^2(E)$, $|X_n| \leqslant M$, 如果$X_n \xrightarrow{\text{a.e.}} X$, 试问是否一定有$X_n \xrightarrow{L^2} X$?

11. 设$(\Omega, \mathcal{F}, \mu)$是有限测度空间, $1 \leqslant q < p < \infty$, $\{X_n : n = 1, 2, \cdots\} \subseteq L^p(\Omega)$, 且$X_n \xrightarrow{L^p} X$, 试证明$X_n \xrightarrow{L^q} X$.

12. 设$f, f_k \in L^p([a, b])$, $k = 1, 2, \cdots$, $p \geqslant 1$, 如果$f_n \xrightarrow{L^p} f$, 试证明

$$\lim_{n \to \infty} \int_a^x f_k(t) \mathrm{d}t = \int_a^x f(t) \mathrm{d}t, \qquad \forall\, x \in [a, b]. \tag{6.223}$$

13. 设$f, f_n \in L^p(\mathbb{R})$, $\|f_n\|_{L^p} \leqslant M$, $n = 1, 2, \cdots$, $1 < p < \infty$, $q$是$p$的共轭指标, 且

$$\lim_{n \to \infty} \int_0^x f_k(t) \mathrm{d}t = \int_0^x f(t) \mathrm{d}t, \qquad \forall\, x \in \mathbb{R}, \tag{6.224}$$

试证明对任意$g \in L^q(\mathbb{R})$皆有

$$\lim_{n \to \infty} \int_{\mathbb{R}} f_k(x) g(x) \mathrm{d}x = \int_{\mathbb{R}} f(x) g(x) \mathrm{d}x. \tag{6.225}$$

14. 设$f \in L^p(\Omega, \mathcal{F}, \mu)$, 试证明

$$\|f\|_{L^p}^p = p \int_0^\infty \lambda^{p-1} \mu\left(\{|f| > \lambda\}\right) \mathrm{d}\lambda. \tag{6.226}$$

15(Scheffe引理). 设$f, f_1, f_2 \cdots \in L^1(\Omega, \mathcal{A}, \mu)$, 且$f_n \to f$, a.e. $\omega \in \Omega$, 则

$$\lim_{n \to \infty} \int_{\Omega} |f_n - f| \mathrm{d}\mu = 0 \quad \Leftrightarrow \quad \lim_{n \to \infty} \int_{\Omega} |f_n| \mathrm{d}\mu = \int_{\Omega} |f| \mathrm{d}\mu. \tag{6.227}$$

16. 试证明$\{\sin nx : n = 0, 1, 2, \cdots\}$是$L^2([0, \pi])$的完备正交系.

17. 设实值函数$\{\varphi_k\}$是$L^2(\mathbb{R})$的正交规范系, $f \in L^2(\mathbb{R})$, 试证明

$$\lim_{n \to \infty} \int_{\mathbb{R}} f(x) \varphi_k(x) \mathrm{d}x = 0. \tag{6.228}$$

18. 设实值函数$\{\varphi_k\}$是$L^2([a, b])$的正交规范基, $f \in L^2([a, b])$, 试证明对任意可测集$E \subseteq$

$[a, b]$皆有

$$\int_E f(x)\mathrm{d}x = \sum_{k=1}^{\infty} c_k \int_E \varphi_k(x)\mathrm{d}x, \quad \text{其中} \quad c_k = \int_a^b f(y)\varphi_k(y)\mathrm{d}y. \tag{6.229}$$

19. 设$(V, \langle \cdot, \cdot \rangle)$是一个复内积空间, $u, v \in V$, 证明下列**极化恒等式**:

$$\langle u, v \rangle = \frac{1}{4}\left\{ \|u+v\|^2 - \|u-v\|^2 + \mathrm{i}\|u+\mathrm{i}v\|^2 - \mathrm{i}\|u-\mathrm{i}v\|^2 \right\}. \tag{6.230}$$

20. 设$f \in C(\mathbb{T})$, 其Fourier级数一致收敛, 试证明该级数的和与$f(x)$处处相等.

21. 设$f \in C(\mathbb{T})$且其$m$阶导数连续, 试证明

$$c_k := \frac{1}{2\pi} \int_{-\pi}^{\pi} f(x)\mathrm{e}^{-\mathrm{i}kx}\mathrm{d}x = o\left(\frac{1}{|k|^m}\right), \qquad |k| \to \infty. \tag{6.231}$$

22 (**有界变差函数**). 设$f$是定义在$\mathbb{R}$上的可测函数, $[a, b]$是$\mathbb{R}$上的区间, 对于$[a, b]$的任意一个分划$\Pi : a = x_0 < x_1 < x_2 < \cdots < x_n = b$, 令

$$v_\Pi = \sum_{i=1}^{n} |f(x_i) - f(x_{i-1})|, \tag{6.232}$$

定义

$$\bigvee_a^b(f) := \sup\{v_\Pi : \Pi\text{是}[a,b]\text{的分划}\}, \tag{6.233}$$

称之为$f$在区间$[a, b]$上的**全变差**(total variation). 如果$\bigvee_a^b(f) < \infty$, 则称$f$是$[a, b]$上的**有界变差函数**; $[a, b]$上的有界变差函数的全体记作$BV([a, b])$. 试证明下列命题:

i). 如果$\Pi$和$\Pi'$都是$[a, b]$的分划, 且$\Pi \subseteq \Pi'$, 则有$v_\Pi \leqslant v_{\Pi'}$;

ii). 设$[a, b]$是闭区间, $c \in (a, b)$, 如果$f \in BV([a, c]) \cap BV([c, b])$, 则$f \in BV([a, b])$, 且有

$$\bigvee_a^b(f) = \bigvee_a^c(f) + \bigvee_c^b(f); \tag{6.234}$$

iii). 如果$f, g \in BV([a, b]), c \in \mathbb{R}$, 则$f + g, cf \in BV([a, b])$;

iv). 如果$f$在$[a, b]$上单调, 则$f \in BV([a, b])$;

**196**

v)(Jordan**分解**). 如果$f \in BV([a,b])$, 则存在$[a,b]$上的单调增加的函数$g$和$h$使得$f = g - h$.

23. (Jordan**判别法**). 设$f$在点$x$的某个邻域$[x - \delta_1, x + \delta_1]$上是有界变差的, 则其Fourier级数在点$x$收敛于

$$\frac{1}{2}[f(x+0) + f(x-0)]. \qquad (6.235)$$

特别地, 当$f$在点$x$处连续时, 其Fourier级数收敛于$f(x)$.

24. 请举一个Abel可和但本身发散的级数.

25. 试证明Poisson核公式(6.120).

26. 设$f(x)$和$g(x)$都是$\mathbb{R}^n$上具有紧支集的函数, $\mathrm{supp}(f) = K$, $\mathrm{supp}(g) = J$, 试证明$f * g$也是具有紧支集的函数, 且$\mathrm{supp}(f * g) \subseteq K + J$.

27. 试证明定理6.15中的性质ii)和v).

28. 设$f \in L^1(\mathbb{R})$且连续, 如果存在$0 < \alpha < 1$使得其Fourier变换$\hat{f}$满足

$$\int_{\mathbb{R}} |\hat{f}(u)||u|^\alpha \mathrm{d}u < \infty, \qquad (6.236)$$

则$f$满足下列$\alpha$-Hölder条件

$$|f(x) - f(x')| \leqslant C|x - x'|^\alpha, \qquad \forall x, x' \in \mathbb{R}. \qquad (6.237)$$

特别地, 当存在$\varepsilon > 0$使得

$$|\hat{f}(u)| \leqslant C(1 + |u|)^{-1-\alpha-\varepsilon} \qquad (6.238)$$

时, $\alpha$-Hölder条件(6.237)成立.

29. (Whitaker-Shannon-Kotelnikov**采样定理**). 设$f \in L^2(\mathbb{R})$, 如果存在$\Omega > 0$使得

$$\hat{f}(u) = 0, \qquad \forall u \notin [-\Omega, \Omega], \qquad (6.239)$$

则称$f$是$\Omega$-**频带有限的**. 对于$\Omega$-频带有限的函数$f$, 如果$f$还是连续的且满足

$$\sum_{n=\infty}^{\infty} \left| f\left(\frac{n}{2\Omega}\right) \right| < \infty, \qquad (6.240)$$

则下列Whitaker-Shannon-Kotelnikov采样公式成立:

$$f(x) = \sum_{n=-\infty}^{\infty} f\left(\frac{n}{2\Omega}\right) \frac{\sin 2\pi\Omega \left(x - \frac{n}{2\Omega}\right)}{2\pi\Omega \left(x - \frac{n}{2\Omega}\right)}, \quad \forall x \in \mathbb{R}. \tag{6.241}$$

**30 (Poisson求和公式)**. 设$f(x)$是$\mathbb{R}$上的连续函数, 且存在$\delta > 0$使得对任意$x \in \mathbb{R}$皆有

$$|f(x)| \leqslant C(1 + |x|)^{-1-\delta}, \tag{6.242}$$

$$|\hat{f}(x)| \leqslant C(1 + |x|)^{-1-\delta}, \tag{6.243}$$

则有下列求和公式:

$$\sum_{m=-\infty}^{\infty} f(x + m) = \sum_{m=-\infty}^{\infty} \hat{f}(m) e^{2\pi i m x}. \tag{6.244}$$

**31 (Theta函数)**. 在统计力学中经常用到Theta函数, 其定义如下:

$$\theta(t) = \sum_{n=-\infty}^{\infty} e^{-\pi n^2 t}, \quad \forall t > 0. \tag{6.245}$$

试证明下列Jacobi恒等式:

$$\theta(t) = \frac{1}{\sqrt{t}} \theta\left(\frac{1}{t}\right). \tag{6.246}$$

# 附录A：不可测集的构造

欧氏空间$\mathbb{R}^n$上的点集并非都是Lebesgue可测集，这一点Lebesgue本人在创立他的测度理论时就预见到了，但要具体构造一个不可测集却不是那么容易. 第一个非Lebesgue可测集是由意大利数学家Voltera构造出来的，随后又陆续有其他数学家构造出非Lebesgue可测集的例子. 这里介绍的例子是Vitali于1905年构造的.

为了简单起见，我们仅考虑$n = 1$的情形. 对于$E \subseteq \mathbb{R}$及$a \in \mathbb{R}$，定义

$$a + E := \{a + x : x \in E\}, \tag{A01}$$

即将$E$中每一个点都往右平移$a$个单位所得到的集合. 由于Lebesgue测度$\mu$具有平移不变性，因此对于任意Lebesgue可测子集$E \subseteq \mathbb{R}$皆有$\mu(a + E) = \mu(E)$.

对于有理数集$\mathbb{Q}$，考虑下列集族：

$$x + \mathbb{Q}, \qquad x \in \mathbb{R}, \tag{A02}$$

它们是由$\mathbb{Q}$往左或往右平移不同距离得到的集合，称为$\mathbb{Q}$的**余集**（coset）. 每一个余集都与$\mathbb{Q}$对等，且在$\mathbb{R}$中稠密. 当然，集族(A02)中有些集合是相同的，事实上，只要$x - y \in \mathbb{Q}$就有$x + \mathbb{Q} = y + \mathbb{Q}$；如果$x - y \notin \mathbb{Q}$，则$(x + \mathbb{Q}) \cap (y + \mathbb{Q}) = \varnothing$，即不同的余集彼此不相交. 此外，所有余集的并正好是$\mathbb{R}$，即

$$\bigcup_{x \in \mathbb{R}} (x + \mathbb{Q}) = \mathbb{R}. \tag{A03}$$

由于每一个余集$x + \mathbb{Q}$都在$\mathbb{R}$中稠密，因此$(x + \mathbb{Q}) \cap [0, 1] \neq \varnothing$. 现在从这些不同的交集$(x + \mathbb{Q}) \cap [0, 1]$中的每一个中选择一个元素，将选出来的元素合起来作成一个集合$V$，称这样的集合为Vitali集. 当然，构造Vitali集需要用到选择公理，这个公理保证能够从一族不相交的集合中的每一个中选择一个元素组成一个新的集合. 下面的定理断言Vitali集$V$不是Lebesgue可测集.

**定理A01.** Vitali集$V$不是$\mathbb{R}$上的Lebesgue可测集.

在证明定理A01之前需要先证明两个引理.

**引理A01.** 设$V \subseteq [0, 1]$是Vitali集，$q, q' \in \mathbb{Q}$，如果$q \neq q'$，则$(q + V) \cap (q' + V) = \varnothing$.

**证明** 用反证法. 设若存在有理数$q \neq q'$使得$(q + V) \cap (q' + V) \neq \varnothing$，则存在$y \in (q + V) \cap (q' + V)$，因此存在$v, v' \in V$使得

$$y = q + v = q' + v', \tag{A04}$$

由此推出$v - v' = q' - q \neq 0$，即$v, v'$是$V$中的不同元素. 由Vitali集的构造可知存在$\mathbb{Q}$的余集$(x + \mathbb{Q}) \ni v$，$(x' + \mathbb{Q}) \ni v'$，因此存在$x, x' \in \mathbb{R}$，$p, p' \in \mathbb{Q}$使得

$$v = x + p, \qquad v' = x' + p', \tag{A05}$$

将其代入(A04)，得

$$q + p + x = q' + p' + x', \tag{A06}$$

由此得到$x - x' = q' + p' - q - p$，因此$x - x' \in \mathbb{Q}$，但这意味着$v$与$v'$属于同一个余集，这与Vitali集$V$的构造矛盾，因此反设不成立.

**引理A02.** 设$V \subseteq [0, 1]$是Vitali集，设$C = \mathbb{Q} \cap [-1, 1]$，并令

$$U = \bigcup_{q \in C} (q + V), \tag{A07}$$

则有

$$[0, 1] \subseteq U \subseteq [-1, 2]. \tag{A08}$$

**证明** 既然$q \in C \subseteq [-1, 1]$，$V \subseteq [0, 1]$，因此每一个$q + V$都包含于区间$[-1, 2]$之中，由此得到$U = \cup_{q \in C}(q + V) \subseteq [-1, 2]$. 另一方面，对任意$x \in [0, 1]$，根据Vitali集的构造，$V \cap (x + \mathbb{Q})$只含有一个元素$v$，即存在唯一的$v \in V$使得$v = x + q$，其中$q \in \mathbb{Q}$. 由于$v, x \in [0, 1]$，因此$q = v - x \in [-1, 1]$，它又是有理数，因此$q \in C$，从而$-q \in C$，于是$x = -q + v \in (-q + V) \subseteq U$，由$x \in [0, 1]$的任意性得$[0, 1] \subseteq U$.

现在我们可以证明定理A01了.

**定理A01的证明** 用反证法. 设$V \subseteq [0, 1]$是Vitali集，$U$由(A07)定义，如果$V$是Lebesgue可测的，则根据引理A02得

$$1 \leqslant \mu(U) \leqslant 3, \tag{A09}$$

但另一当面，由引理A01及Lebesgue测度的可列可加性得

$$\mu(U) = \sum_{q \in C} \mu(q + V), \tag{A10}$$

**200**

如果$\mu(V) > 0$，则$\mu(q + V) = \mu(V) > 0, \forall q \in C$，于是由(A10)推出$\mu(U) = +\infty$；如果$\mu(V) = 0$，则$\mu(q + V) = \mu(V) = 0, \forall q \in C$，于是由(A10)推出$\mu(U) = 0$；无论哪一种情况都与(A09)矛盾，因此反设不成立，定理得证.

# 附录B：$n$维球坐标变换的Jacobi行列式

在计算多重积分的时候经常要用到$\mathbb{R}^n$上的球坐标变换：

$$
\begin{cases}
x_1 & = r\cos\theta_1, \\
x_2 & = r\sin\theta_1\cos\theta_2, \\
x_3 & = r\sin\theta_1\sin\theta_2\cos\theta_3, \\
\cdots\cdots & \\
x_{n-1} & = r\sin\theta_1\cdots\sin\theta_{n-2}\cos\theta_{n-1}, \\
x_n & = r\sin\theta_1\cdots\sin\theta_{n-2}\sin\theta_{n-1},
\end{cases}
\qquad
\begin{array}{l}
0 \leqslant \theta_j \leqslant \pi, \;\; j=1,2,\cdots,n-2, \\[4pt]
0 \leqslant \theta_{n-1} \leqslant 2\pi, \\[4pt]
r = |x| = \sqrt{x_1^2 + x_2^2 + \cdots + x_n^2}.
\end{array}
\qquad (B01)
$$

计算上述变换的Jacobi行列式并不是一个平凡的问题，曾有许多著名的数学家对此感兴趣，并给出了各种各样的计算方法. 这里我们给出一种较为初等简洁的计算方法. 先计算偏导数：

$$\frac{\partial x_i}{\partial r} = \frac{1}{r}x_i, \qquad i=1,2,\cdots,n,$$

$$\frac{\partial x_i}{\partial \theta_j} = x_i \cot\theta_j, \qquad i=2,3,\cdots,n, \quad j=1,2,\cdots,i-1,$$

$$\frac{\partial x_i}{\partial \theta_i} = -x_i \tan\theta_i, \qquad i=1,2,\cdots,n-1,$$

因此球坐标变换(B01)的Jacobi行列式为

$$
J = \left|
\begin{array}{ccccccc}
\frac{1}{r}x_1 & -x_1\tan\theta_1 & 0 & 0 & \cdots & 0 & 0 \\
\frac{1}{r}x_2 & x_2\cot\theta_1 & -x_2\tan\theta_2 & 0 & \cdots & 0 & 0 \\
\frac{1}{r}x_3 & x_3\cot\theta_1 & x_3\cot\theta_2 & -x_3\tan\theta_3 & \cdots & 0 & 0 \\
\vdots & \vdots & \vdots & \vdots & \ddots & 0 & 0 \\
\frac{1}{r}x_{n-1} & x_{n-1}\cot\theta_1 & x_{n-1}\cot\theta_2 & x_{n-1}\cot\theta_3 & \cdots & x_{n-1}\cot\theta_{n-2} & -x_{n-1}\tan\theta_{n-1} \\
\frac{1}{r}x_n & x_n\cot\theta_1 & x_n\cot\theta_2 & x_n\cot\theta_3 & \cdots & x_n\cot\theta_{n-2} & x_n\cot\theta_{n-1}
\end{array}
\right|,
$$

提取行列式$J$中每一列的公因子后得到

$$J = \frac{1}{r} \cot \theta_1 \cot \theta_2 \cdots \cot \theta_{n-1} D, \tag{B02}$$

其中$D$为下列行列式：

$$D = \begin{vmatrix} x_1 & -x_1 \tan^2 \theta_1 & 0 & 0 & \cdots & 0 & 0 \\ x_2 & x_2 & -x_2 \tan^2 \theta_2 & 0 & \cdots & 0 & 0 \\ x_3 & x_3 & x_3 & -x_3 \tan^2 \theta_3 & \cdots & 0 & 0 \\ \vdots & \vdots & \vdots & \vdots & \ddots & \vdots & \vdots \\ x_{n-1} & x_{n-1} & x_{n-1} & x_{n-1} & \cdots & x_{n-1} & -x_{n-1} \tan^2 \theta_{n-1} \\ x_n & x_n & x_n & x_n & \cdots & x_n & x_n \end{vmatrix}. \tag{B03}$$

再提取$D$中每一行的公因子，得

$$D = x_1 x_2 \cdots x_n \begin{vmatrix} 1 & -\tan^2 \theta_1 & 0 & 0 & \cdots & 0 & 0 \\ 1 & 1 & -\tan^2 \theta_2 & 0 & \cdots & 0 & 0 \\ 1 & 1 & 1 & -\tan^2 \theta_3 & \cdots & 0 & 0 \\ \vdots & \vdots & \vdots & \vdots & \ddots & \vdots & \vdots \\ 1 & 1 & 1 & 1 & \cdots & 1 & -\tan^2 \theta_{n-1} \\ 1 & 1 & 1 & 1 & \cdots & 1 & 1 \end{vmatrix}. \tag{B04}$$

在上式右边的行列式中，依次将第$n$行减去第$n-1$行，第$n-1$行减去第$n-2$行……第2行减去第1行，得

$$D = x_1 x_2 \cdots x_n \begin{vmatrix} 1 & -\tan^2 \theta_1 & 0 & 0 & \cdots & 0 & 0 \\ 0 & \sec^2 \theta_1 & -\tan^2 \theta_2 & 0 & \cdots & 0 & 0 \\ 0 & 0 & \sec^2 \theta_2 & -\tan^2 \theta_3 & \cdots & 0 & 0 \\ \vdots & \vdots & \vdots & \vdots & \ddots & \vdots & \vdots \\ 0 & 0 & 0 & 0 & \cdots & \sec^2 \theta_{n-2} & -\tan^2 \theta_{n-1} \\ 0 & 0 & 0 & 0 & \cdots & 0 & \sec^2 \theta_{n-1} \end{vmatrix}$$

$$= x_1 x_2 \cdots x_n \sec^2 \theta_1 \sec^2 \theta_2 \cdots \sec^2 \theta_{n-1},$$

将其代入(B02)，得

$$J = r^{n-1} \sin^{n-2} \theta_1 \sin^{n-3} \theta_2 \cdots \sin \theta_{n-2}. \tag{B05}$$

上面的计算过程对$\theta_i \neq l\pi/2,\ l \in \mathbb{Z}$有效，但由于Jacobi行列式$J$对$\theta_1, \theta_2, \cdots, \theta_{n-1}$是连续可微的，因此可以通过取极限证明(B05)对$\theta_i = l\pi/2,\ l \in \mathbb{Z}$也成立.

# 部分习题答案

## 第1章习题答案

1. 证明：注意到

$$x \in A \setminus \left( \bigcup_{\lambda \in \Lambda} B_\lambda \right) \quad \Leftrightarrow \quad x \in A \text{ 且 } x \notin \bigcup_{\lambda \in \Lambda} B_\lambda$$

$$\Leftrightarrow \quad x \in A \text{ 且 } x \notin B_\lambda, \ \forall \lambda \in \Lambda$$

$$\Leftrightarrow \quad x \in A \setminus B_\lambda, \ \forall \lambda \in \Lambda$$

$$\Leftrightarrow \quad x \in \bigcap_{\lambda \in \Lambda} (A \setminus B_\lambda), \tag{1}$$

由此立刻得到

$$A \setminus \left( \bigcup_{\lambda \in \Lambda} B_\lambda \right) = \bigcap_{\lambda \in \Lambda} (A \setminus B_\lambda). \tag{2}$$

另一个等式的证明完全类似, 在此从略.

2. 证明：i). 直接由并运算的交换律得到.

ii). 注意到

$$
\begin{aligned}
(A \triangle B) \triangle C &= [((A \setminus B) \cup (B \setminus A)) \setminus C] \cup [C \setminus ((A \setminus B) \cup (B \setminus A))] \\
&= (A \setminus B \setminus C) \cup (B \setminus A \setminus C) \cup (C \setminus A \setminus B) \cup (A \cap B \cap C), \tag{3} \\
A \triangle (B \triangle C) &= [A \setminus ((B \setminus C) \cup (C \setminus B))] \cup [((B \setminus C) \cup (C \setminus B)) \setminus A]
\end{aligned}
$$

$$= \quad (A \setminus B \setminus C) \cup (A \cap B \cap C) \cup (B \setminus C \setminus A) \cup (C \setminus B \setminus A)$$

$$= \quad (A \setminus B \setminus C) \cup (A \cap B \cap C) \cup (B \setminus A \setminus C) \cup (C \setminus A \setminus B), \tag{4}$$

联合(3)和(4)即可得到结论.

iii). 利用集合的并、交、补、差运算律得

$$A \cap (B \triangle C) \quad = \quad A \cap [(B \setminus C) \cup (C \setminus B)] = (A \cap B \cap \overline{C}) \cup (A \cap C \cap \overline{B})$$

$$= \quad [(A \cap B) \cap (\overline{A \cap C})] \cup [(A \cap C) \cap (\overline{A \cap B})]$$

$$= \quad [(A \cap B) \setminus (A \cap C)] \cup [(A \cap C) \setminus (A \cap B)]$$

$$= \quad (A \cap B) \triangle (A \cap C). \tag{5}$$

iv). 利用集合的补与差的关系得

$$\overline{A \triangle B} \quad = \quad (\overline{A} \setminus \overline{B}) \cup (\overline{B} \setminus \overline{A}) = (\overline{A} \cap B) \cup (\overline{B} \cap A)$$

$$= \quad (B \setminus A) \cup (A \setminus B)$$

$$= \quad A \triangle B. \tag{6}$$

3. 证明：注意到

$$x \in (0,1) \qquad \Leftrightarrow \qquad \exists n \in \mathbb{N} \ \text{使得} \ x \in \left[\frac{1}{n}, 1 - \frac{1}{n}\right]$$

$$\Leftrightarrow \qquad x \in \bigcup_{n=1}^{\infty} \left[\frac{1}{n}, 1 - \frac{1}{n}\right], \tag{7}$$

由此立刻得到结论.

4. 证明：注意到

$$x \in \left\{ x \in \mathbb{R} : \sup_{n \geqslant 1} f_n(x) \leqslant 1 \right\} \qquad \Leftrightarrow \qquad f_n(x) \leqslant 1, \quad \forall n \in \mathbb{N}$$

$$\Leftrightarrow \qquad x \in A_n \quad \forall n \in \mathbb{N}$$

$$\Leftrightarrow \qquad x \in \bigcap_{n=1}^{\infty} A_n, \tag{8}$$

因此等式(1.79)得证.

至于等式(1.80), 只须注意到下列等价链:

$$x \in \left\{ x \in \mathbb{R} : \inf_{n \geqslant 1} f_n(x) \leqslant 1 \right\} \qquad \Leftrightarrow \qquad \forall k \in \mathbb{N}, \ \exists n \in \mathbb{N} \ \text{使得} \ f_n(x) < 1 + \frac{1}{k}$$

$$\Leftrightarrow \qquad \forall k \in \mathbb{N}, \ \exists n \in \mathbb{N} \ \text{使得} \ x \in B_{n,k}$$

$$\Leftrightarrow \qquad x \in \bigcap_{k=1}^{\infty} \bigcup_{n=1}^{\infty} B_{n,k}. \tag{9}$$

5. 解：下列映射满足要求：

$$f(x) = \frac{1}{2} + \frac{1}{\pi} \arctan x, \qquad \forall x \in \mathbb{R}. \tag{10}$$

6. 证明： i). 只须注意到

$$y \in f(\cup_{n=1}^{\infty} A_n) \qquad \Leftrightarrow \qquad \exists x \in \cup_{n=1}^{\infty} A_n \ \text{使得} \ f(x) = y$$

$$\Leftrightarrow \qquad \exists n \in \mathbb{N}, \ x \in A_n \ \text{使得} \ f(x) = y$$

$$\Leftrightarrow \qquad \exists n \in \mathbb{N} \ \text{使得} \ y \in f(A_n)$$

$$\Leftrightarrow \qquad y \in \cup_{n=1}^{\infty} f(A_n). \tag{11}$$

ii). 只须注意到

$$y \in f(\cap_{n=1}^{\infty} A_n) \qquad \Leftrightarrow \qquad \exists x \in \cap_{n=1}^{\infty} A_n \ \text{使得} \ f(x) = y$$

$$\Rightarrow \qquad y \in f(A_n), \qquad \forall n \in \mathbb{N} \tag{12}$$

$$\Leftrightarrow \qquad y \in \cap_{n=1}^{\infty} f(A_n). \tag{13}$$

须指出的是(12)中的 "⇒" 不能改为 "⇔", 下面就是一个反例: 取$f(x) = x^2$, $x \in \mathbb{R}$, $A_1 = (-\infty, 0)$, $A_2 = (0, +\infty)$, 则$1 \in f(A_1) \cap f(A_2)$, 但$A_1 \cap A_2 = \varnothing$, 因此1显然不属于$f(A_1 \cap A_2)$.

iii). 前半部分是显然的, 现在看后半部分.

$$x \in f^{-1}(B \setminus A) \qquad \Leftrightarrow \qquad f(x) \in B \setminus A$$

$$\Leftrightarrow \quad f(x) \in B \text{ 且 } f(x) \notin A$$
$$\Leftrightarrow \quad x \in f^{-1}(B) \text{ 且 } x \notin f^{-1}(A)$$
$$\Leftrightarrow \quad x \in f^{-1}(B) \setminus f^{-1}(A). \tag{14}$$

iv). 只须注意到

$$x \in f^{-1}(\cup_{n=1}^{\infty} A_n) \quad \Leftrightarrow \quad f(x) \in \cup_{n=1}^{\infty} A_n$$
$$\Leftrightarrow \quad \exists n \in \mathbb{N} \text{ 使得 } f(x) \in A_n$$
$$\Leftrightarrow \quad \exists n \in \mathbb{N} \text{ 使得 } x \in f^{-1}(A_n)$$
$$\Leftrightarrow \quad x \in \cup_{n=1}^{\infty} f^{-1}(A_n). \tag{15}$$

$$x \in f^{-1}(\cap_{n=1}^{\infty} A_n) \quad \Leftrightarrow \quad f(x) \in \cap_{n=1}^{\infty} A_n$$
$$\Leftrightarrow \quad f(x) \in A_n, \quad \forall n \in \mathbb{N}$$
$$\Leftrightarrow \quad x \in f^{-1}(A_n), \quad \forall n \in \mathbb{N}$$
$$\Leftrightarrow \quad x \in \cap_{n=1}^{\infty} f^{-1}(A_n). \tag{16}$$

7. 证明: 如果 $f(a) = f(b)$, 则

$$f_n(a) = f_n(b), \qquad \forall n = 1, 2, \cdots, \tag{17}$$

令 $n \to \infty$, 利用条件 $\lim_{n\to\infty} f_n(x) = x, \forall x \in \mathbb{R}$, 得 $a = b$, 因此 $f$ 是单射.

## 第2章习题答案

17. 证明: 首先证明如果 $E, F \in \Lambda$, 且 $E \subseteq F$, 则 $F \setminus E \in \Lambda$. 事实上

$$F \setminus E = F \cap \overline{E} = \overline{\overline{F} \cup E}, \tag{18}$$

由于 $\overline{F}, E \in \Lambda$, 且两者不相交, 因此 $\overline{F} \cup E \in \Lambda$, 再利用 $\lambda$-系对取补运算的封闭性得 $F \setminus E \in \Lambda$.

现在我们证明 $\mathcal{J}_A$ 是 $\lambda$-系. 显然有 $\Omega \in \mathcal{J}_A$, 接下来只须证明 $\mathcal{J}_A$ 对取补和分离并运算封闭. 如

果$B \in \mathcal{J}_A$, 则$A \cap B \in \Lambda$, 根据刚才证明的结论得$A \cap \overline{B} = A \setminus (A \cap B) \in \Lambda$, 因此$\overline{B} \in \mathcal{J}_A$, 这就证明了$\mathcal{J}_A$对取补运算封闭. 如果$B_1, B_2, \cdots \in \mathcal{J}_A$且两两不交, 则$A \cap B_1, A \cap B_2, \cdots \in \Lambda$且两两不交, 由$\lambda$-系的定义得

$$A \cap \left( \bigcup_{n=1}^{\infty} B_n \right) = \bigcup_{n=1}^{\infty} (A \cap B_n) \in \Lambda, \tag{19}$$

因此有$\cup_{n=1}^{\infty} B_n \in \mathcal{J}_A$, 这就证明了$\mathcal{J}_A$对分离并运算封闭.

20. 证明: 如果$C, A \in \mathcal{A}$且$C \subseteq A$, 则根据半环的定义, 存在互不相交的$D_1, D_2, \cdots, D_n \in \mathcal{A}$使得

$$A \setminus C = \bigcup_{i=1}^{n} D_i, \tag{20}$$

因此有

$$\lambda(A) = \lambda(C) + \sum_{i=1}^{n} \lambda(D_i), \tag{21}$$

因此$\lambda(C) \leqslant \lambda(A)$; 如果$C_1, C_2, A \in \mathcal{A}$, $C_1 \cup C_2 \subseteq A$, 且$C_1$与$C_2$不相交, 则$A \setminus (C_1 \cup C_2) = A \setminus C_1 \setminus C_2$可以表示为互不相交的$D_1, D_2, \cdots, D_n \in \mathcal{A}$的并, 因此有

$$\lambda(A) = \lambda(C_1) + \lambda(C_2) + \sum_{i=1}^{n} \lambda(D_i), \tag{22}$$

由此得到$\lambda(C_1) + \lambda(C_2) \leqslant \lambda(A)$; 更一般地, 如果$C_1, C_2, \cdots, C_k, A \in \mathcal{A}, \cup_{i=1}^{k} C_i \subseteq A$, 且$C_1, C_2, \cdots, C_k$两两不交, 则有

$$\sum_{i=1}^{k} \lambda(C_i) \leqslant \lambda(A). \tag{23}$$

现在令$B_1 = A_1$, $B_2 = A_2 \setminus A_1$, $B_3 = A_3 \setminus (A_1 \cup A_2), \cdots, B_n = A_n \setminus (\cup_{i=1}^{n-1} A_n), \cdots$, 则$B_1, B_2, \cdots$两两不交, 且每一个$B_n$都可表示为互不相交的$C_{1,n}, C_{2,n}, \cdots, C_{k_n,n} \in \mathcal{A}$的并, 因此记

$$\lambda(B_n) = \sum_{i=1}^{k_n} \lambda(C_{i,n}), \tag{24}$$

根据(23)得$\lambda(B_n) \leqslant \lambda(A_n)$, 由此得到

$$\lambda \left( \bigcup_{n=1}^{\infty} A_n \right) = \lambda \left( \bigcup_{n=1}^{\infty} B_n \right) = \sum_{n=1}^{\infty} \lambda(B_n)$$

$$\leqslant \sum_{n=1}^{\infty} \lambda(A_n). \tag{25}$$

**209**

21. 证明: i). 既然$\mathcal{A}$是代数, 它含有空集$\varnothing$, 且对取补和有限并运算是封闭的, 为了证明它是$\sigma$-代数, 只须证明它对可列并运算封闭即可. 对于$A_1, A_2, A_3, \cdots \in \mathcal{A}$, 令$B_1 = A_1$, $B_2 = A_1 \cup A_2$, $B_3 = A_1 \cup A_2 \cup A_3$, $\cdots$, 则$B_i \in \mathcal{A}$, $B_i \subseteq B_{i+1}$, $i = 1, 2, \cdots$, 由于$\mathcal{A}$又是单调类, 因此$\cup_{i=1}^{\infty} B_i \in \mathcal{A}$, 再注意到$\cup_{i=1}^{\infty} A_i = \cup_{i=1}^{\infty} B_i$, 便可得出结论.

ii). 既然$\sigma$-代数一定是单调类, 必然有$\mathrm{m}(\mathcal{A}) \subseteq \sigma(\mathcal{A})$, 接下来我们只须证明反向包含关系成立即可. 如果能够证明$\mathrm{m}(\mathcal{A})$是一个$\sigma$-代数, 则立刻得到结论. 由于$\mathrm{m}(\mathcal{A})$已经是单调类, 根据i), 只须再证明$\mathrm{m}(\mathcal{A})$是代数即可. 显然$\mathrm{m}(\mathcal{A})$含有$\varnothing$, 故我们只须再证明$\mathrm{m}(\mathcal{A})$对取补和有限并运算封闭即可.

先证明$\mathrm{m}(\mathcal{A})$对取补运算封闭. 令

$$\mathcal{M} = \{E \in \mathrm{m}(\mathcal{A}) : \overline{E} \in \mathrm{m}(\mathcal{A})\}, \tag{26}$$

由于$\mathcal{A}$是代数, 对于$E \in \mathcal{A}$自然有$\overline{E} \in \mathcal{A}$, 由此推出$\mathcal{A} \subseteq \mathcal{M}$, 不难验证$\mathcal{M}$是单调类, 因此必有$\mathcal{M} = \mathrm{m}(\mathcal{A})$, 从而证明了$\mathrm{m}(\mathcal{A})$对取补运算封闭.

接下来证明$\mathrm{m}(\mathcal{A})$对有限并运算封闭. 对任意$E \in \mathrm{m}(\mathcal{A})$, 令

$$\mathcal{J}_E = \{F \in \mathrm{m}(\mathcal{A}) : E \cup F \in \mathrm{m}(\mathcal{A})\}, \tag{27}$$

如果$E \in \mathcal{A}$, 则由于$\mathcal{A}$是代数, 必然有$\mathcal{A} \subseteq \mathcal{J}_E$, 同时不难验证$\mathcal{J}_E$是单调类, 因此$\mathrm{m}(\mathcal{A}) = \mathcal{J}_E$, 由此得到$\forall E \in \mathcal{A}$, $F \in \mathrm{m}(\mathcal{A})$皆有$F \in \mathcal{J}_E$. 再注意到$F \in \mathcal{J}_E$与$E \in \mathcal{J}_F$是等价的, 因此对于$F \in \mathrm{m}(\mathcal{A})$有$E \in \mathcal{J}_F$, $\forall E \in \mathcal{A}$, 也即$\mathcal{A} \subseteq \mathcal{J}_F$, 由于$\mathcal{J}_F$是单调类, 因此必有$\mathrm{m}(\mathcal{A}) = \mathcal{J}_F$, 即对任意$E, F \in \mathrm{m}(\mathcal{A})$皆有$E \in \mathcal{J}_F$, 从而$E \cup F \in \mathrm{m}(\mathcal{A})$, 即$\mathrm{m}(\mathcal{A})$对有限并运算封闭.

## 第4章习题答案

1. 证明: i). 只须注意到$X_{\max}$是非负可测函数, 且$X_{\max} \leqslant \sum_{i=1}^{m} X_i$, 便可推出$X_{\max}$可积.

ii). 只须注意到$Y \leqslant \sqrt{m} X_{\max}$, 便可得出结论.

2. 证明: 由于$X$非负, 且$X \geqslant M$当且仅当$X/M \geqslant 1$, 因此有

$$\mu(\{X \geqslant M\}) = \int_{\{X \geqslant M\}} \mathrm{d}\mu \leqslant \int_{\{X \geqslant M\}} \frac{X}{M} \mathrm{d}\mu = \frac{1}{M} \int_{\{X \geqslant M\}} X \mathrm{d}\mu$$

$$\leqslant \frac{1}{M} \int_{\Omega} X \mathrm{d}\mu. \tag{28}$$

利用上面的估计可得到

$$
\begin{aligned}
\mu\left(\{X=+\infty\}\right) & = \mu\left(\bigcap_{n=1}^{\infty}\{X\geqslant n\}\right)=\lim_{n\to\infty}\mu\left(\{X\geqslant n\}\right) \\
& \leqslant \lim_{n\to\infty}\frac{1}{n}\int_{\Omega}X\mathrm{d}\mu \\
& = 0,
\end{aligned} \tag{29}
$$

因此$X$几乎处处有限.

3. 证明: 由于$X$是$\Omega$上的非负可测函数, 利用第2题的估计, 对任意自然数$n$皆有

$$
\mu\left(\left\{X>\frac{1}{n}\right\}\right)\leqslant n\int_{\Omega}X\mathrm{d}\mu=0, \tag{30}
$$

因此

$$
\mu\left(\{X\neq 0\}\right)=\mu\left(\bigcup_{n=1}^{\infty}\left\{X>\frac{1}{n}\right\}\right)=\lim_{n\to\infty}\mu\left(\left\{X>\frac{1}{n}\right\}\right)=0. \tag{31}
$$

13. 证明: 对任意自然数$n$, 作区间$[a,b]$的分划$U^n=\{y_0,y_1,y_2,\cdots,y_n\}$, 其中

$$
y_i=a+\frac{i}{n}(b-a),\qquad i=0,1,2,\cdots,n, \tag{32}
$$

则$\lim_{n\to\infty}|U^{(n)}|=0.$ 由于

$$
\overline{\int_a^b}f(x)\mathrm{d}x=\inf_{\Pi}\overline{S}(f,\Pi),\qquad \underline{\int_{-a}^b}f(x)\mathrm{d}x=\sup_{\Pi}\underline{S}(f,\Pi),
$$

根据上、下确界的定义, 对任意自然数, 存在$[a,b]$的分划$V^{(n)}$使得

$$
\overline{\int_a^b}f(x)\mathrm{d}x\leqslant\overline{S}(f,V^{(n)})<\overline{\int_a^b}f(x)\mathrm{d}x+\frac{1}{n}, \tag{33}
$$

$$
\underline{\int_{-a}^b}f(x)\mathrm{d}x\geqslant\underline{S}(f,V^{(n)})>\overline{\int_a^b}f(x)\mathrm{d}x-\frac{1}{n}, \tag{34}
$$

令$W^{(1)}=V^{(1)}$, $W^{(2)}=V^{(1)}\cup V^{(2)}$, $W^{(3)}=V^{(1)}\cup V^{(2)}\cup V^{(3)}$, $\cdots$, 则$\{W^{(n)}\}$是一列不断加细的分划, 且满足

$$
\lim_{n\to\infty}\overline{S}(f,W^{(n)})=\overline{\int_a^b}f(x)\mathrm{d}x,
$$

**211**

$$\lim_{n \to \infty} \underline{S}(f, W^{(n)}) = \underline{\int_a^b} f(x)\mathrm{d}x,$$

最后令 $\Pi^{(n)} = U^{(n)} \cup W^{(n)}$, $n = 1, 2, 3, \cdots$, 则分划序列 $\{\Pi^{(n)}\}$ 满足原问题的所有要求.

22. 证明：对任意 $\varepsilon > 0$, 根据连续函数逼近可积函数的定理（定理4.12），存在 $[a, b]$ 上的连续函数 $\varphi$ 使得

$$\int_a^b |\varphi(x) - f(x)|\mathrm{d}x < \frac{\varepsilon}{2}, \tag{35}$$

由于 $\varphi(x)$ 在闭区间 $[a, b]$ 上连续, 因此也是一致连续的, 从而存在 $\delta > 0$ 使得当 $x, x' \in [a, b]$, $|x - x'| < \delta$ 时有 $|f(x) - f(x')| < \varepsilon/2(b - a)$. 现在取一个充分大的自然数 $n$ 使得 $(b - a)/n < \delta$, 令 $x_i = a + i(b - a)/n, i = 0, 1, 2, \cdots$, 定义阶梯函数 $h$ 如下：

$$h(x) = \varphi(x_{i-1}), \qquad x \in [x_{i-1}, x_i), \ i = 1, 2, \cdots, n-1, \tag{36}$$

$$h(x) = \varphi(x_{n-1}), \qquad x \in [x_{n-1}, x_n], \tag{37}$$

则有

$$|h(x) - \varphi(x)| < \frac{\varepsilon}{2(b - a)}, \qquad \forall x \in [a, b], \tag{38}$$

于是

$$\int_a^b |h(x) - \varphi(x)|\mathrm{d}x \leqslant \frac{\varepsilon}{2}, \tag{39}$$

联合(35)与(39), 得

$$
\begin{aligned}
\int_a^b |h(x) - f(x)|\mathrm{d}x &= \int_a^b |h(x) - \varphi(x) + \varphi(x) - f(x)|\mathrm{d}x \\
&\leqslant \int_a^b |h(x) - \varphi(x)|\mathrm{d}x + \int_a^b |\varphi(x) - f(x)|\mathrm{d}x \\
&< \frac{\varepsilon}{2} + \frac{\varepsilon}{2} = \varepsilon.
\end{aligned}
\tag{40}
$$

23. 证明：直接计算左边, 得

$$
\begin{aligned}
\sum_{n=1}^{K} a_n(b_n - b_{n-1}) &= (a_1 b_1 - a_1 b_0) + (a_2 b_2 - a_2 b_1) + (a_3 b_3 - a_3 b_2) + \cdots \\
&\quad + (a_K b_K - a_K b_{K-1}) \\
&= b_1(a_1 - a_2) + b_2(a_2 - a_3) + \cdots + b_{K-1}(A_{K-1} - a_K)
\end{aligned}
$$

$$+a_K b_K - a_1 b_0$$
$$= \sum_{n=1}^{K-1} b_n(a_n - a_{n+1}) + a_K b_K - a_1 b_0. \tag{41}$$

24. 证明：先设$g(x)$在$[a,b]$上单调不增，且满足$g(a) = 1, g(b) = 0$，我们证明存在$\xi \in [a,b]$使得

$$\int_a^b f(x)g(x)\mathrm{d}x = \int_a^\xi f(x)\mathrm{d}x. \tag{42}$$

令$F(x) = \int_a^x f(t)\mathrm{d}t$，它是$[a,b]$上的连续函数，因此有最大值$M$和最小值$m$. 如果$f(x) \geqslant 0$, a.e.$x \in [a,b]$，则

$$0 \leqslant \int_a^b f(x)g(x)\mathrm{d}x \leqslant \int_a^b f(x)\mathrm{d}x, \tag{43}$$

由于$F(x)$在$[a,b]$上连续且$F(a) \leqslant \int_a^b f(x)g(x)\mathrm{d}x \leqslant F(b)$，根据连续函数的介值定理，存在$\xi \in [a,b]$使得(42)成立. 如果$f(x) \leqslant 0$, a.e.$x \in [a,b]$，则

$$\int_a^b f(x)\mathrm{d}x \leqslant \int_a^b f(x)g(x)\mathrm{d}x \leqslant 0, \tag{44}$$

由介值定理也可以得出(42)成立.

对于除了以上两种情况之外的$f$，必有$M > 0 > m$，欲证明(42)，关键在于证明下列不等式：

$$m \leqslant \int_a^b f(x)g(x)\mathrm{d}x \leqslant M. \tag{45}$$

如果能够证明不等式(45)成立，则利用$F(x)$的连续性及介值定理可立刻推出(42). 根据本章习题第22题的结论，可积函数可被阶梯函数逼近，因此我们先证明当$f(x)$是阶梯函数时不等式(45)成立. 设

$$f(x) = c_i, \qquad x \in [x_{i-1}, x_i), \ i = 1, 2, \cdots, n-1, \tag{46}$$

$$f(x) = c_n, \qquad x \in [x_{n-1}, x_n], \tag{47}$$

由于$g(x)$是Riemann可积的，对任意$\varepsilon > 0$，通过插入新的分点可以对分划不断加细，因此我们假设分划$\Pi: a = x_0 < x_1 < x_2 < \cdots < x_n = b$足够细密，使得

$$\omega_i^{(g)}(x_i - x_{i-1}) < \frac{\varepsilon}{2n(|c_i| + 1)}, \qquad i = 1, 2, \cdots, n, \tag{48}$$

其中$\omega_i^{(g)} = M_i^{(g)} - m_i^{(g)}$是$g(x)$在区间$[x_{i-1}, x_i]$上的振幅，$M_i^{(g)}$和$m_i^{(g)}$分别是$g(x)$在区间$[x_{i-1}, x_i]$上

的最大值和最小值. 于是对于任意 $\eta_i \in [x_{i-1}, x_i]$ 皆有

$$
\begin{aligned}
\int_{x_{i-1}}^{x_i} g(x)\mathrm{d}x &\leqslant g(\eta_i)(x_i - x_{i-1}) + \omega_i^{(g)}(x_i - x_{i-1}) \\
&< g(\eta_i)(x_i - x_{i-1}) + \frac{\varepsilon}{n(|c_i| + 1)},
\end{aligned} \tag{49}
$$

同理可证

$$
\int_{x_{i-1}}^{x_i} g(x)\mathrm{d}x > g(\eta_i)(x_i - x_{i-1}) - \frac{\varepsilon}{n(|c_i| + 1)}, \tag{50}
$$

联合(49)与(50)得

$$
c_i g(\eta_i)(x_i - x_{i-1}) - \frac{\varepsilon}{n} < c_i \int_{x_{i-1}}^{x_i} g(x)\mathrm{d}x < c_i g(\eta_i)(x_i - x_{i-1}) + \frac{\varepsilon}{n}, \tag{51}
$$

以上不等式无论 $c_i \geqslant 0$ 还是 $c_i < 0$ 都成立. 对(51)求和, 得到

$$
\sum_{i=1}^{n} c_i g(\eta_i)(x_i - x_{i-1}) - \varepsilon < \sum_{i=1}^{n} c_i \int_{x_{i-1}}^{x_i} g(x)\mathrm{d}x < \sum_{i=1}^{n} c_i g(\eta_i)(x_i - x_{i-1}) + \varepsilon,
$$

由此得到

$$
\begin{aligned}
\int_a^b f(x)g(x)\mathrm{d}x &= \sum_{i=1}^{n} \int_{x_{i-1}}^{x_i} f(x)g(x)\mathrm{d}x = \sum_{i=1}^{n} c_i \int_{x_{i-1}}^{x_i} g(x)\mathrm{d}x \\
&< \sum_{i=1}^{n} c_i g(\eta_i)(x_i - x_{i-1}) + \varepsilon \\
&= \sum_{i=1}^{n} g(\eta_i) \int_{x_{i-1}}^{x_i} f(x)\mathrm{d}x + \varepsilon \\
&= \sum_{i=1}^{n} g(\eta_i) \left[ F(x_i) - F(x_{i-1}) \right] + \varepsilon \\
&= \sum_{i=1}^{n-1} \left[ g(\eta_i) - g(\eta_{i+1}) \right] F(x_i) + g(\eta_n)F(x_n) - g(\eta_1)F(x_0) \\
&\quad + \varepsilon \qquad\qquad\qquad\qquad \text{(Abel引理)} \\
&\leqslant g(\eta_1)M + \varepsilon \leqslant M + \varepsilon,
\end{aligned} \tag{52}
$$

由 $\varepsilon > 0$ 的任意性得

$$
\int_a^b f(x)g(x)\mathrm{d}x \leqslant M, \tag{53}
$$

**214**

同理可证

$$\int_a^b f(x)g(x)\mathrm{d}x \geqslant m, \tag{54}$$

联合(53)与(54)得(45).

对于一般的在$[a,b]$上Lebesgue可积的函数$f$, 根据本章习题第22题的结论, 对任意$\varepsilon > 0$, 存在阶梯函数$\widetilde{f}$使得

$$\int_a^b |\widetilde{f}(x) - f(x)|\mathrm{d}x < \varepsilon, \tag{55}$$

因此有

$$\left| \int_a^b f(x)g(x)\mathrm{d}x - \int_a^b \widetilde{f}(x)g(x)\mathrm{d}x \right| \quad \leqslant \quad \int_a^b |\widetilde{f}(x) - f(x)|g(x)\mathrm{d}x$$

$$\leqslant \quad \int_a^b |\widetilde{f}(x) - f(x)|\mathrm{d}x < \varepsilon. \tag{56}$$

再根据上一步的结论, 不等式(45)对阶梯函数$\widetilde{f}$成立, 因此有

$$\int_a^b f(x)g(x)\mathrm{d}x \quad < \quad \int_a^b \widetilde{f}(x)g(x)\mathrm{d}x + \varepsilon \leqslant \widetilde{M} + \varepsilon, \tag{57}$$

其中$\widetilde{M}$是$\widetilde{F}(x) := \int_a^x \widetilde{f}(t)\mathrm{d}t$在$[a,b]$上的最大值, 设$\widetilde{F}(x_0) = \widetilde{M}$, 则

$$\widetilde{M} \quad = \quad \widetilde{F}(x_0) = F(x_0) + (\widetilde{F}(x_0) - F(x_0)) \leqslant M + \int_a^{x_0} |f(t) - \widetilde{f}(t)|\mathrm{d}x$$

$$\leqslant \quad M + \int_a^b |f(t) - \widetilde{f}(t)|\mathrm{d}x$$

$$< \quad M + \varepsilon, \tag{58}$$

因此有

$$\int_a^b f(x)g(x)\mathrm{d}x < M + 2\varepsilon. \tag{59}$$

同理可证

$$\int_a^b f(x)g(x)\mathrm{d}x > m - 2\varepsilon. \tag{60}$$

因此有

$$m - 2\varepsilon < \int_a^b f(x)g(x)\mathrm{d}x < M + 2\varepsilon, \tag{61}$$

**215**

由$\varepsilon > 0$的任意性, 立刻得到(45). 这样我们就证明了(42)对单调非增且满足$g(a) = 1$, $g(b) = 0$的函数$g$以及一般的Lebesgue可积函数$f$成立.

对于一般的单调函数$g$, 如果$g$是单调非增的, 令

$$\widetilde{g}(x) = \frac{g(x) - g(b)}{g(a) - g(b)}, \tag{62}$$

则$\widetilde{g}(x)$单调非增且$g(a) = 1$, $g(b) = 0$, 根据前面已经证明的结论, 存在$\xi \in [a, b]$使得

$$\int_a^b f(x)\widetilde{g}(x)\mathrm{d}x = \int_a^\xi f(x)\mathrm{d}x, \tag{63}$$

将$\widetilde{g}$的表达式代入上式并作恒等变形后得到

$$\int_a^b f(x)g(x)\mathrm{d}x = g(a)\int_a^\xi f(x)\mathrm{d}x + g(b)\int_\xi^b f(x)\mathrm{d}x. \tag{64}$$

如果$g$单调非减, 令

$$\widetilde{g}(x) = \frac{g(b) - g(x)}{g(b) - g(a)}, \tag{65}$$

则$\widetilde{g}(x)$单调非增且$\widetilde{g}(a) = 1$, $\widetilde{g}(b) = 0$, 利用前面的结论及介值定理可以证明(63), 再作恒等变形得到(64).

最后, 对于$[a, b]$上的一般的单调函数$g(x)$, 令

$$\widetilde{g}(x) = \begin{cases} g(a + 0), & x = a, \\ g(x), & a < x < b, \\ g(b - 0), & x = b, \end{cases} \tag{66}$$

则$\widetilde{g}$也是$[a, b]$上的单调函数, 因此(64)对$\widetilde{g}$也成立, 由此得到

$$\int_a^b f(x)g(x)\mathrm{d}x = g(a + 0)\int_a^\xi f(x)\mathrm{d}x + g(b - 0)\int_\xi^b f(x)\mathrm{d}x. \tag{67}$$

25. 证明: 当$0 \leqslant a \leqslant b \leqslant 1$时, $0 < \sin x/x \leqslant 1$, 因此有

$$\left| \int_a^b \frac{\sin t}{t}\mathrm{d}t \right| \leqslant \int_0^1 \frac{\sin x}{x}\mathrm{d}x \leqslant 1. \tag{68}$$

当$1 \leqslant a \leqslant b < +\infty$时, 根据第二积分中值定理, 存在$\xi \in [a, b]$使得

$$\int_a^b \frac{\sin t}{t}\mathrm{d}t = \frac{1}{a}\int_a^\xi \sin t\mathrm{d}t + \frac{1}{b}\int_\xi^b \sin t\mathrm{d}t$$

$$= \frac{1}{a}(\cos a - \cos \xi) + \frac{1}{b}(\cos \xi - \cos b), \tag{69}$$

因此有

$$\left| \int_a^b \frac{\sin t}{t} \mathrm{d}t \right| \leqslant 4. \tag{70}$$

当$0 \leqslant a < 1 \leqslant b < +\infty$时有

$$\left| \int_a^b \frac{\sin t}{t} \mathrm{d}t \right| \leqslant \left| \int_a^1 \frac{\sin t}{t} \mathrm{d}t \right| + \left| \int_1^b \frac{\sin t}{t} \mathrm{d}t \right| \leqslant 1 + 4 = 5. \tag{71}$$

# 第5章习题答案

5. 证明： i). 令$B_1 = A_1$, $B_2 = A_2 \setminus A_1$, $B_3 = A_3 \setminus A_2, \cdots$, 则$\cup_{n=1}^{\infty} A_n = \cup_{n=1}^{\infty} B_n$且$B_1, B_2, \cdots, B_n, \cdots$ 两两不相交, 根据符号测度的完全可加性得

$$
\begin{aligned}
\mu \left( \bigcup_{n=1}^{\infty} A_n \right) &= \mu \left( \bigcup_{n=1}^{\infty} B_n \right) = \sum_{n=1}^{\infty} \mu(B_n) \\
&= \lim_{n \to \infty} \sum_{k=1}^{n} \mu(B_k) \\
&= \lim_{n \to \infty} \mu \left( \bigcup_{k=1}^{n} B_k \right) \\
&= \lim_{n \to \infty} \mu(A_n).
\end{aligned}
\tag{72}
$$

ii). 注意到$\{A_1 \setminus A_n : n = 1, 2, \cdots\}$是单增的集合列, 利用i)得

$$
\begin{aligned}
\mu(A_1) - \mu \left( \bigcap_{n=1}^{\infty} A_n \right) &= \mu \left( A_1 \setminus \left( \bigcap_{n=1}^{\infty} A_n \right) \right) = \mu \left( \bigcup_{n=1}^{\infty} (A_1 \setminus A_n) \right) \\
&= \lim_{n \to \infty} \mu(A_1 \setminus A_n) \\
&= \lim_{n \to \infty} [\mu(A_1) - \mu(A_n)] \\
&= \mu(A_1) - \lim_{n \to \infty} \mu(A_n),
\end{aligned}
\tag{73}
$$

等式变形即可得到

$$\mu\left(\bigcap_{n=1}^{\infty} A_n\right) = \lim_{n\to\infty} \mu(A_n). \tag{74}$$

10. 证明：记 $\mathcal{G} = \{A \subseteq \Omega : \chi_A \in \mathcal{H}\}$，则由条件i)得 $A \subseteq \mathcal{G}$，且利用 $\Omega \in \mathcal{A}$ 及条件ii)和iii) 可以证明 $\mathcal{G}$ 是一个 $\lambda$-系，于是根据Dynkin $\pi$-$\lambda$定理，$\sigma(\mathcal{A}) \subseteq \mathcal{G}$，也即所有形如 $\chi_A$，$A \in \sigma(A)$ 的示性函数都包含在 $\mathcal{H}$ 之中，再利用条件ii)推出所有 $\sigma(\mathcal{A})$- 可测的简单函数都包含在 $\mathcal{H}$ 之中. 再利用条件iii)及简单函数逼近可测函数的定理（定理3.8及推论3.1），得出 $\mathcal{H}$ 包含所有 $\sigma(\mathcal{A})$-可测的函数.

11. 证明：首先，根据Radon-Nikodym定理，存在 $\mathcal{F}$-可测函数 $g$ 使得

$$\nu(A) = \int_A g \mathrm{d}\mu, \qquad \forall A \in \mathcal{F}. \tag{75}$$

记

$$\mathcal{H} = \left\{f : f \text{是} \mathcal{F}\text{-可测的}, \int_\Omega f \mathrm{d}\nu = \int_\Omega f g \mathrm{d}\mu\right\}, \tag{76}$$

则 $\mathcal{H}$ 满足第10题中的条件i)、ii)和iii)（以 $\mathcal{F}$ 代替 $\mathcal{A}$），根据第10题的结论，$\mathcal{H}$ 包含所有 $\mathcal{F}$ 可测且积分 $\int_\Omega f \mathrm{d}\nu$ 存在的函数，命题得证.

12. 证明：i)和ii)是显然的, 我们只证iii) $\sim$ v).

iii). 记

$$\mathcal{I} = \{(a,b] : -\infty < a \leqslant b < \infty\}, \tag{77}$$

则 $\mathcal{I}$ 是一个半环，且 $\sigma(\mathcal{I}) = \mathcal{B}$，其中 $\mathcal{B}$ 是 $\mathbb{R}$ 上的Borel代数. 在 $\mathcal{I}$ 上定义

$$\lambda_X((a,b]) = F_X(b) - F_X(a), \qquad \forall (a,b] \in \mathcal{I}, \tag{78}$$

不难验证 $\lambda_X$ 是 $\mathcal{I}$ 上的 $\sigma$-有限的预测度. 根据测度扩张定理（定理2.6），$(\mathbb{R}, \mathcal{B})$ 上存在唯一的测度 $\nu_X$ 使得

$$\nu_X((a,b]) = \lambda_X((a,b]) = F_X(b) - F_X(a), \qquad \forall (a,b] \in \mathcal{I}. \tag{79}$$

现在记

$$\mathcal{G} = \{A \in \mathcal{B} : P(\{X \in A\}) = \nu_X(A)\}, \tag{80}$$

根据分布函数的定义得

$$P(\{X \in (a,b]\}) = P(\{a < X \leqslant b\}) = P(\{X \leqslant b\}) - P(\{X \leqslant a\})$$

$$= F_X(b) - F_X(a)$$

$$= \nu_X((a, b]), \tag{81}$$

因此$\mathcal{I} \subseteq \mathcal{G}$. 此外, 不难证明$\mathcal{G}$是一个$\lambda$-系, 于是根据Dynkin $\pi$-$\lambda$定理, $\mathcal{B} = \sigma(\mathcal{I}) \subseteq \mathcal{G}$, 从而iii)成立.

iv). 先考虑$g$是$\mathbb{R}$上的非负简单函数的情形, 设

$$\phi = \sum_{i=1}^{n} c_i \chi_{B_i}, \tag{82}$$

其中$B_1, B_2, \cdots, B_n$是$\mathbb{R}$上的Borel可测函数, 则有

$$\begin{aligned}
E[\phi(X)] &= \sum_{i=1}^{n} c_i \int_{\Omega} \chi_{B_i} \circ X \mathrm{d}P = \sum_{i=1}^{n} c_i P(\{X \in B_i\}) \\
&= \sum_{i=1}^{n} c_i \nu_X(B_i) \\
&= \int_{\mathbb{R}} \phi(x) \mathrm{d}\nu_X(x).
\end{aligned} \tag{83}$$

如果$g$是$\mathbb{R}$上的非负Borel可测函数, 则存在渐升非负简单函数列$\{\phi_n\}$单调收敛于$g$, 于是随机变量序列$\{\phi_n(X)\}$单调收敛于$g(X)$, 从而由单调收敛定理得

$$\begin{aligned}
E[g(X)] &= \lim_{n \to \infty} E[\phi_n(X)] = \lim_{n \to \infty} \int_{\mathbb{R}} \phi_n(x) \mathrm{d}\nu_X(x) \\
&= \int_{\mathbb{R}} g(x) \mathrm{d}\nu_X(x).
\end{aligned} \tag{84}$$

如果$g$是$\mathbb{R}$上的一般Borel可测函数, 则将其分解为$g = g^+ - g^-$, 根据上一种情形的结论得

$$\begin{aligned}
E[g(X)] &= E[g^+(X)] - E[g^-(X)] = \int_{\mathbb{R}} g^+(x) \mathrm{d}\nu_X(x) - \int_{\mathbb{R}} g^-(x) \mathrm{d}\nu_X(x) \\
&= \int_{\mathbb{R}} g(x) \mathrm{d}\nu_X(x),
\end{aligned} \tag{85}$$

其中第一个等号成立是因为$E[g(X)]$存在, 因此$E[g^+(X)]$和$E[g^-(X)]$至少有一个是有限的.

v). 由于$F_X$是绝对连续的, 因此$\nu_X$关于$\mathbb{R}$上的Lebesgue测度是绝对连续的, 根据积分换元公式（定理5.8）, 存在$\mathbb{R}$上的Borel可测函数$f_X$使得

$$EX = \int_{\mathbb{R}} x \mathrm{d}\nu_X(x) = \int_{\mathbb{R}} x f_X(x) \mathrm{d}x, \tag{86}$$

且这样的$f_X$在几乎处处相等的意义下是唯一的.

13. 证明：i). 记

$$\mathcal{I} = \{(a,b] : -\infty < a \leqslant b < \infty\}, \tag{87}$$

则$\mathcal{I}$是一个半环, 当然也是一个$\pi$-系, 且$\sigma(\mathcal{I}) = \mathcal{B}$. 对任意$I = (a,b]$, $J = (c,d] \in \mathcal{I}$皆有

$$
\begin{aligned}
P(\{X \in I, Y \in J\}) &= P(\{a < X \leqslant b, c \leqslant Y \leqslant d\}) \\
&= P(\{X \leqslant b, Y \leqslant d\}) - P(\{X \leqslant a, Y \leqslant d\}) \\
&\quad - P(\{X \leqslant b, Y \leqslant c\}) + P(\{X \leqslant a, Y \leqslant c\}) \\
&= F(b,d) - F(a,d) - F(b,c) + F(a,c) \\
&= F_X(b)F_Y(d) - F_X(a)F_Y(d) - F_X(b)F_Y(c) \\
&\quad + F_X(a)F_Y(c) \\
&= [F_X(b) - F_X(a)][F_Y(d) - F_Y(c)] \\
&= P(\{a < X \leqslant b\})P(\{c < Y \leqslant d\}) \\
&= P(\{X \in I\})P(\{Y \in J\}). \tag{88}
\end{aligned}
$$

对任意$I \in \mathcal{I}$, 令

$$\mathcal{G}_I = \{B \in \mathcal{B} : P(\{X \in B, Y \in I\}) = P(\{X \in B\})P(\{Y \in I\})\}, \tag{89}$$

则$\mathcal{I} \subseteq \mathcal{G}_I$, 且不难验证$\mathcal{G}_I$是一个$\lambda$-系, 于是根据Dynkin $\pi$-$\lambda$ 定理得$\mathcal{B} = \sigma(\mathcal{I}) \subseteq \mathcal{G}_I$. 现在对于任意$B \in \mathcal{B}$, 令

$$\mathcal{G}_B = \{A \in \mathcal{B} : P(\{X \in A, Y \in B\}) = P(\{X \in A\})P(\{Y \in B\})\}, \tag{90}$$

则$\mathcal{I} \subseteq \mathcal{G}_B$且$\mathcal{G}_B$是一个$\lambda$-系, 再次利用Dynkin $\pi$-$\lambda$ 定理得$\mathcal{B} = \sigma(\mathcal{I}) \subseteq \mathcal{G}_B$. 这样, 我们就证明了对任意$A, B \in \mathcal{B}$皆有$A \in \mathcal{G}_B$, 根据$\mathcal{G}_B$的定义得

$$P(\{X \in A, Y \in B\}) = P(\{X \in A\})P(\{Y \in B\}), \qquad \forall A, B \in \mathcal{B}. \tag{91}$$

ii). 由于$f, g$是$\mathbb{R}$上的Borel可测函数, 因此对任意$x, y \in \mathbb{R}$, $f^{-1}((-\infty, x])$及$g^{-1}((-\infty, y])$都是$\mathbb{R}$上的Borel可测集, 再利用i)推出

$$
\begin{aligned}
P(\{f(X) \leqslant x, g(Y) \leqslant y\}) &= P\left(\{X \in f^{-1}((-\infty, x]), Y \in g^{-1}((-\infty, y])\}\right) \\
&= P\left(\{X \in f^{-1}((-\infty, x])\}\right) P\left(\{Y \in g^{-1}((-\infty, y])\}\right)
\end{aligned}
$$

$$= P(\{f(X) \leqslant x\}) P(\{g(Y) \leqslant y\}), \tag{92}$$

因此$f(X), g(Y)$是独立的.

iii). 先设$X = \chi_A,\ Y = \chi_B,\ A, B \in \mathcal{F}$, 如果$X, Y$独立, 则根据i)得

$$P(A \cap B) = P(\{X > 0, Y > 0\}) = P(\{X > 0\}) P(\{Y > 0\}) = P(A)P(B), \tag{93}$$

因此有

$$
\begin{aligned}
E(XY) &= \int_\Omega XY \mathrm{d}P = \int_\Omega \chi_A \chi_B \mathrm{d}P = \int_\Omega \chi_{A \cap B} \mathrm{d}P = P(A \cap B) \\
&= P(A)P(B) \\
&= \int_\Omega \chi_A \mathrm{d}P \int_\Omega \chi_B \mathrm{d}P \\
&= \int_\Omega X \mathrm{d}P \int_\Omega Y \mathrm{d}P \\
&= EX EY.
\end{aligned}
\tag{94}
$$

其次, 如果$X$和$Y$是简单随机变量, 不妨设

$$X = \sum_{i=1}^m c_i \chi_{A_i}, \qquad Y = \sum_{j=1}^n d_j \chi_{B_j}, \tag{95}$$

则

$$
\begin{aligned}
E(XY) &= \int_\Omega \left( \sum_{i=1}^m c_i \chi_{A_i} \right) \cdot \left( \sum_{j=1}^n d_j \chi_{B_j} \right) \mathrm{d}P \\
&= \int_\Omega \sum_{i=1}^m \sum_{j=1}^n c_i d_j \chi_{A_i} \chi_{B_j} \mathrm{d}P \\
&= \sum_{i=1}^m \sum_{j=1}^n c_i d_j \int_\Omega \chi_{A_i} \chi_{B_j} \mathrm{d}P \\
&= \sum_{i=1}^m \sum_{j=1}^n c_i d_j \int_\Omega \chi_{A_i} \mathrm{d}P \cdot \int_\Omega \chi_{B_j} \mathrm{d}P \\
&= \left( \sum_{i=1}^m c_i \int_\Omega \chi_{A_i} \mathrm{d}P \right) \left( \sum_{j=1}^n d_j \int_\Omega \chi_{B_j} \mathrm{d}P \right)
\end{aligned}
$$

$$= \int_\Omega \sum_{i=1}^m c_i \chi_{A_i} \mathrm{d}P \cdot \int_\Omega \sum_{j=1}^n d_j \chi_{B_j} \mathrm{d}P$$

$$= EXEY. \tag{96}$$

如果$X, Y$是非负随机变量, 则存在非负简单随机变量序列$\phi_n$和$\psi_n$单调收敛于$X$和$Y$, 因此有

$$E(XY) = \int_\Omega XY \mathrm{d}P = \lim_{n\to\infty} \int_\Omega \phi_n \psi_n \mathrm{d}P = \lim_{n\to\infty} \int_\Omega \phi_n \mathrm{d}P \int_\Omega \phi_n \mathrm{d}P$$

$$= \int_\Omega X \mathrm{d}P \int_\Omega Y \mathrm{d}P$$

$$= EXEY. \tag{97}$$

最后, 如果$X$和$Y$是一般随机变量, 且$E(|X|), E(|Y|), E(|XY|)$有限, 则将$X, Y$分解为

$$X = X^+ - X^-, \qquad Y = Y^+ - Y^-, \tag{98}$$

根据ii), $X^+, X^-$与$Y^+, Y^-$独立, 因此有

$$E[XY] = E\left[(X^+ - X^-)(Y^+ - Y^-)\right]$$

$$= \left[X^+ Y^+ - X^+ Y^- - X^- Y^+ + X^- Y^-\right]$$

$$= E(X^+)E(X^+) - E(X^+)E(Y^-) - E(X^-)E(Y^+) + E(X^-)E(Y^-)$$

$$= \left(E(X^+) - E(X^-)\right)\left(E(Y^+) - E(Y^-)\right)$$

$$= EXEY. \tag{99}$$

14. 证明: i)很直接, 我们略过.

ii). 充分性是显然的, 下面证明必要性. 对于$\sigma(Y)$-可测的简单随机变量$\phi = \sum_{i=1}^n c_i \chi_{A_i}$, 其中$A_1, A_2, \cdots, A_n \in \sigma(Y)$, 令

$$g_\phi(x) = \sum_{i=1}^n c_i \chi_{Y(A_i)}(x), \qquad \forall x \in \mathbb{R}, \tag{100}$$

则$g_\phi$是$\mathbb{R}$上的Borel可测函数, 且$\phi(\omega) = g_\phi(Y(\omega)), \forall \omega \in \Omega$. 如果$X$是非负的$\sigma(Y)$-可测的随机变量, 则存在渐升的非负简单随机变量序列$\{\phi_n\}$单调收敛于$X$, 相应的$\{g_{\phi_n}\}$是$\mathbb{R}$上的渐升非负的Borel可测的简单函数序列, 令$g = \lim_{n\to\infty} g_{\phi_n}$, 则$g$是$\mathbb{R}$上的非负的Borel可测函数, 且

$$X = \lim_{n\to\infty} \phi_n = \lim_{n\to\infty} g_{\phi_n}(Y) = g(Y). \tag{101}$$

如果$X$是一般的$\sigma(Y)$-可测的随机变量, 则将其分解为$X = X^+ - X^-$, 于是存在$\mathbb{R}$上的非负的Borel可测函数$g^+$和$g^-$使得

$$X^+ = g^+(Y), \qquad X^- = g^-(Y), \tag{102}$$

令$g = g^+ - g^-$, 则$X = g(Y)$.

iii). 在$\sigma(Y)$上定义一个测度

$$\nu_X(A) := \int_A X\mathrm{d}P, \qquad \forall A \in \sigma(Y), \tag{103}$$

则$\nu_X$对于概率测度$P$是绝对连续的, 根据Radon-Nikodym定理, 存在$\sigma(Y)$-可测的函数$Z$使得

$$\nu_X(A) = \int_A Z\mathrm{d}P, \qquad \forall A \in \sigma(Y), \tag{104}$$

这就证明了条件期望$Z = E[X|Y]$的存在性.

接下来证明条件期望在几乎处处相等意义下的唯一性. 设$Z$和$Z'$都是$X$对$Y$的条件期望, 则$\{Z - Z' > 0\} \in \sigma(Y)$, 于是

$$
\begin{aligned}
\int_{\{Z-Z'>0\}} (Z - Z')\mathrm{d}P &= \int_{\{Z-Z'>0\}} Z\mathrm{d}P - \int_{\{Z-Z'>0\}} Z'\mathrm{d}P \\
&= \int_{\{Z-Z'>0\}} X\mathrm{d}P - \int_{\{Z-Z'>0\}} X\mathrm{d}P = 0,
\end{aligned}
$$

因此必有$P(\{Z - Z' > 0\}) = 0$; 同理可证$P(\{Z' - Z < 0\}) = 0$, 因此$Z = Z'$, a.e. $\omega \in \Omega$.

# 第6章习题答案

14. 证明: 注意到

$$\|f\|_{L^p}^p = \int_\Omega |f|^p\mathrm{d}\mu = \int_\Omega \int_0^{|f|} p\lambda^{p-1}\mathrm{d}\lambda\mathrm{d}\mu(\omega), \tag{105}$$

令

$$F(\lambda, \omega) = \begin{cases} 1, & |f(\omega)| > \lambda, \\ 0, & |f(\omega)| \leqslant \lambda, \end{cases} \tag{106}$$

则有

$$
\begin{aligned}
\int_\Omega \int_0^{|f|} p\lambda^{p-1}\mathrm{d}\lambda\mathrm{d}\mu(\omega) &= \int_\Omega \int_0^\infty p\lambda^{p-1}F(\lambda,\omega)\mathrm{d}\lambda\mathrm{d}\mu(\omega) \\
&= \int_0^\infty p\lambda^{p-1}\left(\int_\Omega F(\lambda,\omega)\mathrm{d}\mu(\omega)\right)\mathrm{d}\lambda \quad (\text{Tonelli定理}) \\
&= p\int_0^\infty \lambda^{p-1}\mu\left(\{|f|>\lambda\}\right)\mathrm{d}\lambda.
\end{aligned}
\tag{107}
$$

15. 证明：    ($\Rightarrow$)只须注意到

$$
\left|\int_\Omega |f_n|\mathrm{d}\mu - \int_\Omega |f|\mathrm{d}\mu\right| \leqslant \int_\Omega |f_n-f|\mathrm{d}\mu.
\tag{108}
$$

($\Leftarrow$)注意到$|f_n|+|f|-|f_n-f|$是非负可测函数, 由Fatou引理得

$$
\begin{aligned}
2\int_\Omega |f|\mathrm{d}\mu &= \int_\Omega \varliminf_{n\to\infty}\left(|f_n|+|f|-|f_n-f|\right)\mathrm{d}\mu \\
&\leqslant \varliminf_{n\to\infty}\int_\Omega |f_n|\mathrm{d}\mu + \int_\Omega |f|\mathrm{d}\mu - \varlimsup_{n\to\infty}\int_\Omega |f_n-f|\mathrm{d}\mu \\
&= 2\int_\Omega |f|\mathrm{d}\mu - \varlimsup_{n\to\infty}\int_\Omega |f_n-f|\mathrm{d}\mu,
\end{aligned}
\tag{109}
$$

由此立刻得到

$$
\varlimsup_{n\to\infty}\int_\Omega |f_n-f|\mathrm{d}\mu \leqslant 0,
\tag{110}
$$

引理得证.

16. 证明：    正交性不难验证, 下面证明其完备性. 对任意$f\in L^2[0,\pi]$, 将其延拓为$[-\pi,\pi]$上的奇函数：

$$
\widetilde{f}(x) = \begin{cases} f(x), & x\in(0,\pi], \\ 0, & x=0, \\ -f(-x), & x\in[-\pi,0). \end{cases}
\tag{111}
$$

于是$f(x)$的Fourier系数满足

$$
c_n = \frac{1}{2\pi}\int_{-\pi}^\pi \widetilde{f}(x)\mathrm{e}^{-\mathrm{i}nx}\mathrm{d}x = -\frac{1}{2\pi}\int_{-\pi}^\pi \widetilde{f}(x')\mathrm{e}^{\mathrm{i}nx'}\mathrm{d}x' = -c_{-n},
\tag{112}
$$

因此有

$$\widetilde{f}(x) = \sum_{n=1}^{\infty} c_n \left( \mathrm{e}^{\mathrm{i}nx} - \mathrm{e}^{-\mathrm{i}nx} \right) = c_0 + \sum_{n=1}^{\infty} 2\mathrm{i}c_n \sin nx, \tag{113}$$

上式在$L^2([-\pi,\pi])$中成立, 将$\widetilde{f}$限制在$[0,\pi]$上便有

$$f(x) = \sum_{n=1}^{\infty} 2\mathrm{i}c_n \sin nx, \tag{114}$$

即在$L^2([0,\pi])$中$f(x)$可由正弦函数系$\{\sin nx: n = 0, 1, 2, \cdots\}$表示, 由$f \in L^2([0,\pi])$的任意性, $\{\sin nx: n = 0, 1, 2, \cdots\}$是$L^2([0,\pi])$的封闭系, 再由定理6.9, 它也是$L^2([0,\pi])$的完备系.

22. 证明: i). 先不妨设$\Pi'$只比$\Pi$多一个点, 即$\Pi' = \Pi \cup \{y\}$, 其中$y \in (x_{k-1}, x_k)$, 则

$$
\begin{aligned}
v_\Pi &= \sum_{i \neq k} |f(x_i) - f(x_{i-1})| + |f(x_k) - f(x_{k-1})| \\
&\leqslant \sum_{i \neq k} |f(x_i) - f(x_{i-1})| + |f(y) - f(x_{k-1})| + |f(x_k) - f(y)| \\
&= v_{\Pi'}, \tag{115}
\end{aligned}
$$

换句话说, 每往分划$\Pi$中添加一个分点相应的变差$v_\Pi$只增不减, 因此通过逐步往$\Pi$中添加分点可以证明只要$\Pi \subseteq \Pi'$就有$v_\Pi \leqslant v_{\Pi'}$.

ii). 根据全变差的定义, 对任意$\varepsilon > 0$存在$[a,c]$和$[c,b]$的分划

$$\Pi_1: \quad a = x_0 < x_1 < x_2 < \cdots < x_n = c, \tag{116}$$

$$\Pi_2: \quad c = y_0 < y_1 < y_2 < \cdots < y_n = b, \tag{117}$$

使得

$$\bigvee_a^c (f) - \frac{\varepsilon}{2} < v_{\Pi_1} \leqslant \bigvee_a^c (f), \qquad \bigvee_c^b (f) - \frac{\varepsilon}{2} < v_{\Pi_2} \leqslant \bigvee_c^b (f), \tag{118}$$

令$\Pi = \Pi_1 \cup \Pi_2$, 则$\Pi$是$[a,b]$的分划, 于是有

$$\bigvee_a^b (f) \geqslant v_\Pi = v_{\Pi_1} + v_{\Pi_2} > \bigvee_a^c (f) + \bigvee_c^b (f) + \varepsilon, \tag{119}$$

由$\varepsilon > 0$的任意性得

$$\bigvee_a^b (f) \geqslant \bigvee_a^c (f) + \bigvee_c^b (f). \tag{120}$$

另一方面, 对于$[a,b]$的任一分划$\Pi$, 令$\Pi' = \Pi \cup \{c\}$, 不妨设

$$\Pi' = \{a = x_0 < x_1 < \cdots < x_k = c < x_{k+1} < \cdots < x_n = b\}, \tag{121}$$

则$\Pi_1 = \{x_0 < x_1 < \cdots < x_k\}$与$\Pi_2 = \{x_k < x_{k+1} < \cdots < x_n\}$分别是$[a,c]$和$[c,b]$的分划, 于是有

$$v_\Pi \;\leqslant\; v_{\Pi'} = v_{\Pi_1} + v_{\Pi_2} \leqslant \bigvee_a^c (f) + \bigvee_c^b (f), \tag{122}$$

由分划$\Pi$的任意性得

$$\bigvee_a^b (f) \leqslant \bigvee_a^c (f) + \bigvee_c^b (f), \tag{123}$$

结合(120), 命题得证.

iii). 只须注意到

$$\bigvee_a^b (f+g) \leqslant \bigvee_a^b (f) + \bigvee_a^b (g), \qquad \bigvee_a^b (cf) = |c| \bigvee_a^b (f) \tag{124}$$

便可得出结论.

iv). 如果$f$是$[a,b]$上的单调函数, 不妨设$f$是单调递增的, 则对于$[a,b]$的任意一个分划$\Pi : a = x_0 < x_1 < \cdots < x_n = b$皆有

$$v_\Pi \;=\; \sum_{i=1}^n |f(x_i) - f(x_{i-1})| = \sum_{i=1}^n [f(x_i) - f(x_{i-1})] = f(b) - f(a) < \infty, \tag{125}$$

因此$\bigvee_a^b (f) = f(b) - f(a) < \infty$, 即$f \in BV([a,b])$.

v). 如果$f \in BV([a,b])$, 则$g(x) := \bigvee_a^x (f)$在$[a,b]$上有定义, 且单调增加; 再令$h(x) = g(x) - f(x)$, 则$h(x)$也是$[a,b]$上的单调增加的函数. 事实上, 对于$a \leqslant x < y \leqslant b$有

$$h(y) - h(x) \;=\; g(y) - g(x) - [f(y) - f(x)] = \bigvee_x^y (f) - [f(y) - f(x)]$$

$$\geqslant\; |f(y) - f(x)| - [f(y) - f(x)] \geqslant 0. \tag{126}$$

再注意到$f(x) = g(x) - (g(x) - f(x)) = g(x) - h(x)$, 命题得证.

23. 证明: 由于$f(x)$在$[x - \delta_1, x + \delta_1]$上是有界变差的, 因此$f(x+0)$和$f(x-0)$都存在, 记

$$\varphi_x(t) = \frac{1}{2}[f(x+t) + f(x-t)], \qquad A = \frac{1}{2}[f(x+0) + f(x-0)], \tag{127}$$

$$\psi(t) = \varphi_x(t) - A, \tag{128}$$

则$\psi(t)$是$[0,\delta_1]$上的有界变差函数, 根据本章习题第22题之v), 它可以表示为$\psi(t) = h_1(t) - h_2(t)$, 其中$h_1$和$h_2$都是$[0,\delta_1]$上的单调增加的函数. 注意到

$$\psi(0+0) = \lim_{t \to 0^+} \psi(t) = 0, \tag{129}$$

因此通过对$h_1$和$h_2$加一个适当的常数可使$h_1(0+0) = h_2(0+0) = 0$. 对任意$\varepsilon > 0$, 当$\delta\ (< \delta_1)$取得足够小时, 可使

$$0 \leqslant h_j(t) \leqslant h_j(\delta) < \varepsilon, \qquad \forall t \in (0,\delta], \ \ j = 1,2. \tag{130}$$

根据Fourier级数点态收敛的充要条件, $f$的Fourier级数在点$x$处收敛到$A$当且仅当

$$\int_0^\delta \frac{\varphi_x(t) - A}{\tan \frac{1}{2}t} \sin nt \, dt = \int_0^\delta \frac{\psi(t)}{\tan \frac{1}{2}t} \sin nt \, dt \to 0, \qquad n \to \infty. \tag{131}$$

由于

$$\frac{1}{2\tan \frac{1}{2}t} - \frac{1}{t} \to 0, \qquad t \to 0,$$

根据Riemann-Lebesgue引理, (131)与下列式子等价:

$$\int_0^\delta \psi(t) \frac{\sin nt}{t} \, dt \to 0, \qquad n \to \infty. \tag{132}$$

由于$\psi(t) = h_1(t) - h_2(t)$, 因此我们只须证明

$$\int_0^\delta h_j(t) \frac{\sin nt}{t} \, dt \to 0, \qquad n \to \infty, \ \ j = 1,2. \tag{133}$$

事实上, 根据第二积分中值定理（第4章习题第24题）, 存在$\xi \in [0,\delta]$使得

$$\int_0^\delta h_j(t) \frac{\sin nt}{t} \, dt = h_j(\delta - 0) \int_\xi^\delta \frac{\sin nt}{t} \, dt = h_j(\delta - 0) \int_{n\xi}^{n\delta} \frac{\sin t}{t} \, dt, \tag{134}$$

利用第4章习题第25题的结论可以得到下列估计:

$$\left| \int_0^\delta h_j(t) \frac{\sin nt}{t} \, dt \right| = h_j(\delta - 0) \left| \int_{n\xi}^{n\delta} \frac{\sin t}{t} \, dt \right| \leqslant 5\varepsilon, \tag{135}$$

因此有

$$-5\varepsilon \leqslant \varliminf_{n \to \infty} \int_0^\delta h_j(t) \frac{\sin nt}{t} \, dt \leqslant \varlimsup_{n \to \infty} \int_0^\delta h_j(t) \frac{\sin nt}{t} \, dt \leqslant 5\varepsilon, \tag{136}$$

由$\varepsilon > 0$的任意性得

$$\varliminf_{n \to \infty} \int_0^\delta h_j(t) \frac{\sin nt}{t} \, dt = \varlimsup_{n \to \infty} \int_0^\delta h_j(t) \frac{\sin nt}{t} \, dt = 0, \tag{137}$$

**227**

命题得证.

25. 证明：令 $z = re^{i\theta}$, 则有

$$
\begin{aligned}
P(r,\theta) &= 1 + \sum_{n=1}^{\infty} \left[ \bar{z}^n + z^n \right] = 1 + \frac{\bar{z}}{1-\bar{z}} + \frac{z}{1-z} \\
&= \frac{(1-\bar{z})(1-z) + \bar{z}(1-z) + z(1-\bar{z})}{(1-\bar{z})(1-z)} \\
&= \frac{1 - \bar{z}z}{1 - z - \bar{z} + z\bar{z}} \\
&= \frac{1 - r^2}{1 - 2r\cos\theta + r^2}.
\end{aligned}
\tag{138}
$$

28. 证明：由于 $f \in L^1(\mathbb{R})$, 因此 $\widehat{f}$ 有界, 又因为(6.236), 因此 $\widehat{f} \in L^1(\mathbb{R})$, 根据定理6.22 及 $f$ 的连续性,下列反演公式成立:

$$
f(x) = \int_{-\infty}^{\infty} \widehat{f}(u) e^{i2\pi ux} du, \qquad \forall x \in \mathbb{R}.
\tag{139}
$$

于是有

$$
\begin{aligned}
|f(x+h) - f(x)| &= \left| \int_{-\infty}^{\infty} \widehat{f}(u) e^{i2\pi u(x+h)} du - \int_{-\infty}^{\infty} \widehat{f}(u) e^{i2\pi ux} du \right| \\
&\leqslant \int_{-\infty}^{\infty} \left| \widehat{f}(u) \right| \left| e^{i2\pi uh} - 1 \right| du,
\end{aligned}
\tag{140}
$$

注意到当 $|u| \leqslant 1/|h|$ 时有

$$
\left| e^{i2\pi uh} - 1 \right| \leqslant 2\pi |u| \cdot |h| = |h|^\alpha \cdot 2\pi |u| |h|^{1-\alpha} \leqslant |h|^\alpha \cdot 2\pi |u|^\alpha,
\tag{141}
$$

当 $|u| > 1/|h|$ 时有

$$
\left| e^{i2\pi uh} - 1 \right| \leqslant 2 \leqslant |h|^\alpha \cdot 2|u|^\alpha,
\tag{142}
$$

因此

$$
\begin{aligned}
|f(x+h) - f(x)| &\leqslant \left( \int_{|u| \leqslant 1/|h|} + \int_{|u| > 1/|h|} \right) \left| \widehat{f}(u) \right| \left| e^{i2\pi uh} - 1 \right| du \\
&\leqslant 2\pi |h|^\alpha \int_{|u| \leqslant 1/|h|} \left| \widehat{f}(u) \right| |u|^\alpha du + 2|h|^\alpha \int_{|u| > 1/|h|} \left| \widehat{f}(u) \right| |u|^\alpha du
\end{aligned}
$$

**228**

$$\leqslant \quad 2\pi|h|^\alpha \int_{\mathbb{R}} \left|\widehat{f}(u)\right| |u|^\alpha \mathrm{d}u := C|h|^\alpha, \tag{143}$$

其中

$$C := 2\pi \int_{\mathbb{R}} \left|\widehat{f}(u)\right| |u|^\alpha \mathrm{d}u < \infty. \tag{144}$$

29. 证明：既然$\mathrm{supp}(\widehat{f}) \subseteq [-\Omega, \Omega]$, $\widehat{f}$可以展开成Fourier级数：

$$\widehat{f}(u) = \sum_{n=-\infty}^{\infty} c_n \mathrm{e}^{\mathrm{i}n\frac{\pi}{\Omega}u}, \quad c_n = \frac{1}{2\Omega}\int_{-\Omega}^{\Omega} \widehat{f}(y)\mathrm{e}^{-\mathrm{i}n\frac{\pi}{\Omega}y}\mathrm{d}y = \frac{1}{2\Omega}f\left(-\frac{n}{2\Omega}\right), \tag{145}$$

由于$\sum_{n=-\infty}^{\infty}|f(n/2\Omega)| < \infty$, 因此上面的Fourier级数是一致收敛的. 由于$f \in L^2(\mathbb{R})$且连续, 因此Fourier反演公式处处成立, 从而有

$$
\begin{aligned}
f(x) &= \int_{-\infty}^{\infty} \widehat{f}(u)\mathrm{e}^{\mathrm{i}2\pi ux}\mathrm{d}u = \int_{-\Omega}^{\Omega} \widehat{f}(u)\mathrm{e}^{\mathrm{i}2\pi ux}\mathrm{d}u \\
&= \int_{-\Omega}^{\Omega} \sum_{n=-\infty}^{\infty} \frac{1}{2\Omega}f\left(-\frac{n}{2\Omega}\right)\mathrm{e}^{\mathrm{i}n\frac{\pi}{\Omega}u}\mathrm{e}^{\mathrm{i}2\pi ux}\mathrm{d}u \\
&= \int_{-\Omega}^{\Omega} \sum_{n'=-\infty}^{\infty} \frac{1}{2\Omega}f\left(\frac{n'}{2\Omega}\right)\mathrm{e}^{-\mathrm{i}n'\frac{\pi}{\Omega}u}\mathrm{e}^{\mathrm{i}2\pi ux}\mathrm{d}u \\
&= \sum_{n'=-\infty}^{\infty} f\left(\frac{n'}{2\Omega}\right)\frac{1}{2\Omega}\int_{-\Omega}^{\Omega} \mathrm{e}^{\mathrm{i}2\pi\left(x-\frac{n'}{2\Omega}\right)u}\mathrm{d}u \\
&= \sum_{n'=-\infty}^{\infty} f\left(\frac{n'}{2\Omega}\right)\frac{\sin 2\pi\Omega\left(x-\frac{n'}{2\Omega}\right)}{2\pi\Omega\left(x-\frac{n'}{2\Omega}\right)},
\end{aligned}
\tag{146}
$$

级数(146)也是一致收敛的.

30. 证明：根据条件(6.242), 级数

$$\varphi(x) := \sum_{m=-\infty}^{\infty} f(x+m) \tag{147}$$

是一致收敛的, 因此是连续函数, 且周期为1. 连续的周期函数当然也是有界的, 因此$\varphi \in L^2([0,1])$, 根据Carleson定理, $\varphi(x)$可展开成下列几乎处处收敛的Fourier级数：

$$\varphi(x) = \sum_{n=-\infty}^{\infty} c_n \mathrm{e}^{\mathrm{i}2\pi nx}, \tag{148}$$

其中Fourier系数$c_n$为

$$
\begin{aligned}
c_n &= \int_0^1 \varphi(x)\mathrm{e}^{-\mathrm{i}2\pi nx}\mathrm{d}x = \int_0^1 \sum_{m=-\infty}^{\infty} f(x+m)\mathrm{e}^{-\mathrm{i}2\pi nx}\mathrm{d}x \\
&= \sum_{m=-\infty}^{\infty} \int_0^1 f(x+m)\mathrm{e}^{-\mathrm{i}2\pi nx}\mathrm{d}x \qquad \text{(Fubini定理)} \\
&= \sum_{m=-\infty}^{\infty} \int_m^{m+1} f(x)\mathrm{e}^{-\mathrm{i}2\pi nx}\mathrm{d}x \\
&= \int_{-\infty}^{\infty} f(x)\mathrm{e}^{-\mathrm{i}2\pi nx}\mathrm{d}x \\
&= \widehat{f}(n),
\end{aligned}
\tag{149}
$$

又因为有条件(6.243), 因此Fourier级数(148)是一致收敛的, 从而有

$$
\sum_{m=-\infty}^{\infty} f(x+m) = \varphi(x) = \sum_{n=-\infty}^{\infty} \hat{f}(n)\mathrm{e}^{2\pi \mathrm{i}nx}, \qquad \forall\, x \in \mathbb{R}.
\tag{150}
$$

31. 证明: 令

$$
f_t(x) = \sum_{k=-\infty}^{\infty} \mathrm{e}^{-(x-2k\pi)^2/(2t)}, \qquad x \in \mathbb{R},
\tag{151}
$$

则$f_t$一致收敛, 周期为$2\pi$, 将$f_t(x)$展开成Fourier级数

$$
f_t(t) = \sum_{n=-\infty}^{\infty} c_n \mathrm{e}^{\mathrm{i}nx},
\tag{152}
$$

其中

$$
\begin{aligned}
c_n &= \frac{1}{2\pi}\int_0^{2\pi} f_t(x)\mathrm{e}^{-\mathrm{i}nx}\mathrm{d}x = \sum_{k=-\infty}^{\infty} \frac{1}{2\pi}\int_0^{2\pi} \mathrm{e}^{-(x-2k\pi)^2/(2t)}\mathrm{e}^{-\mathrm{i}nx}\mathrm{d}x \\
&= \sum_{k=-\infty}^{\infty} \frac{1}{2\pi}\int_{-2k\pi}^{-2(k-1)\pi} \mathrm{e}^{-x^2/(2t)}\mathrm{e}^{-\mathrm{i}nx}\mathrm{d}x \\
&= \frac{1}{2\pi}\int_{-\infty}^{\infty} \mathrm{e}^{-x^2/(2t)}\mathrm{e}^{-\mathrm{i}nx}\mathrm{d}x \\
&= \frac{1}{2\pi}\int_{-\infty}^{\infty} \mathrm{e}^{-\pi x^2}\mathrm{e}^{-\mathrm{i}n\sqrt{2\pi t}x}\sqrt{2\pi t}\mathrm{d}x
\end{aligned}
$$

$$= \sqrt{\frac{t}{2\pi}} \mathrm{e}^{-n^2 t/2}, \tag{153}$$

其中最后一个等号用到了$\mathrm{e}^{-\pi x^2}$的Fourier变换公式（例6.5）. 将(153)代入(152), 得

$$f_t(x) = \sum_{n=-\infty}^{\infty} \sqrt{\frac{t}{2\pi}} \mathrm{e}^{-n^2 t/2} \mathrm{e}^{\mathrm{i}nx}, \tag{154}$$

令$x = 0$, 得

$$\theta\left(\frac{2\pi}{t}\right) = f_t(0) = \sqrt{\frac{t}{2\pi}} \sum_{n=-\infty}^{\infty} \mathrm{e}^{-\pi n^2 t/(2\pi)} = \sqrt{\frac{t}{2\pi}} \theta\left(\frac{t}{2\pi}\right), \tag{155}$$

令$t' = \frac{2\pi}{t}$, 得

$$\theta(t') = \frac{1}{\sqrt{t'}} \theta\left(\frac{1}{t'}\right). \tag{156}$$

# 参考文献

[1] 陈纪修，於崇华，金路．数学分析（上、下册）[M]．北京:高等教育出版社，2004，6

[2] 周民强．实变函数论[M]．北京：北京大学出版社，2001，7

[3] 张锦文．公理化集合论导引[M]．北京：科学出版社，2017，12

[4] 刘坤起，罗里波（编审）．集合论基础[M]．北京：电子工业出版社，2014，2

[5] 熊金城．点集拓扑讲义[M]．北京：高等教育出版社，2011，6

[6] T. Tao. Analysis I(Texts and Readings in Mathematics,No.37)(2nd Ed.)[M]. Hindustan Book Agency，2009，11

[7] 王昆扬（译）．陶哲轩实分析[M]．北京：人民邮电出版社，2008，11

[8] V. A. Zorich(著)，蒋铎等（译）．数学分析[M]．北京：高等教育出版社，1987，9

[9] 严家安．测度论讲义[M]．北京：科学出版社，2004，1

[10] 程士宏．测度论与概率基础[M]．北京：北京大学出版社，2004，2

[11] P. R. Halmos. Measure Theory(Graduate Texts in Mathematics)[M]. Springer-Verlag，1978，2

[12] T. Tao. An Introduction to Measure Theory(Graduate Texts in Mathematics)(new Edition)[M]．American Mathematical Society，2011，9

[13] 潘文杰．傅里叶分析及其应用[M]．北京：北京大学出版社，2000，5

[14] E. M. Stein, and R. Shakarchi. 傅里叶分析导论（英文）(Fourier Analysis An Introduction)[M]．世界图书出版社，2006，1

[15] E. M. Stein, and R. Shakarchi. 实分析（英文）(Real Analysis)[M]. 世界图书出版社，2013，1

[16] H. L. Royden, and P. M. Fitzpatrick. 实分析（英文）(Real Analysis)(4th Edition)[M]. 北京：机械工业出版社，2010，8

[17] 周民强. 调和分析讲义（实变方法）[M]. 北京：北京大学出版社，2003，6

[18] 韩永生. 近代调和分析方法及其应用[M]. 北京：科学出版社，1999，2

[19] D.Jackson. The Theory of Approximation[M]. AMS Colloquium Publication Volume XI，New York，1930

[20] K.R. Stromberg. Introduction to Classical Analysis[M]. Wadsworth International Group，1981

[21] L. Carleson. On the convergence and growth of partial sums of Fourier series[J]. Acta Math. 1966，116，135-157.

[22] R. Hunt. On the convergence of Fourier series[C]. Orthogonal Expansions and Their Continuous Analogues (Proc. Conf. III). Edwardsville: Southern Illinois University Press, 1967, 235-255.

[23] 张恭庆，林源渠. 泛函分析讲义（上册）[M]. 北京：北京大学出版社，2014，9

[24] E.Kreyszig. Introductory Functional Analysis with Applications[M].John Wiley & Sons，1978

**图书在版编目(CIP)数据**

测度论与实分析基础/杨寿渊编著.—上海：复旦大学出版社，2019.8
信毅教材大系.通识系列
ISBN 978-7-309-14466-6

Ⅰ.①测… Ⅱ.①杨… Ⅲ.①测度论-高等学校-教材 Ⅳ.①O174.12

中国版本图书馆 CIP 数据核字(2019)第 145949 号

**测度论与实分析基础**
杨寿渊　编著
责任编辑/陆俊杰

复旦大学出版社有限公司出版发行
上海市国权路 579 号　邮编：200433
网址：fupnet@ fudanpress.com　http://www.fudanpress.com
门市零售：86-21-65642857　团体订购：86-21-65118853
外埠邮购：86-21-65109143　出版部电话：86-21-65642845
上海四维数字图文有限公司

开本 787×1092　1/16　印张 15.25　字数 334 千
2019 年 8 月第 1 版第 1 次印刷

ISBN 978-7-309-14466-6/O·670
定价：38.00 元